经典数论的现代导引

蔡天新 著

科学出版社

北京

内 容 简 介

经典数论的主要内容既包括整数理论、同余理论、一次到 n 次剩余方程、丢番图方程、佩尔方程、连分数、原根与指数，也包括费尔马-欧拉定理、威尔逊-高斯定理、秦九韶定理(中国剩余定理)、勒让德符号与二次互反律、表整数为平方和、荷斯泰荷姆定理等. 此外，它还伴随着遐迩闻名的完美数问题、同余数问题、费尔马大定理、哥德巴赫猜想、孪生素数猜想、黎曼猜想、欧拉猜想、卡塔兰猜想、华林问题、$3x+1$ 问题、BSD 猜想、abc 猜想等. 本书以一种特殊的方式(每节配以引人入胜的补充读物)把这些素材串联起来，再通过引入加乘方程、形素数、平方完美数、默比乌斯函数指数、椭圆曲线等新概念和方法，拓广了包括希尔伯特第 8 问题在内的经典数论问题和猜想. 与此同时，几乎每个章节都提出或留有深浅不一的新问题和新猜想. 且在第 1—5 章每章习题后以二维码形式链接了该章习题参考解答，供读者查阅.

本书既适合数论专业的研究者和业余数学爱好者阅读，也适合用作高等院校本科生、研究生的基础数论课程教材或参考书.

图书在版编目（CIP）数据

经典数论的现代导引 / 蔡天新著. —北京: 科学出版社, 2021.5
ISBN 978-7-03-068754-8

Ⅰ. ①经⋯　Ⅱ. ①蔡⋯　Ⅲ. ①数论-高等学校-教材　Ⅳ. ①O156

中国版本图书馆 CIP 数据核字（2021）第 087784 号

责任编辑: 胡海霞 / 责任校对: 杨聪敏
责任印制: 张　伟 / 封面设计: 蓝正设计

科 学 出 版 社 出版
北京东黄城根北街 16 号
邮政编码: 100717
http://www.sciencep.com

北京建宏印刷有限公司 印刷
科学出版社发行　各地新华书店经销

*

2021 年 5 月第　一　版　开本: 720×1000　1/16
2023 年 11 月第三次印刷　印张: 18 1/2
字数: 373 000

定价: 69.00 元
（如有印装质量问题，我社负责调换）

向未知的深处探索以寻求新的事物.

——夏尔·波德莱尔

提尔的鸟笼, 作者摄于黎巴嫩. 这里曾是发达的腓尼基商埠, 毕达哥拉斯的祖居地, 被有的科学史家认为是数论的诞生地

序: 数是我们心灵的产物

最古典的也是最现代的.

——埃兹拉·庞德

真正的定律不可能是线性的.

——阿尔伯特·爱因斯坦

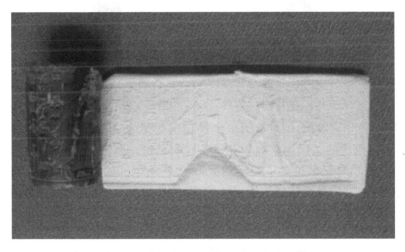

4000 年前苏美尔人使用的圆柱形印章(作者摄于巴格达)

这是一本数论书,是一本有关整数(有时也涉及有理数)的书,是每一位受过中等或高等教育的人都能看懂或部分看懂的书. 数论的迷人和神秘之处、疑惑和难点在于,整数的基本单位素数(质数)的分布是不规则的. 然而,2013 年初春的一个早上,我在准备上"数论导引"课时却发现,我们的身体里包含着三个最小的素数. 事实上,每个人的大拇指有 2 个关节,其余手指各有 3 个关节,而每只手通常有 5 个手指. 这个发现曾让我兴奋不已,我甚至想起俄罗斯画家康定斯基的话: 数是各类艺术最终的抽象表现.

整数或自然数是人类最古老的发明. 在农业社会以前,人们尚且穴居在山洞里,他们仅有的财产是家畜,每天放牧出去的牛羊必须如数归来. 因此,计数可谓人类生存的需要,它首先是一种谋生的工具. 后来,随着经济社会的发展,才渐渐地上升为一门学科或一门艺术——数论. 本书保留了基础数论的基本内容, 这既可以让我们窥见其成长过程, 又有助于容纳一些新内容、新思想, 方便初学者和爱好者入门; 与此同时, 我们不断提炼、揭示出自然数的新的奥秘.

耶鲁大学藏泥板书 7289 号(约公元前 18 世纪—前 16 世纪).
巴比伦人用 60 进制表示 $\sqrt{2}$, 精确到小数点后 5 位

将近一个世纪以前, 在美国出生的英国数学家莫德尔在一篇随笔中写道 "数论是无与伦比的, 因为整数和各式各样的结论, 因为美丽和论证的丰富性. 高等算术(数论)看起来包含了数学的大部分罗曼史. 如同(数学王子)高斯给索菲·热尔曼(一位热爱素数的法国商人之妻)的信中所写的, '这类纯粹的研究只对那些有勇气探究她的人才会展现最魅人的魔力'." 或许有一天, 全世界的黄金和钻石会被挖掘殆尽, 可是数论, 却是用之不竭的珍宝.

从某种意义上讲, 数论是年轻人的事业. 1801 年, 24 岁的德国青年高斯出版了处女作《算术研究》, 从而开创了数论研究的新纪元. 据说这部伟大的著作曾投寄到法国科学院而被忽视, 但高斯在友人的资助下将它自费出版了. 在那个世纪的末端, 数学史家康托尔这样评价: 《算术研究》是数论的宪章. 高斯的出版物就是法典, 比人类其他法典更高明, 因为无论何时何地从未发觉出其中有任何一处错误." 高斯自己更是赞叹, "数学是科学的皇后, 数论是数学的皇后."

在这部少作的开篇, 高斯即定义了同余, 它是那样浅显易懂, 与我们的日常生活休戚相关: 任意两个整数 a 和 b 被认为是模 n 同余的, 假如它们的差 $a-b$ 被 n 整除. 高斯首次引进了同余记号, 他用符号 "≡" 表示同余. 于是, 上述定义可表示为

$$a \equiv b(\bmod n).$$

有了这一方便的同余记号以后, 数论的教科书便显得简洁美观. 今天, 基础数论教程的开篇大多介绍整除或可除性. 实际上, 整除或带余数除法(由此衍生出来的欧几里得算法在中国、印度、希腊等不同的文明中有着各自的渊源故事和名称)

$$a = bq + r, \quad 0 \leqslant r < b$$

等价于同余式 $a \equiv r(\mathrm{mod}\, b), 0 \leqslant r < b$.

当公元前 3 世纪的欧几里得算法应用于 20 世纪末的扭结理论

接下来, 线性丢番图方程, 指数、原根或指标, 均与同余有关, 更不用说一次、二次和 n 次剩余了. 不仅如此, 初等数论中最著名的问题, 除了算术基本定理以外, 也均与同余有关. 例如, 费尔马-欧拉定理、威尔逊-高斯定理、拉格朗日定理、荷斯泰荷姆定理、卢卡斯定理、库默尔定理、冯·施陶特-克劳森定理和中国剩余定理, 后者的名字值得商榷, 本书采用了 "秦九韶定理" 的称谓(3.1节), 这既还原了事实真相, 也符合学术界的惯例. 我们同时指出, 密码学中的 RSA 公钥体制除了依赖欧拉定理之外, 还与秦九韶的大衍求一术密切相关. 同时, 我们还认为并期望, 秦九韶的科学成就、传奇经历和有争议的人生值得像李安那样的导演来拍摄一部传记电影.

再后来, 我们讲述了高斯最得意的、花费许多心血反复论证(共 8 次)的二次互反律, 高斯称其为 "算术中的宝石". 设 p 和 q 是不同的奇素数, 则

$$\left(\frac{p}{q}\right)\left(\frac{q}{p}\right) = (-1)^{\frac{(p-1)(q-1)}{4}}.$$

这里 $\left(\dfrac{a}{p}\right)$ 为勒让德符号, 当它取 1 和 -1 时分别表示二次同余式 $x^2 \equiv a(\bmod p)$ 有解和无解. 这个结果是完美无缺的, 我们分别给出了几何和代数方法的证明. 在 3.4 节, 我们介绍了一个新发现的同余式, 她有着同样美丽的对称性. 设 p, q 为不同的奇素数, 则

$$\binom{pq-1}{(pq-1)/2} \equiv \binom{p-1}{(p-1)/2}\binom{q-1}{(q-1)/2}(\bmod pq),$$

此处 $\dbinom{m}{n}$ 为二项式系数. 它可以排列成帕斯卡三角, 而在东方, 比如中国, 无论贾宪三角还是杨辉三角均更早出现. 二项式系数的命名无疑与二项式 $(x+y)^m$ 展开后的系数有关, 后一项工作是由牛顿完成的.

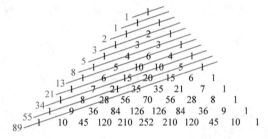

当 11 世纪的贾宪三角遇上 13 世纪的斐波那契数

(各条斜线上的数之和等于其左边的斐波那契数)

之后, 高斯讨论并给出了原根存在性的两个证明, 其中之一是构造性的. 这个理论虽较完整, 但仍可以增补(如原根的乘积、求和同余), 我们改进了高斯的两个定理, 即从素数模同余到素幂模同余. 说到这里, 我们需要提及, 本书首次严格阐明了整数模上的高斯定理与原根存在的充要条件之间的隐秘关系(同为模 $2, 4, p^\alpha, 2p^\alpha$), 我们认为这在基础数论教程中是非常必要和重要的.

与此同时, 我们也给出了不少素幂模甚或整数幂模同余的新结果, 包括拉赫曼同余式、莫利定理和雅可布斯坦定理的推广, 前者在怀尔斯的证明之前一直是研究费尔马大定理的重要工具. 诚如加拿大和爱尔兰的两位同行所指出的, 这一推广(指从素幂模同余到整数幂模同余)是 1906 年以来的第一次.

设 n 是任意奇数, 我们发现并证明了

$$(-1)^{\phi(n)/2}\prod_{d|n}\binom{d-1}{(d-1)/2}^{\mu(n/d)} \equiv 4^{\phi(n)}\begin{cases}(\bmod n^3), & 3\nmid n, \\ (\bmod n^3/3), & 3|n,\end{cases}$$

其中 $\phi(n)$, $\mu(n)$ 分别为欧拉函数和默比乌斯函数. 当 n 为素数 p 时, 此即著名

的莫利定理:

$$(-1)^{\frac{p-1}{2}} \binom{p-1}{(p-1)/2} \equiv 4^{p-1} (\mathrm{mod}\, p^3), \quad p \geqslant 5.$$

二次型是高斯著作的"重头戏", 尤其是整数表示问题. 1770 年, 法国数学家拉格朗日证明了, 每一个自然数均可表示为 4 个整数的平方和. 同年, 英国数学家华林将此问题推广为任意次幂之和可表示整数, 此乃著名的华林问题, 至今仍悬而未决, 在这方面本书也有独到的描述和发现. 设 k 和 s 是正整数, 考虑丢番图方程

$$n = x_1 + x_2 + \cdots + x_s,$$

其中

$$x_1 x_2 \cdots x_s = x^k.$$

由希尔伯特 1909 年的论证可知, 必定存在 $s = s'(k)$, 使对任意的正整数 n, 均可表示成不超过 s 个正整数之和, 且其乘积是 k 次方. 用 $g'(k), G'(k)$ 分别表示最小的正整数 s, 使对任意(充分大的)正整数 n, 上述方程成立. 我们给出并证明了 $g'(k)$ 的准确值和 $G'(k)$ 的估值, 同时猜测 $G'(k) = k$. 特别地, 除了 2, 5 和 11, 每个素数均可表示成 3 个正整数之和, 它们的乘积为立方数. 这些结果和猜想比起老华林问题来更简洁、更美丽, 难度却是同样的.

之所以能提出此类问题, 是因为我们把整数的加法和乘法结合起来考虑, 这一点受到了 abc 猜想形式的启发, 后者可以轻松导出费尔马大定理等一系列著名猜想和定理, 其在数论领域的影响力迅速替代了已被证明的费尔马大定理. 事实上, 毕达哥拉斯的完美数和友好数问题也是这两种基本运算的结合, 它们具有恒久的魅力. 正是从这里开始, 我们的想象力获得提升.

除了华林问题, 我们也把赫赫有名的费尔马大定理做了推广(7.2 节), 即考虑丢番图方程

$$\begin{cases} a + b = c, \\ abc = x^n \end{cases}$$

的正整数解. 当 $n=2$ 时, 由毕达哥拉斯数组理论知其有无穷多组解. 下设 $n \geqslant 3, d = \gcd(a, b, c)$. 显而易见, 当 $d = 1$ 时, 上述方程等同于费尔马方程 $x^n + y^n = z^n$. 也就是说, 无正整数解. 而当 $d > 1$ 时, 方程的可解性存在各种可能性, 比如当 $d = 2, n = 4$ 时, 有解$(a, b, c; x) = (2, 2, 4; 2)$; 又如当 $d = 17, n = 4$ 时, 有解$(a, b, c; x) = (17, 272, 289; 34)$. 2018 年秋天以来, 普林斯顿高等研究院的一位成员确信, 可以用怀尔斯等人证明费尔马大定理的那套方法来研究这个问题.

经过一番探究之后, 我们得到了一些结果, 同时也提出了一类新问题, 其

中的一个猜测是: 当 d 和 n 均为奇素数时, 上述方程仍无解. 这是费尔马大定理的完全推广, 且无法由 abc 猜想导出. 借此机会, 我们也说明了已有的两个著名推广——费尔马–卡塔兰猜想和比尔猜想(悬赏 100 万美元)与 abc 猜想之间的关系. 此外, 我们还借助椭圆曲线的理论和方法, 研究了新费尔马方程在二次域 $\mathbf{Q}(\sqrt{t})$ 中的可解性. 例如, 对于 $\mathbf{Q}(\sqrt{-3})$, 原先的费尔马方程是无解的.

1796 年, 19 岁的高斯发现了正十七边形的欧几里得作图理论(只用圆规和没有刻度的直尺), 这是一项有着两千多年历史的数学悬案. 同年高斯还证明了: 每个自然数均可表示为 3 个三角形数之和. 这是对费尔马另一个问题的第一个肯定的回答, 后者在丢番图的拉丁文版《算术》空白处写下了第 18 条注释:

19 世纪英国士兵在印度发明的斯诺克, 由半圆和三角形数构成

每个自然数均可表示成 n 个 n 角形数之和.

所谓 n 角形数是毕达哥拉斯学派定义的, 即正 n 角形中的角点个数. 特别地, 三角形数为 0, 1, 3, 6, 10, 15, 21, $\cdots$, 即所有形如 $\binom{x}{2}$ 的二项式系数, 其中 10 和 21 分别为保龄球(bowling)的木瓶和斯诺克(snooker)目标球的排列方式和数目.

我们注意到了, 二项式系数有着特殊而奇妙的性质, 它是除了数幂以外最简洁的整数, 因此值得数论学家特别重视. 二项式系数以及多项式系数在本书中多次出现, 每次都获得惊艳的亮相. 例如, 我们可以给出判定素数的一个准则: $n \geqslant 2$ 是素数当且仅当

$$\binom{n-1}{s} \equiv (-1)^s \pmod{n}$$

对 $1 < s \leqslant \sqrt{n}$ 成立. 在某种意义上, 这比威尔逊定理的准则更为简洁方便.

又如, 设 p 是素数, 我们发现, 卢卡斯型同余式

$$\binom{p-1}{s} \equiv (-1)^s \pmod{p^2}$$

有解 $1 < s < p-1$ 当且仅当

$$p \mid s!\left(1 + \frac{1}{2} + \cdots + \frac{1}{s}\right).$$

不难求出, 不超过 100 的满足上述条件的素数 p 的集合为 $\{11, 29, 37, 43, 53, 61, 97\}$. 这样的素数集合占全体素数的比例可能趋向于某个常数(约为 $0.4\cdots$), 但我们却无法断定 p 的个数是否有无穷多个. 无论如何, 任何情况下对素数进行分类都是有意义的.

再如, 高斯曾证明, 当且仅当 m 不被 p 的平方整除, 其中 $p = 2$ 或模 4 余 3 的素数时, 同余式

$$n \equiv x^2 + y^2 \pmod{m}$$

对所有的整数 n 均有解. 我们发现, 任给正整数 m, 同余式

$$n \equiv \binom{x}{2} + \binom{y}{2} \pmod{m}$$

对所有的整数 n 均有解.

此外, 对于现代分析中的三类完全椭圆积分或勒让德多项式, 我们发现, 它们的级数展开式部分和有着很好的同余性质. 例如, 对于第一类完全椭圆积分

$$K(k) = \int_0^{\frac{\pi}{2}} \frac{\mathrm{d}\theta}{\sqrt{1 - k^2 \sin^2\theta}} = \frac{\pi}{2}\left\{1 + \left(\frac{1}{2}\right)^2 k^2 + \left(\frac{(2n-1)!!}{(2n)!!}\right)^2 k^{2n} + \cdots\right\}.$$

设上述级数的前 n 项部分和为 $K_n(k) = \dfrac{\pi}{2} L_n(k)$, 则有

$$\frac{L_{p-1}}{2}(1) \equiv (-1)^{\frac{p-1}{2}} \pmod{p^2}.$$

最后, 我们考虑丢番图方程

$$\begin{cases} n = a + tb, \\ ab = \dbinom{c}{2} \end{cases}$$

的正整数解. 这是二次型问题的一个变种, 我们的结论是: 当 $t=1$ 时, 方程有解当且仅当 $2n^2 + 1$ 是合数; 当 $t=2$ 时, 方程有解当且仅当 $n^2 + 1$ 是合数; 而当 t 是某些奇素数 p 时, 情形会更加微妙. 此外, 我们还研究了在把上式中的三角形数(二项式系数)换成多角形数后的情形. 这既触及二次型表示整数问题, 也为我们判断素数的真伪提供了新的可能. 综上所述, 在引入二项式系数和加乘方程以后, 二次型理论问题便有了新的研究内容.

如同高斯指出的, "数只是我们心灵的产物", 我们也赋予了自然数新的概念. 例如, 我们定义了形素数 $\dbinom{p^i}{j}$, 其中 p 是素数, i 和 j 是非负整数. 这是一类

特殊的二项式系数, 兼具素数和形数的特性, 包含了所有素数, 但其个数与素数个数在无穷意义上是等阶的. 经过一番探究, 我们猜测(已验证至 10^7):

　　　　每个大于 1 的整数均可表示成 2 个形素数之和.

　　这一猜想的提出无疑受到哥德巴赫猜想的启发, 后者说的是, 每个大于等于 9(6)的奇数(偶数)均可表示成 3(2)个奇素数之和. 我们认为, 这一点不够一致, 且素数本身是构成整数乘法意义的基本单位, 用在加法问题上并非其所长. 同时, 随着数的增大, 表法数也越来越大, 甚至趋于无穷, 颇有些浪费了. 进一步, 如果定义非素数的形素数为真形素数, 则我们有下列更强的猜测(已验证至 10^7):

　　　　任意大于 5 的整数均可表示成一个素数和一个真形素数之和.

　　与此同时, 我们也有了下列更强、更精细的孪生形素数猜想:

　　　　存在无穷多对相邻的形素数.

　　可是, 我们却无法证明下列最基本的判断(猜想):

　　　　除去平凡的情形, 形素数是不同的.

　　值得一提的是, 无论哥德巴赫猜想还是孪生素数猜想, 目前最好的结果均为中国人(陈景润和张益唐)所取得.

　　借此机会, 我们回味一下希尔伯特第 8 问题末尾的一段话. 他说 "对于黎曼素数公式[①]进行彻底讨论之后, 我们或许就能够严格地解决哥德巴赫问题, 即是否每个偶数都能表示为两个素数之和, 并且能够进一步着手解决是否存在无穷多对差为 2 的素数问题, 甚至能够解决更一般的问题, 即线性丢番图方程 $ax + by + c = 0, (a, b) = 1$ 是否总有素数解 x 和 y."

　　在引入形素数的概念以后, 我们试图让希尔伯特牵挂的上述线性丢番图方程有意义, 同时把哥德巴赫猜想和孪生素数猜想也包含其中. 我们猜测(后半部分可由丢番图方程的性质和辛策尔猜想推出): 假如 a 和 b 为任意给定的互素的正整数, 则对每个整数 $n > (a-1)(b-1)+1$, 方程

$$ax + by = n$$

恒有形素数解 (x, y). 而只要 $n \equiv a + b \pmod 2$, 方程

$$ax - by = n$$

　　　　① 作者注: 指黎曼猜想.

恒有无穷多个素数解(x, y); 对其余的 n, 则有无穷多个形素数解(x, y).

本书是《数之书》(2014 年在高等教育出版社出版)的修订版, 是过去 20 多年我在浙江大学数论教学和研究的心得. 前 5 章受费尔马注释丢番图《算术》的激励, 几乎每一节都有新的发现, 它们构成基础数论的主要内容; 第 6 章把若干最深刻的同余式从素数模推广到整数模; 而第 7 章焕然一新, 堪称全新的创造. 本书的另一特色是前 6 章各小节后面的补充读物, 希望借此拓广读者的知识面和想象力, 递增他们对数论的兴趣和热爱. 这是一种新的尝试, 补充读物至少有两种功能:

其一, 介绍了其他数论问题的初步知识和研究, 例如欧拉数和欧拉素数, 阿达马矩阵和埃及分数, 佩尔方程和丢番图数组, 阿廷猜想和特殊指数和, 椭圆曲线和同余数问题, 哥德巴赫猜想和孪生素数问题, abc 猜想和 BSD 猜想, 自守形式和模形式等. 其中, 椭圆曲线理论是我们的重要工具(尤其在第 7 章). 其二, 介绍了与初等数论相关的新问题和新猜想, 除前面提到的以外, 还有格雷厄姆猜想, $3x+1$ 问题, 广义欧拉函数, 覆盖同余系, 素数链和合数链, 卡塔兰猜想, 多项式系数非幂等.

所谓欧拉(素)数是费尔马(素)数的一种推广, 即经过 k 次迭代, 欧拉函数值成为 1 的最小正整数. 其中包含了费尔马数, 它有许多奥妙, 也许可以为寻找第 6 个费尔马素数提供线索. 费尔马素数另一个有意思的推广是 GM 数, 以哥伦比亚作家加西亚·马尔克斯姓名首字母命名(他的代表作《百年孤独》, 书名容易让人想起那些数个世纪无人解答的数论难题). 我们定义满足

$$s = 2^{\alpha} + t$$

的正整数 s 为 GM 数, 这里 t 是 s 的真因子之和, α 是非负整数. 显而易见, GM 数中的奇素数(真因子为 1)等同于费尔马素数. 我们还找到两个非素数的奇 GM 数, 即 19649 和 22073325, 后者大于第 5 个费尔马素数, 在 2×10^9 以内仅此两个. 至于偶 GM 数, 我们猜测有无穷多个.

再来看著名的 $3x+1$ 问题, 它的定义如下: 把偶数减半, 而让奇数乘 3 加 1. 如此反复, 任何正整数均可以在有限步骤内归于 1. 这个问题是每个会四则运算的少年儿童都能验证的, 同时也是众所周知的世界难题. 爱多士甚至认为, 用现有的数学方法对它无能为力. 不仅如此, 有人还断定这个问题无法推广, 相应的 $qx+1$ 或 $3x-1$ 问题也不存在. 我们却发现, 前者等价于

$$g_c(x) = \begin{cases} \dfrac{x}{2}, & x \equiv 0 \pmod{2}, \\[2mm] \left[\dfrac{c+2}{c+1} x\right] + 1, & x \equiv 1 \pmod{2}. \end{cases}$$

此处[x]表示不超过 x 的最大整数. 当 c=1 时, 此即 3x+1 问题. 当 c 为偶数时, c+2 是反例. 当 c=3 时, 也存在反例 n=37, 即有循环链{37, 47, 59, 74}. 而当 c 是大于 3 的奇数时, $g_c(x)$ 可以归于 1. 我们已验证对 3< c ≤50000 的奇数, x≤10^7 时成立.

THE COLLATZ CONJECTURE STATES THAT IF YOU PICK A NUMBER, AND IF IT'S EVEN DIVIDE IT BY TWO AND IF IT'S ODD MULTIPLY IT BY THREE AND ADD ONE, AND YOU REPEAT THIS PROCEDURE LONG ENOUGH, EVENTUALLY YOUR FRIENDS WILL STOP CALLING TO SEE IF YOU WANT TO HANG OUT.

21 世纪的数学难题——3x+1 问题

本书也研究了最古老的数学问题——完美数问题, 这是由古希腊的毕达哥拉斯学派开创的. 他们(对此问题, 欧几里得的《几何原本》有着较为详细的描述)考虑了自然数的真因子之和等于其自身的那些数, 即满足

$$\sum_{d|n,d<n} d = n .$$

例如, 6 = 1+2+3, 28 = 1+2+4+7+14, 这样的数被称为完美数. 经过柏拉图的学生、风筝的发明人阿契塔和欧拉(相隔 2100 年)的共同努力, 得到偶数 n 是完美数的充要条件:

$$n = 2^{p-1}(2^p - 1),$$

其中 p 和 $2^p - 1$ 均为素数, 这样的素数 $2^p - 1$ 也叫梅森素数. 到 2018 年底为止, 利用最先进的计算机联网手段, 人们共找到了 51 个梅森素数. 也就是说, 我们已知 51 个偶完美数, 却无法知晓是否有无穷多个, 或是否有一个奇完美数的存在. 2000 年, 完美数问题被意大利数学家奥迪弗雷迪列入未解决的四大数学难题之首.

与此同时, 包括斐波那契、笛卡儿、费尔马和欧拉在内的数学家都考虑过诸如 $\sum_{d|n,d<n} d = kn\,(k>1)$ 之类的推广(k 阶完美数), 但都只得到零碎的结果, 没有找到充要条件. 本书率先考虑了平方和完美数的情形, 即

$$\sum_{d|n,d<n} d^2 = 3n . \tag{F}$$

我们求得式(F)的所有解为(无论奇偶)

$$n = F_{2k-1}F_{2k+1}(k \geq 1),$$

其中 F_{2k-1} 和 F_{2k+1} 是斐波那契孪生素数(其下标自然也是孪生素数), 这个数列满足 $F_1 = F_2 =1, F_n = F_{n-1} + F_{n-2}\,(n \geq 3)$, 从而再次产生了无穷性问题.

依照我们掌握的计算技术, 共找到 5 个这样的完美数, 其中前两个是 10 和

65, 后两个已是天文数字. 我们称经典的完美数是 M 完美数, 而称平方和完美数是 F 完美数. 必须指出的是, 10 是 F 完美数中唯一的偶数. 而如果我们能够提高计算机的性能和计算技巧, 应该可以算出更多更大的 F 完美数.

平方和完美数是非线性形式, 如同爱因斯坦指出的, 真正的定律不可能是线性的. 后来, 我们又发现了更一般的定律. 设 s 是任意正整数, 考虑方程

$$\sum_{d|n,d<n} d^2 = L_{2s}n - F_{2s}^2 + 1, \tag{LF}$$

我们得到了它的所有解, 除去有限个可计算的解以外, 均为 $F_{2k+1}F_{2k+2s+1}$ 或 $F_{2k+1}F_{2s-2k-1}$ $(k \geqslant 1)$. 此处 L_{2s} 是卢卡斯数, 即 $L_1 = 1$, $L_2 = 3$, $L_n = L_{n-1} + L_{n-2}$ $(n \geqslant 3)$, F_{2k+1} 和 $F_{2k+2s+1}$ (或 $F_{2s-2k-1}$) 为不同的斐波那契素数. 当 $s=1$ 时, 方程(LF)即方程(F).

此外, 我们还让孪生素数猜想也等价于一个准平方完美数问题, 即孪生素数猜想成立当且仅当下列方程

$$\sum_{d|n,d<n} d^2 = 2n + 5$$

有无穷多个解.

本书第 7 章无疑是最现代、最富创新性的, 我们把经典数论中的 6 个问题(除了完美数, 还有华林问题、费尔马大定理、欧拉猜想、埃及分数和同余数问题)做了另类观察和拓广, 得到了许多漂亮的结果, 同时也提出和留下了更多有趣的问题和猜想. 以往我们总是追随外国同行的足迹或命题, 希望本书的出版有助于改变这一状况. 可是, 也正因为问题和猜想比较多(有时较为大胆), 容纳了个人的研究经验, 尤其是近年来的思考(有的尚未发表), 谬误之处在所难免, 期望读者予以发现和纠正.

最后, 在全书的末节(7.6 节), 我们提出了纯粹原创的问题——$abcd$ 方程. 设 n 为任意正整数, 考虑方程

$$n = (a+b)(c+d),$$

其中 $abcd = 1$, 此处 a, b, c, d 为正有理数. 对哪些 n, 上述方程有解? 在有解时是否有无穷多个解? 这是一类既奇妙又复杂的问题, 堪比同余数. 我们找到了无穷多个 n 使方程有解, 同时也排除了更多的 n 的可解性. 这个问题的研究既包含了初等数论的许多技巧, 又与椭圆曲线理论和 BSD 猜想等有着密切的联系.

与此同时, 对古老的埃及分数问题, 我们也有了新的形式, 对任意正整数 n, 设 $A(n)$ 是最小的正整数 A, 使得下列加乘方程

$$\begin{cases} n = x + y + z, \\ xyz = \dfrac{1}{A} \end{cases}$$

有正有理数解. 可惜的是, 当 $n = 4$ 或 4 的倍数时, 我们无法确定 $A(n)$.

本书的写作得到了十多位研究生、本科生和合作者的协助, 他们参与研究的某些工作和国内外一些同行的相关成果在书中有所展示. 遗憾的是, 由于我们的视野所限, 加上知识结构的单薄, 虽曾虚心讨教, 仍错失了许多同行发现的稀世珍宝. 值得一提的是, 我们不少工作的进展和预测得到了计算机的帮助, 这是我们比古代同行优越的地方. 就重要性来说, 我们认为, 计算机之于数论学家, 犹如望远镜之于天文学家.

坦率地承认, 本书书名——经典数论的现代导引(*A Modern Introduction to Classical Number Theory*)的灵感来自于斯普林格出版社出版的英文数论名著 *A Classical Introduction to Modern Number Theory*, 作者是加拿大新不伦瑞克大学的 Kenneth Ireland 和美国布朗大学的 Michael Rosen. 记得那是 2019 年初春的一个下午, 我和胡海霞编辑在杭州的一家星巴克交谈时获得灵感. 而真正的缘由, 则在于本书的最后一章内容以及前面各章的诸多备注和补充读物.

值此本书出版之际, 我要特别感谢已故英国数学家、剑桥大学教授、菲尔兹奖得主阿兰·贝克和卡塔兰猜想的证明者、哥廷根大学教授普莱达·米哈伊列斯库的褒奖, 前者称赞新华林问题是对此问题 "真正原创性的贡献", 后者勉励我 "在当今繁杂的数学世界找到了一片属于自己的领地", 并对加法和乘法数论相结合的思想表示肯定, 他认为这是一类崭新的丢番图方程, "像艺术家一样有着自己独特的品味". 普莱达曾三次来杭州, 在他的一篇有关 *abc* 猜想的综述文章中(*Around ABC*, 载于《欧洲数学会通讯》, 2014), 他以丢番图方程的变种(Diophantine variations)为名用专门一节谈论了作者提出的加乘方程, 并称之为 "阴阳方程" (yin-yang equations).

数论是幸运的, 她吸引了历史上许多伟大的数学家, 毕达哥拉斯、欧几里得、秦九韶、斐波那契、笛卡儿、费尔马、莱布尼茨、欧拉、拉格朗日、高斯、雅可比、狄利克雷、黎曼、希尔伯特, 其中三位还是隐士, 他们把自己精妙的发现悄悄记录在笔记本上; 还有一些孜孜不倦探索自然数奥秘的人: 丢番图、勒让德、华林、库默尔、卢卡斯、哈代、莫德尔、拉马努金、爱多士、怀尔斯; 更有一些业余爱好者: 梅森、哥德巴赫、索菲·热尔曼、威尔逊、帕格尼尼、波洛克、德波利尼亚克, 有几位只是蜻蜓点水, 便在数学史上留芳.

综观本书提出的一些问题, 尤其是第 7 章, 仍有许多引人入胜的工作要做.这应是本书最有价值的部分, 我们期待它们能开出艳丽的花朵, 结出丰硕的果实.

自从费尔马大定理被攻克以来, 数论领域捷报频传, 先是卡塔兰猜想(2002) 获得证明, 然后是 *abc* 猜想(2012)和奇数哥德巴赫问题(2013)被宣布解决(前者存有争议, 但终于在 2020 年正式发表了), 孪生素数猜想(2013)也取得了重大突破. 另一方面, 这也是一把双刃剑, 给数论界敲响了警钟: 会下金蛋的鸡越来越少了. 但愿, 本书的出版会是一缕清醒的空气、一股新鲜的血液, 能够催生出一两只雏鸡.

　　最后, 我想引用高斯的一段话作为结束语, 摘自他为英年早逝的艾森斯坦的论文集所写的导言. "数论提供给我们一座用之不竭的宝库, 储满了有趣的真理, 这些真理不是孤立的, 而是最紧密地相互联系着. 伴随着这门科学的每一次成功发展, 我们不断发现全新的, 有时是完全意想不到的起点. 算术理论的特殊魅力大多来源于我们由归纳法轻易获得的重要命题. 这些命题拥有简洁的表达式, 其证明却深埋于斯, 在无数徒劳的努力之后才得以发掘; 即便通过冗长的、人为的手段取得成功以后, 更为清新自然的证明依然藏而不露."

2020 年秋天定稿于杭州西溪

目　　录

序：数是我们心灵的产物

第 1 章

整除的算法

1.1　自然数的来历

在人类所有的发明中, 最古老的无疑是数学和诗歌了. 可以说自从有了人类的历史, 就有了这两样东西. 如果说诗歌起源于农人祈求丰收的祷告, 那么牧人计算家畜的只数便产生了数学. 由此看来, 它们均源于生存的需要. 随着时间的推移, 人类渐渐有了明确的正整数概念: 1, 2, 3, …, 这些正整数的全体被称为自然数(natural number, 有时也包含 0), 显然有着天然的或来自自然界的意思.

最初, 可能因为这些牲畜的财物是如此重要, 人们在表达同一数量的不同对象时所用的量词也不尽相同. 例如, 在古英语里使用过 team of horses (共同拉车或拉犁的两匹马), yoke of oxen (共轭的两头牛), span of mules (两只骡), brace of dogs (一对狗), pair of shoes (一双鞋)等. 慢慢地, 只剩下 pair 一词较为常用. 至于汉语, 量词的变化更为丰富, 且有许多一直保留至今.

很久以后, 人类才从无数生活经验和社

排列成三角形状的 6 只苹果

会实践中, 把这样的数(比如 2)作为共同性质抽象出来, 这意味着自然数的诞生. 事实上, 它的意义远不止于此, 英国哲学家罗素(Russell, 1872—1970)指出:

当人们发现一对雏鸡和两天之间有某种共同的东西(数字2)时, 数学就诞生了.

而在作者看来, 数学的诞生或许稍晚一些, 即在人们从 "3 只鸡蛋加上 2 只鸡蛋等于 5 只鸡蛋, 3 枚箭矢加上 2 枚箭矢等于 5 枚箭矢, 等等" 中抽象出 "3 + 2

= 5"之时. 也就是说, 在我们对自然数实行加法和减法运算以后, 那可能比罗素所定义的要晚上几千年.

当人们需要进行更广泛、深入的数字交流时, 就必须将计数方法系统化. 世界各地的不同民族不约而同地采取了以下方法: 把从 1 开始的若干连续的自然数作为基数, 以它们的组合来表示大于这些数字的数. 换言之, 采用了进位制. 在不同民族和原始部落中, 使用过的有据可查的基数有 2, 3, 4, 5, 8, 9, 10, 12, 16, 20 和 60 等.

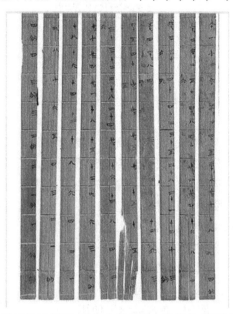

约公元前 4 世纪的清华简, 被认为是世界上最早的十进制乘法表实物

如同全才的古希腊哲学家亚里士多德(Aristotle, 公元前 384—前 322)所言, 由于"绝大多数人生来具有 10 个手指这个解剖学事实", 十进制最终被广泛采纳. 当然, 古代巴比伦人发明的 60 进制仍被保留下来, 作为众所周知的时间单位之间的一种换算. 有人这样推算过巴比伦人的计算方法, 即利用了一只手拇指以外的 12 个关节和另一只手的 5 个手指. 至于二进制, 有证据表明, 曾被澳大利亚昆士兰原住民和非洲矮人使用过, 而在三千多年前中国一部古老而深邃的典籍《易经》里, 就已在六十四卦里藏匿了这一奥妙.

接下来是 0 的出现和记号. 1881 年在印度白沙瓦附近(今属巴基斯坦)出土的"巴克沙利手稿"中, 记载了公元前后数个世纪的耆那教数学. 里面出现了完整的 10 进制数, 包括用实心的点书写的零. 至晚 9 世纪, 印度人用圆圈 ○ 代替了实心. 之后, 0 连同其他 9 个数字的记号经阿拉伯人的改造传递到了西方, 然后再次变更并传遍整个世界, 且被讹传为阿拉伯数字.

等到 17 世纪, 德国数学家、哲学家莱布尼茨(Leibniz, 1646 —1716)在他发明可以计算乘除的轮式计算机以前, 已建立起严格的二进制. 他用 0 表示空位, 用 1 表示实位, 所有的自然数均可由这两个数表示. 例如, 1=1, 2=10, 3=11, 4=100, 5=101, …. 遗憾的是, 莱布尼茨未能将两者联系起来. 直到 20 世纪中叶, 匈牙利出生的美国数学家冯·诺依曼(von Neumann, 1903 —1957)在为计算机设计的程序中, 作了一系列重要革新, 才用二进制代替十进制, 他也因此被誉为"电子计算机之父".

对任意整数 $b > 1$, b 进制早就建立起来了. 可是, 对素数 p(定义见 1.3 节), p 进数(p-adic 数)却是晚近才有的概念. 1897 年, 德国数学家亨泽尔(Hensel, 1861—1941)通过对绝对值重新进行解释, 将有理数的算术用一种不同于实数系或复数系的方法进行了扩展. 如若 $x = \dfrac{12}{5} = 2^2 \cdot 3 \cdot 5^{-1}$, 则 $|x|_2 = \dfrac{1}{4}$, $|x|_3 = \dfrac{1}{3}$, $|x|_5 = 5$, 而对其余素数 p, $|x|_p = 1$. 故在五进制数里, 下列级数是收敛的.

$$S = 1 + 5 + 5^2 + 5^3 + \cdots,$$

这是因为 $|5^i|_5 = \dfrac{1}{5^i}$. 不仅如此, 我们还能求出 S 的值. 将上式两端同乘以 5, 可得

$$5S = 5 + 5^2 + 5^3 + \cdots,$$

两式相减, 即得 $-4S = 1$, 因此 $S = -\dfrac{1}{4}$.

但在本书里, 我们要讨论的整数以 10 进制的形式出现. 在一些东方古国, 都有过从自然界中提取出数的规律的伟大发现, 比如巴比伦人和中国人各自发现了 3 平方数组, 即我们祖先所称的勾股数或古希腊人所称的毕达哥拉斯数. 在中国最早的数学典籍《周髀算经》(至晚公元前 1 世纪)里, 记载了西周第一个皇帝周武王的弟弟周公(公元前 11 世纪)与大夫商高关于测量的一段对话, 其中提到

勾广三, 股修四, 径隅五.

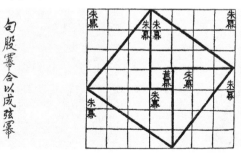

《周髀算经》里的勾股定理插图

这应该是现存(3, 4, 5)这组最小的勾股数的首次记录. 虽然现藏纽约哥伦比亚大学的巴比伦泥版书"普林顿 322 号"历史更为悠久, 但那上面最小的毕达哥拉

斯数组却是$(45, 60, 75)$. 周公是孔子最崇敬的人,《周礼》的作者, 书中提出了"六艺", 数是其中之一. 在《周髀算经》里, 还叙述了周公后人荣方与学者陈子(约公元前六七世纪)的一段对话:

以日下为勾, 日高为股, 勾股各自乘, 并而开方除之, 得斜至日.

此即勾股定理, 用现代数学语言来表达就是

每一个直角三角形的两条直角边长的平方和等于斜边长的平方.

不过, 西方人将此结论称为毕达哥拉斯定理, 并早已约定俗成了. 一来古代东西方文化和科技交流几乎隔绝, 二来毕达哥拉斯率先给出了证明. 毕达哥拉斯(Pythagoras, 公元前580—前500)是古希腊第一个堪称伟大的数学家, 他生活的年代比陈子和荣方略晚. 值得一提的是, 毕达哥拉斯是用诗歌的语言来描述他所发现的第一个定理的.

斜边的平方,
如果我没有弄错,
等于其他两边的
平方之和.

毕达哥拉斯出生在地中海东端的萨摩斯岛(今希腊), 曾游历埃及和巴比伦, 后来他在克罗托内(今意大利南方)创办了一个秘密社团, 广收弟子, 形成了所谓的毕达哥拉斯学派, 其影响绵延后世两千多年. 毕达哥拉斯最早认识到在客观世界和音乐中数的重要性, 并提出了"万物皆数"这一哲学命题. 在他和他的弟子们关于自然数的种种发现里面, 最有意思的可能要数完美数和亲和数.

萨摩斯岛上的毕达哥拉斯纪念碑

毕达哥拉斯学园遗址(作者摄于克罗托内)

📖 完美数与亲和数

许多文明和民族都对自然数有着宗教般的信仰或幻想, 完美数便是其中一个. 所谓完美数或完全数(perfect number)是这样的自然数 n, 它等于其真因子的和, 即满足

$$\sum_{d\mid n, d<n} d = n,$$

此处 $d\mid n$ 表示 d 整除 n(参见定义 1.1). 最小的两个完美数是 6 和 28, 这是因为

$$6 = 1+2+3,$$
$$28 = 1+2+4+7+14.$$

毕达哥拉斯或许最早研究了完美数, 至迟到公元 1 世纪, 希腊人已知道第 3 个完美数 496 和第 4 个完美数 8128. 毕达哥拉斯和古罗马思想家圣奥古斯丁(Saint Augustinus, 354 — 430)都认定 6 是完美无缺的. 甚至《旧约圣经》首卷《创世纪》里也提到, 上帝用 6 天的时间创造了世界(第 7 天是休息日). 相信地心说的古希腊人则认为, 月亮围绕地球旋转一圈所需的时间是 28 天.

在 1.3 节我们将会了解, 一个偶数 n 要成为完美数当且仅当它是下列形式

$$n = 2^{p-1}(2^p - 1),$$

其中 p 和 $(2^p - 1)$ 均为素数. 后者即著名的梅森素数, 也就是说, 有多少梅森素数, 就有多少偶完美数, 反之亦然. 迄今为止, 人们已发现了 51 个梅森素数, 这也是已知完美数的数量. 另一方面, 既没有人找到哪怕一个奇完美数(如果存在的话, 一定大于 10^{1500}), 也没有人能够否定它的存在. 这些使得完美数问题引人入胜, 我们将在 1.3 节给出上述充要条件的证明, 并在 7.3 节进行更为细致深入的研究和拓展, 那也是本书最有价值的部分之一.

所谓亲和数或友好数(amicable number)是指这样一对数, 其中的任意一个是另一个的真因子之和. 显然, 完美数与其自身互为亲和数, 因此通常人们只考虑不同的两个数. 毕达哥拉斯找到了最小的一对亲和数 220 和 284, 这是因为

$$220 = 1+2+4+71+142,$$
$$284 = 1+2+4+5+10+11+20+22+44+55+110.$$

《创世纪》里也曾提到, 雅各送给孪生兄弟以扫 220 只羊, 以示挚爱之情. 后人为亲和数添加了神秘色彩, 使其在魔法术和占星术方面得到应用. 欧洲中世纪期间, 叙利亚数学家、阿基米德著作的阿拉伯文译者塔比(Thabit, 826 — 901, 其出生地哈兰, 今属土耳其)认为, 毕达哥拉斯和他的追随者之所以研究完美数和亲和数, 是为了表达他们的哲学观念. 塔比还率先给出了确定亲和数的方法, 他指出,

对任意整数 $n > 1$, 若

$$p = 3 \times 2^{n-1} - 1, \quad q = 3 \times 2^n - 1, \quad r = 9 \times 2^{2n-1} - 1$$

均为素数, 则 $(2^n pq, 2^n r)$ 必是一对亲和数. 当 $n=2$ 时, 它对应的就是毕达哥拉斯

发现的那一对. 遗憾的是, 阿拉伯人并没有用这种方法找到新的亲和数. 而事实上, 有两对只是举手之劳.

直到 1636 年, 第二对亲和数 (17296, 18416) 才由有着 "业余数学家之王" 美称的法国数学家费尔马 (Fermat, 1601—1665) 找到; 同年, 费尔马的同胞、数学家兼哲学家笛卡儿 (Descartes, 1596—1650) 找 到 了 第 三 对 (9363584, 9437056). 在此之前, 16 世纪伊斯兰世界的一位主要的数学家、伊朗人亚兹迪 (Yazdi) 已找到这对. 这两对分别对应于塔比数组 $n=4$ 和 $n=7$ 的情形. 到了 1747 年, 瑞士数学家欧拉 (Euler, 1707—1783) 利用自己的方

叙利亚数学家塔比像

法, 一下子找到了 30 多对亲和数. 他一生共找到了 60 多对, 其中一对 (10744, 10856) 比费尔马所得的还小. 第二小的一对亲和数是 (1184, 1210), 这是在 1866 年, 由一位 16 岁的意大利男孩帕格尼尼 (Paganini) 发现的.

欧拉还把塔比的亲和数公式作了推广, 对任意的整数 $n > m > 0$, 若

$$p = \left(2^{n-m} + 1\right)2^m - 1, \quad q = \left(2^{n-m} + 1\right)2^n - 1, \quad r = \left(2^{n-m} + 1\right)^2 2^{m+n} - 1$$

均为素数, 则 $(2^n pq, 2^n r)$ 必是一对亲和数. 当 $m = n-1$ 时, 此即为塔比公式, 但欧拉的公式只提供了两对新的亲和数, 即当 $(m,n) = (1,8)$ 和 $(29,40)$ 时.

迄今为止, 人们已经发现的亲和数远比完美数要多, 有 1200 多万对. 可是, 无论亲和数还是完美数, 我们都不知道是否有无限多对(个). 1955 年, 匈牙利数学家爱多士 (Erdős, 1913—1996) 证明, 亲和数在自然数中的密度为 0. 而假如亲和数有无限多对, 我们想问, 亲和数对两数之比是否趋向于 1?

1.2　自然数的奥妙

在自然数中间存在着无穷无尽的奥妙, 这使得研究整数性质的数学分支——数论充满了魅力, 吸引了古往今来不计其数的数学天才和业余爱好者. 有着 "数学王子" 美誉的德国数学家高斯 (Gauss, 1777—1855) 曾谈道: "任何一个花过一点功

夫研习数论的人，必然会感受到一种特别的激情与狂热．"甚至俄罗斯画家康定斯基(Kandinsky, 1866—1944)也认为："数是各类艺术最终的抽象表现．"

柯尔莫哥洛夫(Kolmogrov, 1903—1987)是 20 世纪苏联最有影响力的数学家，他的研究兴趣主要是概率论、调和分析和动力系统，但他从小就对自然数十分敏感，领略到"发现"数之间相互关系的乐趣．众所周知，整数分奇数和偶数．5 岁的时候，柯尔莫哥洛夫观察到

$$1 = 1^2,$$
$$1 + 3 = 2^2,$$
$$1 + 3 + 5 = 3^2,$$
$$1 + 3 + 5 + 7 = 4^2,$$
$$\cdots\cdots$$

也就是说，任意前 n 个奇数之和均为平方数，从而感受到数字的神奇魅力．这个结论虽说不难验证，但与传说中高斯 9 岁那年快速计算出从 1 到 100 的等差级数之和，即

$$1 + 2 + \cdots + 99 + 100 = 5050$$

相比，这个故事无疑对老师和家长更有启示意义．

当然，要发现自然数之间深刻的内在联系或规律，比如孪生素数猜想、哥德巴赫猜想，不是一般的天才儿童(哪怕是神童)所能胜任的．这就是我们要学习数论的原因，从中我们也可以窥见自然数的神奇魅力．值得一提的是，本书所涉及的那些既简洁、又深刻的定理或公式，有许多出自大数学家的头脑．

现代数学"最后一个百事通"——德国数学家希尔伯特(Hilbert, 1862—1943)，他的传记作者在谈到大师放下代数不变量理论转向数论研究时指出，"数学中没有一个领域能够像数论那样，以它的美——一种不可抗拒的力量，吸引着数学家中的精华．"另一方面，也有一些业余爱好者和小人物贡献了自己的才华，并因此在数学史上留名．比如，1.1 节提到的找到第二小的亲和数对的意大利男孩帕格尼尼，3.2 节我们要介绍威尔逊定理，其不经意的发现者是剑桥大学的一位本科生，他后来并没有从事数学研究．

现在，我们有必要给出自然数的皮亚诺公理．这是在 1898 年由意大利数学家皮亚诺(Peano, 1858—1932)提出的：以 $\mathbf{N}$(或 $\mathbf{Z}_+$)表示自然数的集合，则①1 是自然数；②每个自然数都有一个后继者；③1 不是任何自然数的后继者；④不同自然数的后继者也不一样；⑤如果 $\mathbf{N}$ 的一个子集 S 包含 1 和任何属于它的元素的后继者，则 $S = \mathbf{N}$．最后一条公理是数学归纳法的原理所在．

既然自然数来自自然界，那么大千世界中也必然存在整数的规律．毕达哥拉

斯曾观察到, 铁匠打铁时发出不同的声音. 他通过演奏竖琴, 确定手指分开的两段弦长之比与音高的关系, 了解到具有整数之比的弦长能产生美妙的和声.

希尔伯特小道(作者摄于哥廷根)

把手按在 $\frac{3}{4}$ 弦上, 可以奏出升高的第 4 音; 再按在 $\frac{2}{3}$ 弦上, 可以奏出升高的第 5 音; 如果按在全长的 $\frac{1}{2}$ 弦上, 则可以奏出一个高 8 度音.

换句话说, 数(铁锤的重量或空间的间隔)决定了音调. 又比如, 无论怎样调音, 在一台钢琴上都不能同时精准地弹奏高 8 度音和高 5 度音. 这是因为, 两个相隔 8 度音的音符发生频率为 2 : 1, 两个相隔 5 度音的音符发生频率为 3 : 2, 而下列不定方程

$$\left(\frac{3}{2}\right)^x = \left(\frac{2}{1}\right)^y$$

无正整数解. 也就是说, 这两个比率是不可通约的.

在一些几何图形的面积(均为无理数甚或超越数)之间, 也存在着有趣的整数比例关系. 例如, 地中海西西里岛上的古希腊数学家阿基米德(Archimedes, 公元前 287—前 212)就曾发现, 抛物线形(被一条与准线平行的直线所截的图象)与其内接等腰三角形的面积之比为 4 : 3, 见下页第一个图. 他还第一个指出, 任意一个球的表面积是其大圆(圆心在球心的圆)面积的 4 倍. 阿基米德并不满足于计量那些已知的几何图形, 他在研究三等分问题时还发现一种复杂且非直观的曲线, 即后人所称的阿基米德螺线, 其极坐标方程为 $r = a\theta$. 如下图所示, 螺线与经过出发点的垂线所围成的图形与其外接圆的面积之比为 1 : 3.

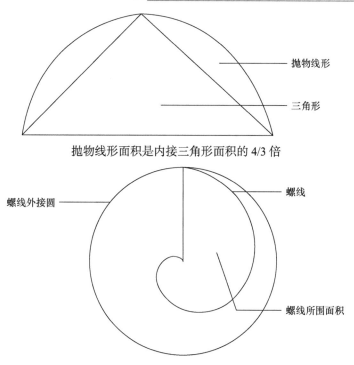

抛物线形

三角形

抛物线形面积是内接三角形面积的 4/3 倍

螺线外接圆

螺线

螺线所围面积

螺线外接圆面积是螺线所围面积的 3 倍

在阿基米德之前, 欧几里得(Euclid, 约公元前 330—前 275, 他和阿基米德都曾在亚历山大工作)就已经知道 $(x+y)^2 = x^2 + 2xy + y^2$. 英国人牛顿(Newton, 1643—1727)可能是有史以来最伟大的科学家, 在数学领域, 他除了发明微积分, 还推广了如今以他名字命名的二项式定理:

$$(x+y)^n = \sum_{i=0}^{n} \binom{n}{i} x^i y^{n-i}.$$

牛顿将指数从正整数拓广为任意实数. 此处 $\binom{n}{i}$ 为二项式系数, 又被称为帕斯卡三角(1653), 但它最早出现在印度, 中国人和波斯人也很早发现了它, 我们称它为贾宪三角(1050)或杨辉三角(1261). 虽说牛顿并未研究过数论, 但本书将会揭示, 在二项式系数中藏匿着许多自然数和素数的奥秘.

太阳系最大的行星——木星的前 4 颗卫星是由意大利科学家伽利略(Galileo, 1564—1642)在 1610 年发现的, 被称作伽利略卫星. 其中, 木卫三是太阳系最大的卫星, 其公转周期约为 7.15455296 天. 18 世纪的法国数学家、天文学家拉普拉斯(Laplace, 1749—1827)虽说与阿基米德一样在数论领域没有大的贡献, 但却发现了天体之间存在秘密的整数比例关系, 即

巴勒莫大教堂外墙上的几何图案(作者摄于西西里)

$$T_3 = 2T_2 = 4T_1,$$

其中 T_1, T_2, T_3 分别是木卫一、木卫二和木卫三的公转周期, 史称拉普拉斯共振. 在他眼里, 这个天文学问题有着分拆理论(数论分支之一)的完美体现. 拉普拉斯还发现, 若设三者的平均角速度分别为 $\omega_1, \omega_2, \omega_3$, 则有

$$\omega_1 + 2\omega_2 = 3\omega_3.$$

木星和伽利略发现的四颗卫星

同样值得一提的是, 法国首都巴黎市的 20 个区不仅以阿拉伯数字命名(含卢浮宫的 1 区位于塞纳河右岸), 且以阿基米德螺线依次排列. 作者注意到, 在 2004

年雅典奥运会的闭幕式上, 参加团体操表演的上千名演员正是沿着一条阿基米德螺线入场的.

总而言之, 自从毕达哥拉斯断定 "万物皆数" 以来, 人们越来越多地发现, 数的世界与现实世界紧密相连, 从浩瀚的宇宙到微小的基本粒子, 随处都有可能隐藏着自然数的奥妙. 下面我们再举两个例子, 它们分别属于几何学和拓扑学.

镶嵌几何与欧拉示性数

在几何学中, 有一个很有趣的镶嵌问题, 就是用全等的正多边形填满平面. 设 n 是每个多边形的边数, 则这样一个多边形每个顶点的内角度数是 $\theta_n = \dfrac{n-2}{n}\pi$. 例如 $\theta_3 = \dfrac{\pi}{3} = 60°$, $\theta_4 = \dfrac{\pi}{2} = 90°$. 如果我们要求一个正多边形的顶点只能和另外一些边数一样的正多边形的顶点相接, 那么每个顶点上多边形的个数为

$$\frac{2\pi}{\theta_n} = \frac{2n}{n-2} = 2 + \frac{4}{n-2}.$$

要使这个数是整数, n 必须为 3, 4 或 6. 也就是说我们只能用全等三角形、正方形或正六边形才能填满平面. 有意思的是, 在本书的 6.3 节, 即讨论用以判断费尔马大定理第一情形是否成立的拉赫曼同余式时, 这 3 个整数将再次出现. 而如果我们要求把一个多边形顶点放在另一个多边形的边上(比如中点), 则集结在每个顶点上的多边形的个数会减少一半, 即为 $1 + \dfrac{2}{n-2}$, 因此 n 必须是 3 或 4.

值得一提的是, 1936 年, 荷兰艺术家埃舍尔(Escher, 1898—1972)旅行到了西班牙的格林纳达, 他被阿尔罕布拉宫里瓦片的镶嵌几何图案迷住了, 宣称这些 "是我所遇到的最丰富的灵感资源". 随后他在画作中利用了这些基本图案, 再用几何的反射、变换和旋转来获得更多的图案. 埃舍尔精心地使这些图案扭曲成为各种动物的形状, 效果既惊人又美丽.

在拓扑学中, 有所谓的欧拉示性数(也称欧拉–笛卡儿示性数), 用以刻画几何图形的顶点数 V、棱数 E 和面数 F 之间的拓扑关系, 其定义为 $V - E + F$. 结论是, 对于二维平面上的简单多角形而言(此时 $F = 1$), 欧拉示性数为 1; 而对于三维空间的简单多面体来说, 欧拉示性数为 2, 即

$$V - E + F = 2.$$

埃舍尔的画作《圆的极限》(1959)

这是 1750 年欧拉在给德国数学家哥德巴赫(Goldbach, 1690—1764)的一封信里提出来的. 一个世纪以后, 人们发现, 早在 1635 年, 笛卡儿便在笔记本里记下了这一发现.

我们可以举出很多例子验证, 比如埃及开罗的金字塔(四面体)和沙特阿拉伯麦加的克尔白(立方体), 两者的顶点、棱和面的个数分别是(4, 6, 4)和(8, 12, 6). 欧拉示性数还可以用来证明正多面体只有 5 种, 即所谓的柏拉图体, 它们的面数分别为 4, 6, 8, 12 和 20.

设正多面体的每个面是正 m 边形, 每个顶点有 n 条棱. 注意到每两面共用一条棱, 每一条棱对应两个顶点, 因而 $mF = nV = 2E$, 故 $F = \dfrac{2E}{m}, V = \dfrac{2E}{n}$. 代入欧拉公式, 消去 E, 可得 $\dfrac{1}{m} + \dfrac{1}{n} = \dfrac{1}{2} + \dfrac{1}{E} > \dfrac{1}{2}$, 故 m, n 不能同时大于 3. 另一方面, 显然 m 和 n 都不小于 3, 所以 m 和 n 至少有一个是 3. 若 $m\,(n) = 3$, 则 $n\,(m) = 3, 4$ 或 5, 相应的 $E = 6, 12(2$ 次$), 30(2$ 次$)$, 这 5 种情况恰好对应于柏拉图体.

值得一提的是, 欧几里得曾在他的名著《几何原本》里指出, "柏拉图体的名称实在是错了. 因为其中的三种, 正四面体、立方体和正十二面体来自毕达哥拉斯学派, 而正八面体和正二十面体来自泰阿泰德." 泰阿泰德(Theaetetus, 约公元前417—前 369)是古希腊哲学家柏拉图(Plato, 公元前 427—前 347)的学生, 他是立体几何的发明者, 柏拉图有两篇对话——《泰阿泰德篇》和《智慧篇》以他为对话人.

1.3　整除的算法

一般来说, 数论研究的对象, 除了自然数以外, 还包括零和负整数(有时甚至是有理数). 两个整数的和、差、积仍然是整数. 可是, 当用一个(非零的)整数去除另一个整数时, 所得的商并不总是整数. 因此, 我们必须要引进整除和倍数的概念.

定义 1.1　设 $a, b \neq 0$ 是任意两个整数, 如果存在一个整数 q, 使得等式

$$a = bq \tag{1.1}$$

成立, 我们就说 b 整除 a 或 a 被 b 整除, 记为 $b \mid a$. 在这种情况下, 我们称 a 为 b 的倍数, 而把 b 称为 a 的因数或因子. 如果不存在 q 使得式(1.1)成立, 我们就说 b 不整除 a, 或 a 不被 b 整除, 记为 $b \nmid a$.

与自然数一样, 整除的概念是如此浅显易懂, 在史上留名的数学家出现以前, 就已经得到普遍的认可. 不过, 过了很久数学家才给出同余的定义, 并发现整除是一种特殊的同余. 定义 1.1 非常有用, 从中我们可以推出有关整除的许多性质.

定理 1.1 若 a 是 b 的倍数, b 是 c 的倍数, 则 a 是 c 的倍数.

证 只需三次利用整除的定义即可. 事实上, 由已知条件可以得到, 存在整数 q_1 和 q_2, 使得 $a = bq_1$, $b = cq_2$, 故而 $a = c(q_1 q_2)$. 定理 1.1 获证.

定理 1.2 若 a, b 都是 c 的倍数, 则 $a \pm b$ 也是 c 的倍数.

证 与定理 1.1 一样, 定理 1.2 的证明也需三次利用整除的定义. 事实上, 由已知条件可得, 存在整数 q_1 和 q_2, 使得 $a = cq_1$, $b = cq_2$, 故而 $a \pm b = c(q_1 \pm q_2)$. 定理 1.2 获证.

例 1.1 任意 2 个相邻自然数的乘积均为偶数, 任意 3 个相邻自然数的乘积均为 6 的倍数.

以上我们就整除的性质进行了初步探讨, 可是, 对于任意两个整数 a 和 b 来说, 一般不具有可除性. 为此, 我们需要引进下面的带余除法.

定理 1.3 (带余除法) 若 a, b 是两个整数, $b > 0$, 则存在整数 q 和 r, 使得

$$a = bq + r, \quad 0 \leqslant r < b \tag{1.2}$$

成立, 这里 q 和 r 是唯一的.

证 先证存在性. 考虑整数序列

$$\cdots, -3b, -2b, -b, 0, b, 2b, 3b, \cdots,$$

则 a 必在上述序列的某两项之间, 即存在一个整数 q, 使得

$$qb \leqslant a < (q+1)b.$$

令 $a - qb = r$, 则 $a = bq + r$, $0 \leqslant r < b$.

下证唯一性, 设有 q_1, r_1 是满足式 (1.2) 的两个整数, 则

$$a = bq_1 + r_1, \quad 0 \leqslant r_1 < b.$$

因此 $bq_1 + r_1 = bq + r$, $b(q - q_1) = r_1 - r$, 故而

$$b|q - q_1| = |r - r_1|.$$

由于 r 和 r_1 都是小于 b 的正整数, 所以上式左边也小于 b. 如果 $q \neq q_1$, 则上式左

边 $\geqslant b$, 这是不可能的. 故而 $q = q_1, r = r_1$. 定理 1.3 获证.

定理 1.3 中的 q 和 r 分别称为 b 除 a 所得的不完全商和余数.

例 1.2 若 a, b 是任意两个不全为零的整数, $ax_0 + by_0$ 是所有形如 $ax + by$ 的整数中最小的正数, 则

$$(ax_0 + by_0)\big|(ax + by),$$

其中 x, y 是任意整数.

例 1.3 对于任意整数 $n > 1$, $1 + \dfrac{1}{2} + \dfrac{1}{3} + \cdots + \dfrac{1}{n}$ 一定不为整数.

事实上, 设 $2^l \leqslant n < 2^{l+1} (l \geqslant 1)$, 则上述调和和的诸分母中必有一项被 2^l 整除, 其余各项至多被 2^{l-1} 整除, 故而

$$\sum_{i=1}^{n} \frac{1}{i} = \frac{q}{2^{l-1}(2k+1)} + \frac{1}{2^l} = \frac{2q + 2k + 1}{2^l(2k+1)}$$

的分子为奇数, 分母为偶数, 因而此和式一定不为整数.

值得一提的是, 爱多士和尼文(I. M. Niven)研究了 $\left\{ 1, \dfrac{1}{2}, \ldots, \dfrac{1}{n} \right\}$ 的初等对称函数. 记其第 k 项为 $S(k,n)$, 2012 年, 陈永高和汤敏用初等方法巧妙地证明了 $S(1,1) = 1$ 和 $S(2,3) = \dfrac{1}{2} + \dfrac{1}{3} + \dfrac{1}{6}$ 是仅有的整数[①].

例 1.4 抽屉原理, 又称鸽舍原理或狄利克雷原理, 是这样叙述的: 假如将 $n+1$(或更多)个物体装入 n 个盒子里, 那么一定有某个盒子至少装有两个物体. 利用抽屉原理可以证明: 设 $1 \leqslant a_1 < a_2 < \cdots < a_{n+1} \leqslant 2n$, 则必有 $1 \leqslant i < j \leqslant n+1$, 满足 $a_i \mid a_j$.

事实上, 对任意 $1 \leqslant i \leqslant n$, 令 $s_i = \left\{ 1 \leqslant (2i-1)2^l \leqslant 2n, l \geqslant 0 \right\}$, 则 $n+1$ 个 a_i 中, 必有 2 个属于同一个集合 s_i. 而假如只取 n 个元素, 情况就大不相同. 对于任意正整数 n, 存在 n 个正整数 $1 \leqslant a_1 < a_2 < \cdots < a_n \leqslant 2n$, 满足 $a_i \nmid a_j (1 \leqslant i < j \leqslant n)$, 我们称其为原序列, 可以证明 "最大的" 原序列是 $\{n+1, n+2, \cdots, 2n\}$, "最小的" 原序列是

$$\left\{ 2^i(2x+1) \,\bigg|\, \frac{2n}{3^{i+1}} < 2x+1 < \frac{2n}{3^i}, x \geqslant 1, i \geqslant 0 \right\}.$$

例如, 当 $n = 12$ 时, "最小的" 原序列为 $\{4, 6, 9, 10, 11, 13, 14, 15, 17, 19, 21, 23\}$. 2018 年, 作者和陈小航、钟豪[②]利用下列调和和估计(C 是欧拉常数)

---

① 参见 American Mathematical Monthly, 2012, 119: 862-867.

② 参见 Chinese Advances in Mathematics, 2018, 47(1): 150-154.

$$\sum_{n \leqslant x} \frac{1}{n} = \ln x + C + o\left(\frac{1}{x}\right)$$

求得当 n 趋于无穷时, "最小的" 原序列调和和极限为 ln3. 确切地说, 我们得到了

$$\max \sum_{1 \leqslant i \leqslant n} \frac{1}{a_i} = \ln 3 + o\left(\frac{1}{n^{\log_3^2}}\right)$$

下面介绍带余数除法的一个应用和推广, 它在 1.4 节最大公因数计算中非常有用. 这个方法在西方叫欧几里得算法, 它最早出现在《几何原本》一书里. 不过, 在印度它叫库塔卡方法, 在中国叫辗转相除法. 后两种方法分别由笈多王朝的阿耶波多(Aryabhata,476—约 550)和南宋时期的秦九韶(1202—1261)独立完成.

拉丁文版《几何原本》插图: 女数学家(1310)　　牛津大学博物馆内欧几里得像(1863)

设 a, b 是任意两个正整数, 由带余数除法, 我们有

$$\begin{cases} a = bq_1 + r_1, & 0 < r_1 < b, \\ b = r_1 q_2 + r_2, & 0 < r_2 < r_1. \\ \cdots\cdots \\ r_{n-2} = r_{n-1} q_n + r_n, & 0 < r_n < r_{n-1}, \\ r_{n-1} = r_n q_{n+1}. \end{cases} \tag{1.3}$$

由式(1.3)容易看出, 每进行一次带余数除法, 余数都会变小, 所以最多经过 b 次带余数除法, 总可以得到余数是零的等式.

最后, 我们要介绍素数或质数(prime)的概念, 它是数论研究的中心问题. 因为质点和质子已被物理学家采用了, 本书就用素数的名称. 事实上, 它最早出现在汉语里叫"数根", 是在清朝康熙年间开始编撰的一部叫《数理精蕴》(1713—1722, 53 卷)的数学著作里.

至晚在公元前 3 世纪, 古希腊数学家就已知道存在无穷多个素数. 他们把自然数分成 1、素数和合数, 所谓素数和合数是指大于 1 的整数, 如果它的正因数只有 1 和它本身, 就叫素数, 例如 2, 3, 5, 7, 11, ⋯. 不然的话, 就叫合数, 例如 4, 6, 8, 9, 10, ⋯. 把 1(亦称单位元)排除在素数和合数以外, 是因为 1 不能分解成两个更小的正整数乘积, 故不能是合数. 而如果 1 是素数, 那后面 1.5 节的算术基本定理即因子分解唯一性定理就不成立了, 因为 $6 = 2 \times 3 = 1 \times 2 \times 3$.

2012 年秋天(如同序言里提及), 作者偶然发现, 人类的身体里也包含着素数. 瞧瞧我们的任何一只手, 大拇指有 2 个关节, 其余的手指各有 3 个关节, 而每只手一般有 5 个手指. 也就是说, 我们的每只手都包含了最小的三个素数. 比起合数来, 虽然素数稀朗许多, 但对有些多项式来说, 当自变量取连续正整数时均为素数. 例如, 1772 年, 欧拉发现

$$x^2 - x + 41$$

当取 $x = -39, \cdots, -1, 0, 1, 2, \cdots, 40$ 时, 它的值均为素数. 1798 年, 法国数学家勒让德(Legendre, 1752—1833)发现

$$2x^2 + 29$$

当取 $x = -28, \cdots, -1, 0, 1, \cdots, 28$ 时, 它的值也均为素数.

著名的孪生素数猜想和哥德巴赫猜想都是关于素数的, 其中孪生素数(twin primes)猜想说的是, 存在无穷多对相邻差为 2 的素数, 例如, (3, 5), (5, 7), (11, 13), (17, 19), ⋯. 到 2016 年为止, 已知最大的孪生素数是

$$2996863034895 \times 2^{1290000} \pm 1,$$

共 388342 位. 可是, 比起已知最大的(第 51 个)梅森素数(2018) $2^{82589933} - 1$, 仍是小巫见大巫, 后者有 24862048 位.

📖 梅森素数与费尔马素数

上述形如 $M_p = 2^p - 1$ 的素数称为梅森素数, 它是以法国数学家梅森(Mersenne, 1588—1648)名字命名的. 容易推出, 要使 M_p 为素数, p 必须是素数. 因为素数的重要性, 历史上许多数学家都热衷于寻找一个数学公式或级数, 使其每一取值或每一项均为素数. 这有点像中国古代的皇帝热衷于寻找长生不老之药一样, 始终难以成功.

梅森可能是做这方面探索的第一人，他是一个神父、哲学家，有着"光学之父"的美誉，却酷爱数学，对与素数有关的数论问题尤感兴趣. 此外，他还在西欧到处旅行，充当各国数学家和科学家之间的联络人和信息传递人，仅意大利就去了 15 次，法国科学院便是以他在巴黎创办的沙龙为雏形. 1644 年，梅森发现 $M_2 = 3$, $M_3 = 7, M_5 = 31, M_7 = 127$ 都是素数，因而猜想所有的 M_p 都是素数. 可是不久，就有人发现 M_{11} 不是素数. 事实上，

$$M_{11} = 2^{11} - 1 = 2047 = 23 \times 89.$$

法国牧师、数学家梅森像

1876 年，法国数学家卢卡斯(Lucas, 1842—1891)经过 19 年的努力，手工检验出 M_{127} 是素数(77 位). 随后的四分之三个世纪里，M_{127} 一直是人类所知的最大素数，直到计算机时代来临. 今天，借助联网的计算机，我们能够发现的最大素数依然是梅森素数.

值得一提的是，人们通常只记得发现梅森素数的人. 证明 M_{67} 不是素数的也是卢卡斯，那是 1867 年. 分解出 M_{67} 的是美国人科尔(Cole, 1861—1926)，他于 1903 年取得成功. 为了纪念他，美国数学学会设立了科尔奖，被认为是数论和代数领域的最高奖.

虽说我们无法判定是否存在无穷多个梅森素数或无穷多个梅森合数. 但如果存在无穷多个 $4m+3$ 型的索菲·热尔曼素数，则必定有无穷多个梅森合数. 所谓索菲·热尔曼素数是指这样的素数 $p, 2p+1$ 也是素数. 它得名于法国女数学家和物理学家索菲·热尔曼(Sophie Germain, 1776—1831). 这个证明需要用到二次剩余的性质，我们将在 4.2 节给出.

热尔曼出生于巴黎的殷富人家，父亲有很多藏书，她从小就读到阿基米德的故事，牛顿和欧拉的著作，对数学和物理学感兴趣. 但在她生活的年代，女性是远离大学的，她只得化名男子与拉格朗日、勒让德和高斯等通信，她在费尔马大定理的研究中做出了突出贡献. 后来高斯建议哥廷根大学授予她荣誉博士学位，可惜未及授予她，她便患乳腺癌去世了.

另一方面，早在公元前 4 世纪，古希腊数学家、传说中风筝的发明者阿契塔(Archytas, 活动时期约公元前 420—前 350)就知道了若 $2^p - 1$ 是素数，则 $2^{p-1}(2^p - 1)$

必是完美数. 这是由于 2^{p-1} 的每个因数必为 $2^i, 0 \leqslant i \leqslant p-1$, 又因为 $(2^{p-1}, 2^p-1)=1$, 故而 $n = 2^{p-1}(2^p-1)$ 的一切因子之和 $\sigma(n)$ 为

$$(1+2+\cdots+2^{p-1})(2^p-1+1) = 2(2^{p-1})(2^p-1).$$

这个证明出现在欧几里得的《几何原本》中. 直到 1747 年, 客居柏林的欧拉才证明, 凡是偶完美数必具有上述形式. 1772 年, 早就返回圣彼得堡的欧拉已经双目失明, 却求出了第 8 个完美数, 共有 19 位(p=31).

欧拉的证明　设 n 是偶数, $n = 2^{r-1}s, r \geqslant 2$, s 是奇数, 则必须有 $\sigma(n) = \sigma(2^{r-1}s) = 2^r s$. 由于 2^{r-1} 和 s 无公因子, $2^{r-1}s$ 的因子之和等于 s 的因子之和的 $(2^r-1)/(2-1) = 2^r-1$ 倍, 故 $\sigma(n) = (2^r-1)\sigma(s)$. 令 $\sigma(s) = s+t$, 其中 t 是 s 的真因子之和, 则 $2^r s = (2^r-1)(s+t)$, $s = (2^r-1)t$, $s > t$. 也就是说, t 既是 s 的真因子, 又是 s 的真因子之和, 故必 t=1, $s = 2^r-1$ 为素数.

虽说我们无法知道梅森素数是否有无穷多个, 但却可以利用梅森素数的性质证明素数有无穷多个. 反设 p 是最大的素数, 可证 2^p-1 的任意素因子 q 皆大于 p. 事实上, 由 $2^p \equiv 1 (\bmod q)$ 知 $\mathbf{Z}_q$ 的乘法群 $\mathbf{Z}_q \setminus \{0\}$ 中元素 2 的阶均为 p, 该群有 $p-1$ 个元素, 故由拉格朗日定理(定理 3.9)可知 $p|(q-1)$, 从而 $p<q$.

设 α 是正整数, β 是非负整数, 则方程

$$\sum_{\substack{d|n \\ d<n}} d - n = 2^\alpha \left(2^\beta - 1\right)$$

有偶数解 $n = 2^{\alpha+\beta-1}\left(2^\alpha-1\right)$, 这里 $2^\alpha-1$ 是梅森素数; 而方程

$$\sum_{\substack{d|n \\ d<n}} d - n = 2^\alpha \left(1 - 2^\beta\right)$$

有解 $n = 2^{\alpha-1}\left(2^{\alpha+\beta}-1\right)$, 这里 $2^{\alpha+\beta}-1$ 是梅森素数.

特别地, 当 $\beta=0$ 时, 此即为欧拉的偶完美数判定准则; 当 $\beta=1$ 时, $\displaystyle\sum_{\substack{d|n \\ d<n}} d - n$ 为 2 的方幂的所有解为 $n = 2^\alpha \left(2^\alpha-1\right)$, 而 $\displaystyle n - \sum_{\substack{d|n \\ d<n}} d$ 为 2 的方幂的所有解为 $n = 2^{\alpha-2}\left(2^\alpha-1\right)$, 其中 $2^\alpha-1$ 是梅森素数.

在梅森之前 4 年, 即 1640 年, 费尔马也给出了一个公式, 即

$$F_n = 2^{2^n} + 1,$$

后人称之为费尔马数, 并把其中是素数的数称为费尔马素数. 费尔马本人验证了当 $n = 0, 1, 2, 3, 4$ 时, F_n 均为素数, 它们分别是 3, 5, 17, 257, 65537. 他因此猜测,

对于任意非负整数 n, F_n 均为素数.

这个猜想存在了将近一个世纪, 直到 1732 年, 客居圣彼得堡的欧拉证明了 F_5 不是素数, 那年他不满 25 岁. 事实上, 欧拉证明的是 $641 | F_5$, 他的方法如下:

设 $a = 2^7, b = 5$, 则 $a - b^3 = 3$, $1 + ab - b^4 = 1 + 3b = 2^4$, 于是

$$F_5 = (2a)^4 + 1 = (1 + ab - b^4) a^4 + 1 = (1 + ab) a^4 + 1 - a^4 b^4$$

$$= (1 + ab) \{ a^4 + (1 - ab)(1 + a^2 b^2) \},$$

其中 $1 + ab = 641$.

从那以后, 数学家们又检验了 40 多个 n, 包括 $5 \leqslant n \leqslant 32$, 结果发现都不是素数, 但却无人知晓 F_{20} 和 F_{24} 的素因子. 也就是说, 再也没有找到一个费尔马素数, 这与梅森素数不间断出现不一样. 值得一提的是, 由于 $F_n = F_0 F_1 \cdots F_{n-1} + 2$, 故任意两个费尔马数互素, 这条性质是由哥德巴赫发现的.

关于费尔马数, 仍有许多难解之谜. 例如, 当 $n > 4$ 时, F_n 是否均为合数? 是否存在无穷多个费尔马合数? 是否存在无穷多个费尔马素数? 最后一个问题是由德国数学家艾森斯坦(Eisenstein, 1823—1852)在 1844 年提出来的. 可以说, 在费尔马大定理(Fermat last theorem)证明以后, 费尔马素数问题才是费尔马最后的问题.

广义费尔马数被定义为 $a^{2^n} + 1$, 其中 a 为偶数. 同样, 没有人知道, 是否存在无穷多个广义费尔马素数或合数? 与此同时, 不难发现, 前 6 个 $2^{2^n} + 15$ ($0 \leqslant n \leqslant 5$)均为素数, 它们是 17, 19, 31, 271, 65551, 4294967391.

我们定义满足 $s = 2^\alpha + t$ 的正整数 s 为 GM 数, 其中 t 是 s 的真因子之和, α 是正整数. 因为作者思考这个问题的时候, 正值哥伦比亚作家加西亚·马尔克斯(García Márquez, 1927—2014)逝世, 他的代表作《百年孤独》让人想起那些数个世纪难以攻克的数学难题. 显而易见, GM 数中的奇素数等同于费尔马素数. 除此以外, 网友 Alpha 还帮助我们找到两个非素数的奇 GM 数, 它们是

$$19649 = 7^2 \times 401 = 2^{14} + 3265,$$

$$22075325 = 5^2 \times 883013 = 2^{24} + 5298109.$$

在 2×10^{10} 范围内仅此 2 个非素数的奇 GM 数, 加上费尔马素数共 7 个奇 GM 数. 至于偶 GM 数, 那要多得多, 前 6 个是 10, 14, 22, 38, 44, 92. 例如, $10 = 2 + 8$, $14 = 2^2 + 10$. 在 10^6 和 10^8 范围内经过搜索, 分别有 146 个和 350 个偶 GM 数. 更一般地, 考虑形如 $2^\alpha + 2^\beta - 1$ 的素数, 其中 α, β 是正整数, 则它包含所有的费尔马素数和梅森素数. 我们有两个问题或猜想:

(1) 存在无穷多个形如 $2^\alpha + 2^\beta - 1$ 的素数.

(2) 存在无穷多个偶 GM 数.

显而易见, 由(1)可以推出(2). 这是因为, 若 $p = 2^\alpha + 2^\beta - 1$ 是素数, 则 $2^{\alpha-1}p$ 和 $2^{\beta-1}p$ 均为 GM 数.

我们注意到, 从二进制的角度来看, 每个奇素数均可唯一表示成

$$1 + 2^{n_1} + \cdots + 2^{n_k} \ (1 \leqslant n_1 < \cdots < n_k).$$

我们的问题是, 对给定的正整数 k, 能够表示成上式的素数是否有无穷多个? 这是艾森斯坦问题($k = 1$)的推广. 对于任意素数, 我们可以按 k 分阶, 则 1 阶素数包括 2 和费尔马素数; 2 阶素数有 7,11,13,19,41, $\cdots$; 3 阶素数有 23,29,43,53, $\cdots$.

另一方面, 令 $t = \sum_{i=1}^{k} n_i$, 我们可以把奇素数按 t 的大小分类, 则每类的元素均是有限个. 例如, 1—3 类各有一个元素, 分别是 3,5,7; 4 和 5 类各有两个元素, 分别是 11,17 和 13,19; 6 类是空集; 7 和 8 类各有 3 个元素, 分别是 23,37,67 和 41,131,257 等. 我们的问题是, 除 6 类以外各类是否均为非空集?

除了上述问题, 我们也有肯定的结果. 例如, 对任意的奇数 $n>1$, $1+2+2^{2^n}$ 均为合数; 任给整数 $i>1$, 存在唯一的正整数 k 满足 $i \equiv 2^{k-1} + 1 \pmod{2^k}$, 使对任意的 $n \geqslant k$,

$$1 + 2^i + 2^{2^n}$$

恒为合数. 特别地, 存在无穷多对不同的正整数 $\{m, n\}$, 使得 $1 + 2^{2^m} + 2^{2^n}$ 为合数.

事实上, 当 n 是奇数时, $1 + 2 + 2^{2^n}$ 为 7 的倍数; 而若设 $i = 2^{k-1} + 1 + 2^k s$, 则

$$1 + 2^i + 2^{2^n} = 1 + 2(2^{2^{k-1}})^{2s+1} + (2^{2^{k-1}})^{2^{n-k+1}} \equiv 1 - 2 + 1 = 0 \pmod{F_{k-1}}$$

从二进制联想到三进制, 考虑形如 $\dfrac{3^{2^n} + 1}{2}$ 的素数, 当 $n=0,1,2,4$ 时, 分别为素数 2, 5, 41, 21523361, 而 $n=3$ 时为合数 $3281 = 17 \times 193$; 相比之下, 形如 $3^{2^n} + 2$ 的素数更多一些.

再回来考虑梅森素数的变种, 比如 $\dfrac{3^p - 1}{2}$ 和 $\dfrac{5^p - 1}{4}$ 型的素数, 分别有 13($p = 3$), 1093($p = 7$), 797161($p = 13$)和 31($p = 3$), 19531($p = 7$), 12207031($p = 11$)等. 与梅森素数一样, 它们的素因子必为 $2px+1$ 型, 但未必满足模 8 余 ±1, 且出现了一个维夫瑞奇素数(定义见 2.3 节)1093, 这是梅森素数所没有的.

最后, 我们必须提到, 集合论的创始人、德国数学家格奥尔格·康托尔(Georg Cantor, 1845—1918)的一个猜想.

设 $p_0 = 2, p_{n+1} = 2^{p_n} - 1$, 则这个序列均为素数.

这个序列被称为康托尔数, 已知 $p_0 = 2, p_1 = 3, p_2 = 7, p_3 = 127, p_4 = 2^{127} - 1$ 均为

素数, 但 p_5 有 5×10^{37} 位, 即使在他去世一个多世纪以后的今天, 仍远超出已知的最大素数. 也就是说, 我们仍无法判定它是否是素数. 另一方面, 若 p_m 是合数, 则对任意 $n>m$, p_n 均为合数. 也就是说, 康托尔数是素数还是合数, 可以一劳永逸了.

完美数表

序号	素数 p	完美数	位数	时间	发现者
1	2	6	1	古希腊	
2	3	28	2	古希腊	
3	5	496	3	古希腊	
4	7	8128	4	古希腊	
5	13	33550336	8	1456	中世纪文献
6	17	8589869056	10	1588	Cataldi
7	19	137438691328	12	1588	Cataldi
8	31	2305843008139952128	19	1772	Euler
9	61	265845599⋯953842176	37	1883	Pervushin
10	89	191561942⋯548169216	54	1911	Powers
11	107	131640364⋯783728128	65	1914	Powers
12	127	144740111⋯199152128	77	1876	Lucas
13	521	235627234⋯555646976	314	1952	Robinson
14	607	141053783⋯537328128	366	1952	Robinson
15	1279	541625262⋯984291328	770	1952	Robinson
16	2203	108925835⋯453782528	1327	1952	Robinson
17	2281	994970543⋯139915776	1373	1952	Robinson
18	3217	335708321⋯628525056	1937	1957	Riesel

序号	素数 p	完美数	位数	时间	发现者
19	4253	182017490⋯133377536	2561	1961	Hurwitz
20	4423	407672717⋯912534528	2663	1961	Hurwitz
21	9689	114347317⋯429577216	5834	1963	Gillies
22	9941	598885496⋯073496576	5985	1963	Gillies
23	11213	395961321⋯691086336	6751	1963	Gillies
24	19937	931144559⋯271942656	12003	1971	Tuckerman
25	21701	100656497⋯141605376	13066	1978	Noll 和 Nickel
26	23209	811537765⋯941666816	13973	1979	Noll
27	44497	365093519⋯031827456	26790	1979	Nelson 和 Slowinski
28	86243	144145836⋯360406528	51924	1982	Slowinski
29	110503	136204582⋯603862528	66530	1988	Colquitt 和 Welsh
30	132049	131451295⋯774550016	79502	1983	Slowinski
31	216091	278327459⋯840880128	130100	1985	Slowinski
32	756839	151616570⋯565731328	455663	1992	Slowinski 和 Gage
33	859433	838488226⋯416167936	517430	1994	Slowinski 和 Gage
34	1257787	849732889⋯118704128	757263	1996	Slowinski 和 Gage
35	1398269	331882354⋯723375616	841842	1996	Armengaud 等
36	2976221	194276425⋯174462976	1791864	1997	Spence 等
37	3021377	811686848⋯022457856	1819050	1998	Clarkson 等
38	6972593	955176030⋯123572736	4197919	1999	Hajratwala 等

续表

序号	素数 p	完美数	位数	时间	发现者
39	13466917	427764159⋯ 863021056	8107892	2001	Cameron 等
40	20996011	793508909⋯ 206896128	12640858	2003	Shafer 等
41	24036583	448233026⋯ 572950528	14471465	2004	Findley 等
42	25964951	746209841⋯ 791088128	15632458	2005	Nowak 等
43	30402457	497437765⋯ 164704256	18304103	2005	Cooper 等
44	32582657	775946855⋯ 577120256	19616714	2006	Cooper 等
45	37156667	204534225⋯ 074480128	22370543	2008	Elvenich 等
46	42643801	144285057⋯ 377253376	25674127	2009	Strindmo 等
47	43112609	500767156⋯ 145378816	25956377	2008	Smith 等
48	57885161	169296395⋯ 270130176	34850340	2013	Cooper 等
49	74207281	451129962⋯ 930315776	44677235	2016	Cooper 等
50	77232917	109200152⋯ 016301056	46498850	2017	Pace 等
51	82589933	10847779⋯ 191207936	49724095	2018	Laroche 等

最后, 关于完美数和梅森素数, 我们有以下两个猜想:

猜想 1　设 p 和 $2p-1$ 均为素数, 2^p-1 和 $2^{2p-1}-1$ 也为素数, 则 p 必为 2, 3, 7, 31.

所谓索菲·热尔曼素数是指这样的素数 p, 其满足 $2p+1$ 也是素数. 猜想等于说, 若类似于索菲·热尔曼素数的素数 p 和 $2p-1$ 同时对应于梅森素数和完美数, 这样的素数 p 仅有 4 个.

猜想 2　存在无穷多个完美数, 且以 8 结尾的完美数个数与以 6 结尾的完美数个数比值趋向于黄金分割比, 即 $0.618\cdots$.

到目前为止, 在已经发现的 51 个完美数中, 共有 19 个以 8 结尾、32 个以 6 结尾. 若是考虑与之相应的(梅森)素数, 则模 4 余 3 的素数对应的完美数以 8 结尾, 而模 4 余 1 的素数对应的完美数以 6 结尾, 它们的个数比值 19/31 趋近于 0.613⋯.

1.4 最大公因数

有了带余除法和欧几里得算法, 我们就可以探讨最大公因数和最小公倍数, 它们是数论的两个基本概念, 首先我们来给出最大公因数的定义.

定义 1.2 设 a, b 是任意两个整数, 如果 $d|a$, $d|b$, 则称 d 是 a 和 b 的一个公因数. a 和 b 的公因数中最大的一个称为 a, b 的最大公因数, 记为 (a, b).

如果 $(a, b) = 1$, 那么我们称 a 和 b 互素. 此时, 我们也称分数 $\frac{a}{b}$ 为既约分数. 显而易见, 我们可以把公因数、最大公因数的定义从两个整数推广到任意多个整数. 如果有多于 2 个整数的最大公因数等于 1, 那么就意味着, 这些数两两互素.

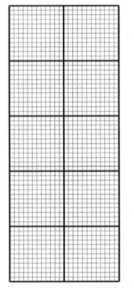

(24, 60)=12, 意味着边长为 24 和 60 的长方形可分割成 10 个边长为 12 的正方形

通过定义我们不难看出, 两个整数 a, b 与 $|a|$, $|b|$ 有相同的公因数, 由此可见 $(a, b) = (|a|, |b|)$. 故而, 我们在讨论最大公因数时, 只考虑正整数.

以下结论也可由定义 1.2 直接得到: 若 a 是正整数, 则 0 与 a 的公因数就是 a 的因数; $(0, a) = a$.

定理 1.4 设 a, b, c 是任意三个不全为零的整数, 且

$$a = bq + c.$$

这里 q 是整数, 则 a, b 与 b, c 有相同的公因数, 且 $(a, b) = (b, c)$.

由定理 1.2 不难推出定理 1.4. 将定理 1.4 反复应用于欧几里得算法, 则可得 $(a, b) = r_n$, 这里 r_n 为式 (1.3) 中最后一个非零的余数. 进一步, 我们还可得到

定理 1.5　a, b 的公因数等同于(a, b)的因数.

由定义及欧几里得算法, 可得

定理 1.6　若a, b是任意两个不全为零的整数, 则存在两个整数s, t使得

$$as + bt = (a, b).$$

这里的s, t实际上就是例 1.2 中的x_0, y_0. 这是因为一方面$(a, b)\big|(ax_0 + by_0)$; 另一方面, 由假设和例 1.2, $(ax_0 + by_0)\big|a, (ax_0 + by_0)\big|b$, 故由定理 1.4, $(ax_0 + by_0)\big|(a, b)$. 进一步, 这一结果可推广到n个整数的情形.

例 1.5　设n是大于 1 的整数, 若$2^n + 1$是素数, 则n必是 2 的方幂, 此即 1.3 节提到的费尔马数$F_n = 2^{2^n} + 1$.

例 1.6　设a, b, c是正整数, $(a, c) = 1$ 或$(b, c) = 1$, 且$\dfrac{1}{a} + \dfrac{1}{b} = \dfrac{1}{c}$, 则$a + b$是平方数.

下面我们再给出最大公因数的几个性质.

定理 1.7　设a, b是任意两个不全为零的整数. 若m是任一正整数, 则

$$(am, bm) = (a, b)m ;$$

若d是a, b的任一公因数, 则

$$\left(\frac{a}{d}, \frac{b}{d}\right) = \frac{(a, b)}{d} .$$

进而, 我们有

$$\left(\frac{a}{(a, b)}, \frac{b}{(a, b)}\right) = 1 .$$

如果在欧几里得算法两端同乘以m, 就不难证明定理 1.7 的前半部分(也可由定理 1.5 或定理 1.6 来证明); 后半部分可由前半部分推出. 现在, 我们来考虑n个整数的情形, 设$a_1, a_2, \cdots, a_n$是任意n个正整数, 令

$$(a_1, a_2) = d_2, (d_2, a_3) = d_3, \cdots, (d_{n-1}, a_n) = d_n. \tag{1.4}$$

我们有

定理 1.8　$(a_1, a_2, \cdots, a_n) = d_n.$

证　我们先来证明d_n是$a_1, a_2, \cdots, a_n$的一个公因数, 然后证明任何一个公因数都小于或等于它. 由式(1.4), $d_n\big|a_n, d_n\big|d_{n-1}$, 又$d_{n-1}\big|a_{n-1}, d_{n-1}\big|d_{n-2}$, 故由定理 1.1 知,

$d_n | a_{n-1}, d_n | a_{n-2}$. 依次类推, 最后可得 $d_n | a_n, d_n | a_{n-1}, \cdots, d_n | a_1$. 另一方面, 设 d 是 $a_1, a_2, \cdots, a_n$ 的任意一个公因数, 则 $d | a_1, d | a_2$, 由定理 1.5 可得 $d | d_2$. 依次类推并反复利用定理 1.4, 最后可得 $d | d_n$, 故而 $d \le d_n$. 定理 1.8 获证.

下面我们来定义与最大公因数对称的最小公倍数, 并建立两者之间的联系. 为此, 我们先来给出几个引理.

引理 1.1　设 a, b, c 是三个整数, $(a, c)=1$, 则 ab, c 与 b, c 有相同的公因数; 若 b, c 不全为零, 则 $(ab, c)=(b, c)$.

证　只需证明引理的前半部分. 由题设及定理 1.6, 存在整数 s, t 满足等式

$$as + ct = 1,$$

两边同乘以 b, 即得

$$(ab)s + c(bt) = b.$$

设 d 是 ab 与 c 的任一公因数, 由上式及定理 1.2 知, $d | b$, 因而 d 是 b, c 的一个公因数. 反之, b, c 的任一公因数显然也是 ab, c 的公因数, 故引理 1.1 获证.

引理 1.2　若 $c | ab$, 且 $(a, c)=1$, 则 $c | b$.

引理 1.3　设 $a_1, a_2, \cdots, a_m$ 与 $b_1, b_2, \cdots, b_n$ 是任意两组整数, 若 $(a_i, b_j)=1$, 对于任意的 $1 \le i \le m, 1 \le j \le n$ 均成立, 则 $(a_1 a_2 \cdots a_m, b_1 b_2 \cdots b_n)=1$.

引理 1.2 可由引理 1.1 推出, 反复应用引理 1.1 可得引理 1.3. 下面我们给出最小公倍数的定义.

定义 1.3　设 a, b 是任意两个非零整数, 如果 $a | m, b | m$, 则称 m 是 a 和 b 的一个公倍数. a 和 b 的公倍数中的最小正数叫做 a, b 的最小公倍数, 记为 $[a, b]$.

同样, 公因数和最大公因数的定义可以推广到任意多个整数. 通过定义我们不难看出, a, b 与 $|a|, |b|$ 有相同的公倍数, 由此可见 $[a, b]=\big[|a|, |b|\big]$. 故而, 我们在讨论最小公倍数时, 只考虑正整数.

定理 1.9　设 a, b 是任意两个正整数, 则 a, b 的所有公倍数就是 $[a, b]$ 的所有倍数, 且

$$[a, b] = \frac{ab}{(a, b)}. \tag{1.5}$$

证　设 m 是 a, b 的公倍数, $m = ak = bk'$. 令 $a = a_1(a, b), b = b_1(a, b)$, 则 $a_1 k = b_1 k'$. 由定理 1.7, $(a_1, b_1) = 1$, 故由引理 1.2, $b_1 \mid k$. 令 $k = b_1 t$, 则

$$m = ab_1 t = \frac{ab}{(a, b)} t. \tag{1.6}$$

反之, 对任意的 t, $\dfrac{ab}{(a, b)} t$ 均为 a, b 的公倍数, 故式(1.6)可以表示 a, b 的所有公倍数. 令 $t = 1$ 即得 a, b 最小的公倍数, 即式(1.5)成立. 再由式(1.6), 定理 1.9 的前半部分也获证.

由定理 1.9 或定理 1.6 可直接推出

推论　若 c 是 a, b 的公倍数, $(a, b) = 1$, 则 $ab \mid c$.

最后, 考虑 2 个以上整数的最小公倍数. 设 $a_1, a_2, \cdots, a_n$ 是 n 个正整数, 令

$$[a_1, a_2] = m_2, [m_2, a_3] = m_3, \cdots, [m_{n-1}, a_n] = m_n. \tag{1.7}$$

我们有

定理 1.10　$[a_1, a_2, \cdots, a_n] = m_n$.

证　首先, 由式(1.7)容易看出, m_n 是 $a_1, a_2, \cdots, a_n$ 的公倍数. 只需证明任意一个公倍数都大于等于它. 设 m 是 $a_1, a_2, \cdots, a_n$ 的任一公倍数, 则 $a_1 \mid m, a_2 \mid m$, 故由定理 1.9 知 $m_2 \mid m$. 又因为 $a_3 \mid m$, 同理可得 $m_3 \mid m$. 依次类推, 最后可得 $m_n \mid m$. 因此 $m_n \leqslant m$. 定理 1.10 获证.

特别地, 若 $a_i (1 \leqslant i \leqslant n)$ 两两互素, 则 $[a_1, a_2, \cdots, a_n] = a_1 a_2 \cdots a_n$.

值得一提的是, 1982 年, 英国数学家 M. Nair 利用分析方法证明了, 若取 $a_i = i$, 则当 $n \geqslant 7$ 时, $m_n \geqslant 2^n$ [①].

📖 格雷厄姆猜想

1970 年, 美国数学家格雷厄姆(Graham, 1935—2020)提出了一个猜想[②]:
设 $A = \{a_1, a_2, \cdots, a_n\}$ 是一组互不相同的正整数集合, 则

$$\max_{1 \leqslant i, j \leqslant n} \frac{a_i}{(a_i, a_j)} \geqslant n.$$

格雷厄姆是离散数学专家, 在数论领域也颇为活跃, 他的妻子金芳蓉(1949—　)

---

① 参见 Amer. Math. Monthly, 1982, 89: 126-129.

② 参见 Amer. Math. Monthly, 1970, 77: 775.

是出生于中国台湾的图论专家. 许多数论学家对此猜想作了努力, 包括证明某个 a_i 是素数的特殊情形. 1986 年, 匈牙利计算机专家 Szegedy 证明了, 当 n 充分大时格雷厄姆猜想成立[①]. 1996 年, 两位印度数学家 Balasubramanian 和 Soundararajan 证明了格雷厄姆猜想[②], 但所用的方法非常复杂, 人们依然期待一个简洁的证明. 1999 年, 美国数学家 Granville 和 Roesler 提出了有关两个正整数集合 A 和 B 的猜测, 即

$$\max_{a \in A, b \in B} \left\{ \frac{a}{(a,b)}, \frac{b}{(a,b)} \right\} \geqslant \min\{|A|, |B|\} .$$

当取 $A=B$ 时, 此即格雷厄姆猜想. 作者和赵肖东曾证明, 当 A 或 B 序列中含有某个素数时, 上述猜想成立[③].

对一个集合的情形, 不妨假设 $1 \leqslant a_1 < a_2 < \cdots < a_n$, $(a_1, a_2, \cdots, a_n) = 1$. 给定正整数 k, 我们称上述集合为 n 元 k 阶优列, 若 $a_n < na_1$, 且对任意的正整数 i 和 j, 只要 $a_j \geqslant kn$, 就有 $(a_i, a_j) > k$.

例 $\{10,12,15,18,30\}$ 和 $\{35,45,63,75,105\}$ 分别为 5 元 1 阶 和 2 阶优列; $\{35,45,63,105\}$ 为 4 元 4 阶优列, $\{6,12,15,20,24,30\}$ 为 6 元 1 阶优列. 显然, 高阶优列必为低阶优列. 我们的问题是, 对哪些 n 和 k, 存在 n 元 k 阶优列? 若存在的话, 又有多少优列?

格雷厄姆夫妇和爱多士在日本(1986)

猜想 若 $\{a_1, a_2, \cdots, a_n\}$ 是 k 阶优列, 则

---

① 参见 Combinatorica, 1986, 6: 67-71.

② 参见 Acta Arithmetic, 1996, 75: 1-38.

③ 参见 Journal of Zhejiang University, 2005, 33: 1-2.

$$\max_{1\leqslant i,j\leqslant n}\frac{a_i+a_j}{(a_i,a_j)}\geqslant (k+1)n-k\,;$$

特别地, 若 $\{a_1,a_2,\cdots,a_n\}$ 是 1 阶优列, 则

$$\max_{1\leqslant i,j\leqslant n}\frac{a_i+a_j}{(a_i,a_j)}\geqslant 2n-1. \tag{G}$$

显而易见, 由式(G)可推出 $\displaystyle\max_{1\leqslant i,j\leqslant n}\frac{a_i}{(a_i,a_j)}\geqslant n$.

定义　若 n 个不同的正整数 $a_1<a_2<\cdots<a_n$, 满足 $a_n<na_1$, 且对任意的 i,j,k ($\geqslant 1$), 只要 $a_j\geqslant kn$, 就有 $(a_i,a_j)>k$, 则称其为 n 元全优序列.

定理　格雷厄姆猜想成立当且仅当对任意的 $n>1$, 不存在 n 元全优序列.

证　先证必要性. 假设存在 n 元全优序列 A, 则由格雷厄姆猜想成立, 知有 i,j, 使得 $\dfrac{a_i}{(a_i,a_j)}\geqslant n$. 此时必有 $a_i\geqslant n$, 由带余除法, 设 $a_i=kn+r(0\leqslant r<n)$, 于是 $a_i\geqslant kn$, 由假设必有 $(a_i,a_j)\geqslant k+1$, 这导致 $\dfrac{a_i}{(a_i,a_j)}=\dfrac{kn+r}{(a_i,a_j)}\leqslant\dfrac{kn+r}{k+1}<n$, 矛盾!

下证充分性. 由假设, 对于任意不同的正整数 $a_1<a_2<\cdots<a_n$, 存在 i,j 使得 $a_i\geqslant kn$(对某个 k), 但却 $(a_i,a_j)\leqslant k$, 故而 $\dfrac{a_i}{(a_i,a_j)}\geqslant\dfrac{kn}{k}=n$, 格雷厄姆猜想成立.

备注　上述定义由作者和浙江大学在读学生王六权提出, 其中的两个条件必不可少, 否则均有无穷多个反例. 比如, 若 $a_n\geqslant na_1$, 则有反例 $\{1,2,3,4,6\}$ 或 $\{2,3,4,6,12\}$ ($n=5$), 后者满足对任意 $1\leqslant i<n$, $(a_i,a_n)>1$; 又若 $a_n<na_1$, 但存在 $1\leqslant i<n$, $(a_i,a_n)=1$, 则有反例 $\{2,3,4,5,\cdots,35,36,38,40,42\}$ ($n=38$), 这里 $(5,42)=(25,42)=1$. 另一方面, 若 $2n-1$ 为素数, 则式(G)无条件成立.

1.5　算术基本定理

如前文所言, 素数在数论研究中扮演了极其重要的角色, 正是素数的存在使得数论这门古老的学科依然引人入胜. 本节的一个目的是证明, 任意大于 1 的正整数, 如果不分次序, 都能唯一表示成素数的乘积. 为此, 我们需要几个引理.

引理 1.4　设 a 是任一大于 1 的整数, 则 a 除 1 以外的最小正因数 q 必是素

数, 并且当 a 是合数时, $q \leqslant \sqrt{a}$.

证 用反证法及定理 1.1 可证 q 是素数. 又若 a 是合数, 则 $a=bq$, $b>1$. 由题设, 知 $q \leqslant b$, 故 $q^2 \leqslant qb=a$, $q \leqslant \sqrt{a}$. 引理 1.4 获证.

《几何原本》早期中文译者——意大利传教士利玛窦和明朝学者徐光启

引理 1.5 若 a 是任意整数, p 是素数, 则要么 $(p, a)=1$, 要么 $p|a$.

引理 1.6 设 $a_1, a_2, \cdots, a_n$ 均为整数, p 是素数, 若 $p|a_1 a_2 \cdots a_n$, 则 p 必然整除其中的某个 a_i.

注意到 $(p, a)=1$ 或 p, 引理 1.5 显而易见. 引理 1.6 可由引理 1.3 和引理 1.5 及反证法推出.

当 $n=2$ 时, 引理 1.6 的证明在《几何原本》里便已给出, 这个引理与算术基本定理本质上是等价的.

定理 1.11 (算术基本定理) 任何一个大于 1 的整数 a 均能表示成素数的乘积, 即

$$a = p_1 p_2 \cdots p_n.$$

(1.8)

若不计次序, 其表示法唯一.

证 对 a 用归纳法. 若 $a=2$, 则式(1.8)显然成立. 假定对于小于 a 的正整数式 (1.8)成立, 此时若 a 是素数, 则式(1.8)自然成立; 若 a 是合数, 则有两个整数 b, c 使得

$$a = bc, \quad 1 < b < a, 1 < c < a.$$

由归纳假设, 即知(1.8)式成立.

下证唯一性. 假如

$$p_1 p_2 \cdots p_n = q_1 q_2 \cdots q_m$$

且 $p_1 \leqslant p_2 \leqslant \cdots \leqslant p_n$, $q_1 \leqslant q_2 \leqslant \cdots \leqslant q_m$. 则由 $q_1 | p_1 p_2 \cdots p_n$, $p_1 | q_1 q_2 \cdots q_m$ 及引理 1.6 可知, 存在 k, j 使得 $p_1 | q_j, q_1 | p_k$. 故而,

$$p_1 = q_j, \quad q_1 = p_k, \quad q_j = p_1 \leqslant p_k = q_1,$$

从而 $p_1 = q_1$, $p_2 \cdots p_n = q_2 \cdots q_m$. 同理可证 $p_2 = q_2$, 依次类推, 即得定理 1.11.

由定理 1.11 立刻得到, 任何一个大于 1 的整数 a 均可唯一表示成

$$a = p_1^{\alpha_1} p_2^{\alpha_2} \cdots p_k^{\alpha_k}, \quad \alpha_i > 0, 1 \leqslant i \leqslant k.$$

其中 $p_1 < p_2 < \cdots < p_n$ 是不同的素因数.

进一步, 若 a 表示成上述形式, 则 a 的每一个正因数 d 可以表示成

$$d = p_1^{\beta_1} p_2^{\beta_2} \cdots p_k^{\beta_k}, \quad \alpha_i \geqslant \beta_i \geqslant 0, 1 \leqslant i \leqslant k.$$

反之亦然. 不仅如此, 我们还有下面结论.

定理 1.12 设 a, b 是任意两个正整数, 且

$$a = p_1^{\alpha_1} p_2^{\alpha_2} \cdots p_k^{\alpha_k}, \quad \alpha_i \geqslant 0, 1 \leqslant i \leqslant k,$$
$$b = p_1^{\beta_1} p_2^{\beta_2} \cdots p_k^{\beta_k}, \quad \beta_i \geqslant 0, 1 \leqslant i \leqslant k.$$

则

$$(a,b) = p_1^{\mu_1} p_2^{\mu_2} \cdots p_k^{\mu_k}, \quad [a,b] = p_1^{\nu_1} \cdots p_k^{\nu_k}.$$

这里 $\mu_i = \min(\alpha_i, \beta_i)$, $\nu_i = \max(\alpha_i, \beta_i)$, $1 \leqslant i \leqslant k$.

以上我们从理论上证明了任意一个正整数均可唯一分解成素数的乘积, 但在实际计算中, 素数的判定并不容易. 下面, 我们给出一个简易的方法, 这是由昔兰尼(今属利比亚)的古希腊数学家埃拉托色尼(Eratosthenes, 约公元前 276—约前 194)创立的, 具体如下.

任给一个正整数 n, 可以按下列方法求出一切不超过 n 的素数: 把从 1 到 n 这 n 个自然数依小到大排成一列

$$1, 2, 3, \cdots, n,$$

先划去 1, 然后留下 2 并划去 2 的其余倍数, 则得

$$2, 3, 5, \cdots, n;$$

然后留下余下的第一个数 3(必定是素数), 并划去 3 的其余倍数; 然后再留下余下的第一个数 5(必定是素数), 并划去 5 的其余倍数; 继续进行下去, 直到留下不超过 n 的一切素数, 而把非素数全部划掉.

筛法的创立者——埃拉托色尼像

由引理 1.4, 只需划去那些不超过 $\sqrt{n}$ 的素数的倍数即可. 这个方法就像是用筛子筛出合数一样, 所以称为筛法或埃拉托色尼筛法. 取 $n=15$, 因 $\sqrt{15}<4$, 依照上述方法进行 2 次消减, 便得到不超过 15 的素数全体, 即 2, 3, 5, 7, 11 和 13. 值得一提的是, 埃拉托色尼还有着 "地理学之父" "地理学的命名人" 等美誉, 他率先较为精确地测量出地球的周长, 通过观察尼罗河水和红海的潮涨潮落, 他断定大西洋和印度洋是相通的, 这个论断激励了 15 世纪意大利探险家哥伦布 (Columbus, 约 1451—1506)的航行.

可是, 筛法或任何其他方法都不能得到一切素数, 这是因为

定理 1.13 (欧几里得)　素数的个数是无穷的.

证　用反证法来证明. 假定只有有限多个素数, 设为 $p_1, p_2, \cdots, p_k$. 令 $p_1 p_2 \cdots p_k + 1 = N$, 则 $N > 1$, 由引理 1.4, N 必有素因数 p. 容易看出, $p \neq p_i$, $1 \leqslant i \leqslant k$, 否则就有 $p \mid p_1 p_2 \cdots p_k$, 进而 $p \mid 1$, 与 p 是素数矛盾. 故 p 是不同于上述 k 个素数的素数. 定理 1.13 获证.

很大程度上我们可以说, 自然数或数论的奥妙之处在于素数分布的不规则性以及其中的部分规则. 这种规则深藏不露, 即使有也是隐性的. 例如, 1845 年, 法国数学家贝特朗(Bertrand, 1822—1900)提出了下列所谓的贝特朗假设(猜想 1).

猜想 1(贝特朗)　对于任何正整数 n, 存在素数 p 满足 $n < p \leqslant 2n$.

1850 年, 俄罗斯数学家切比雪夫(Chebyshev, 1821—1894)给出了非构造性的证明. 1892 年, 英国数学家西尔维斯特(Sylvester, 1814—1897)加强了贝特朗假设, 他提出了下面猜想.

猜想 2(西尔维斯特)　对于任意正整数 n, k, $2k \leqslant n$, 则在 $n, n-1, \cdots, n-k+1$ 中至少有一个有比 k 大的素因子 p.

当 $n = 2k$ 时, 此即贝特朗假设. 1934 年, 年方 21 岁的爱多士用初等方法给出了西尔维斯特猜想的证明[1]. 关于贝特朗假设已有不少改进, 例如, 1952 年, 日本数学家 Nagura 证明了, 当 $n > 25$ 时, 存在素数 p, 满足 $n < p < \frac{6}{5}n$.

由贝特朗假设, 我们可以给出例 1.3 的一个更简洁的证明.

设 p 是不超过 n 的最大素数, 则必有 $2p > n$. 否则的话, 由贝特朗假设, 会有比 p 大比 n 小的素数. 因此, 在 $1, 2, \cdots, n$ 中只有 p 被 p 整除. 以整数 $\frac{n!}{p}$ 去乘调和和 $\sum_{i=1}^{n} \frac{1}{i}$, 利用定理 1.9 推论, 可知各项中唯有 $\frac{n!}{p^2}$ 不为整数, 故而结论成立.

利用二项式系数的符号, 西尔维斯特假设可以等价地叙述如下, 这个陈述将在本书 6.5 节中用到.

设 n, k 是正整数, 若 $2k \leqslant n$, 则二项式系数
$$\binom{n}{k} = \frac{n(n-1)\cdots(n-k+1)}{k!}$$
必有素因子 $p > k$.

现在, 仍有一个无人能够回答的问题: 在 n^2 和 $(n+1)^2$ 之间是否一定存在素数?

上述问题是由法国数学家勒让德提出的, 他还猜测这样的素数一定存在. 1798 年, 勒让德出版了《数论随笔》, 这个书名明显受到前辈法国作家蒙田(Montaigne, 1533—1592)的影响, 后者的代表作就叫《随笔集》, 不过再版时 "随笔" 两字被删去. 勒让德被公认为是 18 世纪法国数学家拉格朗日最出色的继承人, 超过了欧拉的每一位弟子. 若以 $\pi(x) = \sum_{p \leqslant x} 1$ 表示不超过 x 的素数个数(称为素数函数), 勒让德和高斯在 18 世纪末各自猜测
$$\pi(x) \sim \frac{x}{\ln x},$$
这个论断被称为素数定理. 这里 $\sim$ 表示符号两端函数比值在 x 趋于无穷大时趋近于 1.

---

[1] 参见 J. London Math. Soc., 1934, 9: 282-288.

1896 年, 法国数学家阿达马(Hadamard, 1865—1963)和比利时数学家普桑 (Poussin, 1866—1962)用复变函数的方法独立证明了上述结果, 后者因此被封男爵. 对 19 世纪的数学界来说, 这项成果的意义相当于 20 世纪费尔马大定理的证明. 1949 年, 挪威出生的美国数学家塞尔贝格(Selberg, 1917—2007)和爱多士又各自 用初等方法证明了素数定理. 次年, 塞尔贝格获得了菲尔兹奖, 而爱多士过了三 十多年以后, 也获得了沃尔夫奖.

设 p_n 表示第 n 个素数, 由素数定理可得

$$p_n \sim n \ln n .$$

与此同时, 高斯还给出了更为精确的估计

$$\pi(x) \sim \mathrm{Li}(x) = \int_2^x \frac{\mathrm{d}t}{\ln t}.$$

利用分部积分法, 易从上式推出素数定理.

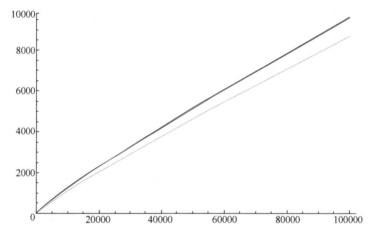

素数函数的两种渐进表示, 上方 $\pi(x)$ 与 $\mathrm{Li}(x)$几乎重叠, 而下方的 $\dfrac{x}{\ln x}$ 略有差距

另一方面, 早在 1735 年, 欧拉证明了无穷级数

$$\frac{1}{2} + \frac{1}{3} + \frac{1}{5} + \cdots + \frac{1}{p} + \cdots$$

是发散的, 从而也用分析方法证明了素数有无穷多个.

证 设 p_m 表示第 m 个素数, 任给正整数 N, 设 p_M 是 $N!$的最大素因子, 则每 个 $n \le N$ 均可表示为不超过 p_M 的素幂乘积, 从而

$$\sum_{n=1}^{n} \frac{1}{n} \le \prod_{m=1}^{M} \left(1 + \frac{1}{p_m} + \frac{1}{p_m^2} + \cdots \right) = \prod_{m=1}^{M} \frac{1}{1 - \dfrac{1}{p_m}},$$

两边取对数,

$$\ln \sum_{n=1}^{N} \frac{1}{n} \leqslant \sum_{m=1}^{M} \ln \frac{1}{1 - \dfrac{1}{p_m}}. \tag{1.9}$$

式(1.9)左边趋于无穷, 由于|x|<1 时,

$$\ln(1-x) = -\sum_{k=1}^{\infty} \frac{x^k}{k}.$$

故而由式(1.9),

$$\ln \sum_{n=1}^{N} \frac{1}{n} \leqslant \sum_{m=1}^{M} \sum_{k=1}^{\infty} \frac{1}{kp_m^k} = \sum_{m=1}^{\infty} \frac{1}{p_m} + \sum_{m=1}^{M} \sum_{k=2}^{\infty} \frac{1}{kp_m^k}, \tag{1.10}$$

式(1.10)右边第二个和式

$$\sum_{m=1}^{M} \sum_{k=2}^{\infty} \frac{1}{kp_m^k} \leqslant \sum_{m=1}^{M} \frac{1}{p_m(p_m-1)} < \sum_{m=1}^{\infty} \frac{1}{(p_m-1)^2}.$$

收敛. 故而式(1.10)右边第一个和式必是发散的. 得证.

1938 年, 爱多士用初等方法证明了素数倒数之和发散, 我们将在 2.2 节给出.

希尔伯特第8问题

算术基本定理给出了整数的乘法结构, 每一个大于 1 的整数均可以表示成素数的乘积; 对加法来说, 也有相应的由素数构成的命题, 却是至今无法证明的一个猜想. 1742 年, 从圣彼得堡科学院转任柏林科学院不久的欧拉在给哥德巴赫的一封回信中指出

任何一个大于 4 的偶数均可表示成 2 个奇素数的和.

在此以前, 哥德巴赫写信给欧拉, 告知自己的发现, 即每个大于或等于 9 的奇数均可表示成 3 个奇素数之和. 不难看出, 欧拉的猜想可以直接导出哥德巴赫的猜想, 后人统称它们为哥德巴赫猜想, 这可能是

希尔伯特塑像(作者摄于哥廷根)

因为, 数学史上已有许多以欧拉名字命名的定理和公式. 可是后来, 有人在笛卡儿散失的遗著里发现, 早在 17 世纪, 他就发现了哥德巴赫猜想这一自然数的奥妙.

业余数学家——哥德巴赫像

虽然每位小学生都可以验证 6=3+3, 8=3+5, 10=3+7=5+5, ⋯. 但到目前为止, 仍然无人可以证明或否定哥德巴赫猜想. 最接近的结果是由中国数学家陈景润(1933—1996)得到的, 他在 1966 年证明了: 每个充分大的偶数均可以表示成一个奇素数和另外一个素因子不超过 2 个的奇数之和. 陈景润采用一种新的加权筛法, 这是古老的埃拉托色尼筛法的变种. 另一方面, 早在 1937 年, 苏联数学家维诺格拉多夫(Vinogradov, 1891—1983)便利用另一种数论方法——圆法证明了每个充分大的奇数都是 3 个素数之和. 2013 年 5 月, 任职于法国巴黎高等师范学校的秘鲁数学家哈拉尔德·贺尔夫各特(Harald Helfgott, 1977—)发表了两篇论文, 宣告他完全证明了奇数哥德巴赫猜想.

需要指出的是, 偶数哥德巴赫猜想的许多结果都可以相应地推广到孪生素数猜想上去. 所谓孪生素数是指相差为 2 的素数对, 如 (3,5),(5,7),(11,13),(17,19). 孪生素数猜想是说, 存在无穷多对孪生素数. 虽然数学史家已经无法弄清楚, 何时何地何人首先猜测存在无穷多对孪生素数(一般认为古希腊人就已知道了). 有一点却可以肯定, 1849 年, 法国数学家德波利尼亚克(de Polignac, 1826—1863) 提出了如今以他名字命名的猜想.

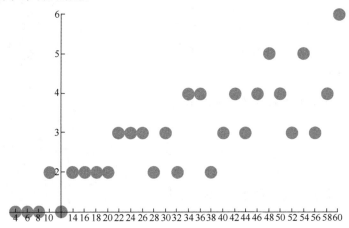

60 以下偶数表示成两个素数之和的表法数分布

猜想(德波利尼亚克)　*对任意自然数 k, 存在无穷多对素数 p 和 q, 使 $p - q = 2k$.*

当 $k=1$ 时, 此即孪生素数猜想. 德波利尼亚克的父亲是国王查理十世的首相, 他提出这一猜想时年方 23 岁, 刚刚进入巴黎综合工科学校学习. 这里, 我们指出一个 k 次幂孪生素数猜想:

猜想 A　*对任意给定的正整数 k, 存在无穷多个素数 p, 使得 $p^k - 2$ 也为素数; 若 k 是奇数, 则存在无穷多个素数 p, 使得 $p^k + 2$ 也为素数.*

当 $k=1$ 时, 此即孪生素数猜想. 当 $k=2$ 时, 这样的素数对竟然比孪生素数对还要多. 经过计算, 我们还发现, 对于奇数 k 和偶数 k, 这样的素数个数随着 k 的增大分别依次减少. 之所以要用 k 次幂这个词, 是因为满足方程 $p^m - q^n = 2^h$, $m, n > 1$ 的解只有有限个, 且对给定的 m, n, h 至多只有一个解. 目前已知的解是

$$3^2 - 2^3 = 2^0, \ 3^3 - 5^2 = 2^1, \ 5^3 - 11^2 = 2^2, \ 5^2 - 3^2 = 2^4, \ 3^4 - 7^2 = 2^5.$$

2004 年, 华裔澳大利亚数学家陶哲轩(Terence Tao, 1975—　　)和英国数学家格林(Green, 1977—　　)利用分析中的遍历理论和组合中的拉姆齐理论证明了以下结论.

定理(格林-陶)　*存在无穷多个任意长度的素数等差数列.*

所谓长度是指等差数列中的元素个数, 例如, 3, 5, 7 是长度为 3 的素数等差数列, 公差为 2; 109, 219, 329, 439, 549 是长度为 5 的素数等差数列, 公差为 110. 2007 年, 波兰数学家弗罗布莱夫斯基(Wroblewski)找到了长度为 24 的素数等差数列 (2008 年和 2010 年又有人找到长度为 25 和 26 的素数等差数列)

$$468395662504823 + 45872132836530n \quad (0 \leqslant n \leqslant 23).$$

格林-陶定理很强, 因为此前, 即使是长度为 3 的素数等差级数, 我们也无法断定它们是否有无限多个. 陶因此定理及其他工作获得了 2006 年的菲尔兹奖, 他的双亲都是香港人, 毕业于香港大学的父亲和母亲分别是儿科医生和中学数学老师. 1972 年, 小两口从香港移居澳大利亚. 遗憾的是, 陶和格林的证明是非构造性的, 素数等差数列的公差并不固定. 因而, 也无法推出孪生素数猜想这类古老的命题.

另一方面, 早在 1940 年, 爱多士就证明了, 存在常数 $c < 1$, 有无穷多对相继素数 p, p', 满足 $p' - p < c \ln p$. 2005 年, 美国人 Daniel Goldston, 匈牙利人 Janos Pintz 和土耳其人 Cem Yildirim 合作证明了 c 可以取任意小正数. 2013 年, 旅居美国的华裔数学家张益唐(1955—　　)将上述结果改进为如下定理.

定理(张益唐) 存在无穷多对素数(p, q), 两者相差不超过7×10^7.

这一结果意味着, 已向孪生素数猜想的证明迈出了重要一步. 张益唐出生于上海, 毕业于北京大学, 后在美国普渡大学获得博士学位. 他做过会计、餐馆服务员和送外卖的人, 直到 58 岁仍在新罕布尔大学担任讲师. 值得一提的是, 后来在陶倡导的 polymath 8 计划中, 张益唐定理中的常数不断下降, 到 2014 年 3 月, 已变成 246.

同样有意思的是, 哥德巴赫不是职业的数学家, 而是一个喜欢数学的富家子弟, 出生于普鲁士名城哥尼斯堡(今属俄罗斯). 他喜欢旅行, 结交各国顶尖的数学家, 并与他们通信. 哥德巴赫做过中学数学老师, 担任过彼得堡科学院秘书、院士和沙皇彼得二世的家庭教师. 1742 年, 他进入俄国外交部任职(直至退休), 正是在那一年, 他提出了哥德巴赫猜想.

现在, 我们要指出, 素数是自然数按乘法分解时的因子, 用它来构建自然数的加法并非用其所长. 况且偶数和奇数分别是两个素数和三个素数之和, 也不够一致和美观. 再者, 随着 n 的增大, 它变成素数之和的表法数逐渐增大, 且趋于无穷, 颇有些浪费了. 这些, 或许是哥德巴赫猜想的缺憾. 为此我们赋予二项式系数新的意义, 定义了形素数(figurate prime)

$$\binom{p^i}{j},$$

其中 p 为素数, i 和 j 为正整数. 这个集合包含了 1, 全体素数和它们的幂次, 偶数相对较少但仍有无穷多个. 可以看出, 形素数兼具素数和形数的特性, 其个数在无穷意义上与素数个数是等价的.

我们有(已验证至10^7)以下猜想.

猜想 B 任何大于 1 的正整数可表为 2 个形素数之和.

进一步, 如果定义非素数的形素数为真形素数. 容易估计出, 真形素数个数的阶为$c\sqrt{x}/\ln x$, 其中$c = 2 + 2\sqrt{2}$, 奇偶数各约占一半. 以下是我们制作的表格.

正整数范围	素数个数	形素数个数	真形素数个数
$\leqslant 100$	25	47	22
$\leqslant 1000$	168	226	58
$\leqslant 10000$	1229	1355	126
$\leqslant 100000$	9592	9866	274
$\leqslant 1000000$	79498	79096	598
阶	$x/\ln x$	$x/\ln x$	$c\sqrt{x}/\ln x$

我们有(已验证至10^7)以下猜想.

猜想 C　任意大于 5 的整数可表为一个素数和一个真形素数之和.

与此同时, 我们也有了比孪生素数猜想更精细的猜想.

猜想 D　存在无穷多对相邻的形素数.

假如 p 和 $\dfrac{p^2-p+2}{2}$ 均为素数, 则 $\left(\dfrac{p}{2}\right)$, $\left(\dfrac{p}{2}\right)+1$ 是一对相邻的形素数, 反之亦然. 这样的在 100 以下的素数有 2, 5, 13, 17, 41, 61, 89, 97, 而第 1000 个这样的素数为 116797.

而假如把 1 和平凡的情形(二项式系数的对称性)排除在外, 则有一个看似简单却仍难以证明的猜想.

猜想 E　形素数是不同的.

猜想 E 是我们首先所期盼的, 它比前述任何猜想都要简单. 虽然我们尚不能给予完全证明, 却有下列结论.

命题　假设 $\dbinom{p^\alpha}{i} = \dbinom{q^\beta}{j}$ 非平凡, 其中 α 和 β 是正整数, $0<i<p^\alpha, 0<j<q^\beta$, 则必有 $p|i$, 或 $q|j$.

此命题是 2015 年秋天, 在作者的数论讨论班上, 由研究生陈小航(目前在美国宾夕法尼亚州立大学攻读博士学位)提出来的. 为此我们需要利用德国数学家库默尔(Kummer)于 1852 年建立的下列引理, 此引理于 1878 年曾被法国数学家卢卡斯(Lucas)再次发现.

引理 1　设 a 和 b 是正整数, m 是整除 $\dbinom{a+b}{a}$ 的素数 p 的最高幂次, 即 $p^m \Big\| \dbinom{a+b}{a}$, 则 m 等于 a 和 b 各自按 p 进制展开后相加时系数进位的次数(carries 或 carry-over).

证明可参见 Paulo Ribenboim 的著作[①]. 由证明的过程还可以得到

---

① 参见 The New Book of Prime Number Records, 1995. NewYork: Springer.

引理 2　设 $p^m \left\| \binom{n}{k} \right., 1 \leqslant k \leqslant n$，则 $p^m \leqslant n$．

命题的证明　用反证法，设 $p \nmid i, q \nmid j$，任给 $1 \leqslant i_0 < i$，假定 $p^v \| i_0, 0 \leqslant v < \alpha$，则有 $p^v \| p^\alpha - i_0$．由此可知，分式

$$\binom{p^\alpha}{i} = \frac{p^\alpha (p^\alpha - 1) \cdots (p^\alpha - (i-1))}{1 \cdots (i-1) i}$$

中分子的第 2 项至第 i 项与分母的第 1 项至第 $i-1$ 项分别含有 p 的相同幂次，它们依次抵消，故而 $p^\alpha \left\| \binom{p^\alpha}{i} \right.$．同理可证，$q^\beta \left\| \binom{q^\beta}{j} \right.$．由引理 2，$p^\alpha \leqslant q^\beta, q^\beta \leqslant p^\alpha$，故而 $p^\alpha = q^\beta, i = j$ 或 $p^\alpha - j$．与假设矛盾！命题得证．

回顾希尔伯特在 1900 年巴黎国际数学家大会上陈述第 8 问题时说的最后一段话："对于黎曼素数公式(即黎曼猜想)进行彻底讨论之后，我们或许就能够严格地解决哥德巴赫问题，即是否每个偶数都能表为两个素数之和，并且能够进一步着手解决是否存在无穷多对差为 2 的素数问题，甚至能够解决更一般的问题，即线性丢番图方程 $ax + by + c = 0, (a, b) = 1$ 是否总有素数解 x 和 y．"

一直以来，关于希尔伯特提到的上述线性丢番图方程没有任何具体的问题或猜想．而在引入形素数的概念以后，我们试图让希尔伯特牵挂的丢番图方程更有意义，同时把哥德巴赫猜想和孪生素数猜想包含其中．经过计算机检验，我们有下列猜想，其中后半部分可利用丢番图方程的性质，由辛策尔假设(Schinzel hypothesis)导出．

猜想 F　设 a 和 b 为任意给定的正整数，$(a, b)=1$，则对每个整数 $n > (a-1)(b-1)+1$，方程

$$ax + by = n$$

恒有形素数解 (x, y)；而如果 $n \equiv a + b \pmod{2}$，则方程

$$ax - by = n$$

恒有无穷多组素数解 (x, y)．

习　题　1

1. 证明：任意奇数一定可以表示为两个平方数之差．
2. 证明：对任意的整数 n，① $n^3 - n$ 能被 3 整除；② $n^5 - n$ 能被 5 整除；③ $n^7 - n$ 能被 7 整除；④ $n^9 - n$ 是否一定被 9 整除？

3. 证明: 如果 p 和 $p+2$ 都是大于 3 的素数, 则 6 是 $p+1$ 的因子.

4. 证明: $\sqrt{2}$ 和 $\sqrt{6}$ 都不是有理数.

5. 证明: 对任意正整数 k, 必存在连续 k 个正整数都是合数.

6. 试确定所有的正整数 n, 使得 2^n-1 能被 7 整除.

7. 设 n 是奇数, 求 n 表示为两个整数平方差的表示方法的个数.

8. 设 a, b, c 是正整数, $(a, c)=1$ 或 $(b, c)=1$, 且 $\dfrac{1}{a}+\dfrac{1}{b}=\dfrac{1}{c}$. 证明: $a+b$ 是平方数.

9. 证明: 形如 $4n+3$ 的素数有无穷多个.

10. 证明: 不存在两个连续的奇数, 每一个都是两个非零的平方数之和.

11. 证明: 对于任何正整数 n, $\dfrac{1}{3}+\dfrac{1}{5}+\cdots+\dfrac{1}{2n+1}$ 不为整数.

习题1参考解答

第 2 章

同余的概念

2.1 同余的概念

带余除法告诉我们, 给定一个整数 $b>1$, 用 b 去除任意一个整数 a, 都会得到一个余数 r, 满足 $0 \leqslant r < b$. 这个概念在日常生活中也比较常见, 比如我们问现在是几点钟, 实际上是用 24 去除某一个总的时数所得的余数. 又比如问现在是星期几? 那相当于用 7 去除某一个总的天数所得的余数. 进一步, 如果我们知道某年某月的 13 号是星期三, 很容易知道那个月的 6 号、20 号和 27 号也是星期三.

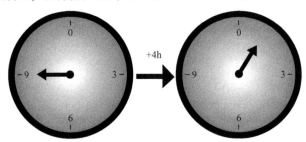

时钟的表面是模 12 的完全剩余系

值得一提的是, 无论是一天 24 小时, 还是一星期 7 天, 均来源于古巴比伦. 后一种划分可能与当时的天文知识即月亮绕地球一圈需 28 天有关, 那样刚好是 4 个星期. 而一个月长度的论断, 一直沿用至古希腊, 如同 1.1 节所介绍的, 6 和 28 恰好都是完美数. 这样一来, 就在数学中产生了同余的概念. 它的定义是这样的.

定义 2.1 给定一个整数 $m>1$, 把它称为模: 如果用 m 去除任意两个整数 a 和 b 所得的余数相同, 那么我们就说 a 和 b 对模 m 同余, 记作 $a \equiv b(\bmod m)$. 如果余数不相同, 就说 a 和 b 对模 m 不同余, 记作 $a \not\equiv b(\bmod m)$.

同余符号 "≡" 是由高斯于 1801 年在《算术研究》中引进的. 比较定义 2.1 和 1.3 节的定义 1.1, 可知 a 和 b 对模 m 同余的充要条件是 $m|(a-b)$. 另一方面, b 整除 a 的充要条件是 $a \equiv 0 (\mathrm{mod}\, b)$. 换句话说, 整除也可以由同余来定义.

由定义 2.1 立刻可以得到以下同余性质, 那也是等号 "=" 具备的 3 条性质.

(1) 自反性: $a \equiv a (\mathrm{mod}\, m)$;

(2) 对称性: 若 $a \equiv b (\mathrm{mod}\, m)$, 则 $b \equiv a (\mathrm{mod}\, m)$;

(3) 传递性: 若 $a \equiv b (\mathrm{mod}\, m)$, $b \equiv c (\mathrm{mod}\, m)$, 则 $a \equiv c (\mathrm{mod}\, m)$.

以下关于同余的性质也是显而易见的.

定理 2.1 如果 $a \equiv b (\mathrm{mod}\, m)$, $a' \equiv b' (\mathrm{mod}\, m)$, 则 $a \pm a' \equiv b \pm b' (\mathrm{mod}\, m)$, $aa' \equiv bb' (\mathrm{mod}\, m)$. 进一步, 设 $f(x)$ 是任意的整系数多项式, 若 $a \equiv b (\mathrm{mod}\, m)$, 则

$$f(a) \equiv f(b) (\mathrm{mod}\, m).$$

定理 2.2 若 $a \equiv b (\mathrm{mod}\, m)$, $a = a_1 d, b = b_1 d, (d, m) = 1$, 则 $a_1 \equiv b_1 (\mathrm{mod}\, m)$; 又若 $a \equiv b (\mathrm{mod}\, m)$, $d|m, d > 1$, 则 $a \equiv b (\mathrm{mod}\, d)$.

定理 2.3 若 $a \equiv b (\mathrm{mod}\, m)$, 则 $(a, m) = (b, m)$.

利用定理 2.1, 可以得到下面两个判断可除性的简易方法. 需要指出的是, 此类判别法很可能起始于印度, 后被阿拉伯数学家花拉子米(Al-Khwarizmi, 约 780—850)和凯拉吉(Al-Karaji, 约 953—约 1029)率先写进著作而传递到了西方. 花拉子米是代数学的命名人, 他名字的另一个音译后来演变成为数学术语——算法(algorithm).

例 2.1 任意自然数被 3 或 9 整除的充要条件是它的十进制数的各位数之和能被 3 或 9 整除. 任意自然数被 11 整除的充要条件是它的各位数之交错和能被 11 整除.

例 2.2 设自然数 a 可用千进制表示如下:

$$a = a_n 1000^n + a_{n-1} 1000^{n-1} + \cdots + a_0, \quad 0 \leqslant a_i < 1000,$$

则 7 或 13 整除 a 的充要条件分别是 7 或 13 整除

$$(a_0 + a_2 + \cdots) - (a_1 + a_3 + \cdots) = \sum_{i=0}^{n} (-1)^i a_i.$$

例 2.3 利用数学归纳法, 我们可以证明, 对于任意的奇数 a,

$$a^{2^n} \equiv 1 (\mathrm{mod}\, 2^{n+2}), \quad n \geqslant 1.$$

例 2.4　利用同余性质并通过逐步计算, 可以验证 1.3 节中关于费尔马数的结果, 即

$$F_5 = 2^{2^5} + 1 \equiv 0 \pmod{641}.$$

例 2.5　设 m 是任意正整数, $(a, m) = 1$, 则存在整数 x 使得

$$ax \equiv 1 \pmod{m}.$$

显然, $(x, m) = 1$, 我们称 x 为 a 的逆, 记作 $a^{-1} \pmod{m}$ 或 a^{-1}. 由 1.4 节定理 1.6 可知, 存在整数 x_0, y_0, 使得 $ax_0 + my_0 = 1$. 故可取 $x = x_0$, 即得结论. 实际上, 这便是秦九韶的大衍求一术, 它是 3.1 节讲到的秦九韶定理(中国剩余定理)的关键一步, 也是密码学里的 RSA 体制的出发点.

例 2.6　下列同余式

$$a \equiv b \pmod{m_j}, \quad 1 \leqslant j \leqslant k$$

同时成立的充要条件是

$$a \equiv b \pmod{[m_1, m_2, \cdots, m_k]}.$$

特别地, 若 $m_i (1 \leqslant i \leqslant k)$ 两两互素, 则上式等同于

$$a \equiv b \pmod{m_1 m_2 \cdots m_k}.$$

下面, 我们介绍书籍书号的一点小秘密, 它与同余密切相关. 我们知道, 每本书都有国际标准书号(ISBN). 2007 年以前, 书号一般由 10 位数字组成, 它们分成四个部分, 用小破折号隔开, 其中第一部分是组号, 即国家、地区、语言的代号; 第二部分是出版者号, 标识具体的出版者; 第三部分是书序号, 由出版者按出版物的出版次序管理和编制; 最后一位是校验码, 采用模数 11 加权算法计算得出, 而 2007 年以后使用 13 位书号后, 校验码采用模数 10 加权算法计算得出. 组号是 1 位数的, 例如, 英语国家是 0 和 1, 法语国家是 2, 德语国家是 3, 日本是 4, 俄语系国家是 5, 中国是 7. 小语种国家组号一般是多位, 例如, 瑞典是 91, 克罗地亚是 953, 墨西哥是 970, 哥伦比亚是 958.

若书号是 10 位, 假设自左至右的各位数依次是 $\{a_1, a_2, \cdots, a_{10}\}$, 则最后一个校验码满足

$$a_{10} \equiv \sum_{i=1}^{9} i a_i \pmod{11}.$$

例如, 2003 年版的拙作《数字和玫瑰》(三联书店)书号是 7-108-01706-7, 其中 108 是三联书店的代码, 最后的 7 是校验码.

$$1 \times 7 + 2 \times 1 + 3 \times 0 + 4 \times 8 + 5 \times 0 + 6 \times 1 + 7 \times 7 + 8 \times 0 + 9 \times 6 \equiv 7 (\mathrm{mod}\, 11).$$

2007 年以后出版的书, 国际标准书号增加到 13 位, 前 3 位一律是 978, 4～12 位与以前的前 9 位一样, 只有最后一位验证码 a_{13} 的计算方法改变如下:

$$10 - a_{13} \equiv (a_1 + a_3 + \cdots + a_{11}) + 3(a_2 + a_4 + \cdots + a_{12}) (\mathrm{mod}\, 10).$$

例如, 2012 年出版的修订版《数字与玫瑰》(商务印书馆)书号是 978-7-100-09319-4, 100 是商务印书馆的代码, 最后的 4 是校验码.

$$9 + 8 + 1 + 0 + 9 + 1 + 3(7 + 7 + 0 + 0 + 3 + 9) \equiv 10 - 4 (\mathrm{mod}\, 10).$$

《数字和玫瑰》三联版　　　　　《数字与玫瑰》商务版

高斯的《算术研究》

1801 年, 年仅 24 岁的高斯出版了他的处女作《算术研究》, 此书是用拉丁文写成, 在莱比锡出版的, 那里离高斯执教的大学城哥廷根两百多公里. 和高斯先前完成的博士论文一样, 《算术研究》的印刷费用由他的故乡不伦瑞克的公爵费迪南资助, 之前他曾把书稿寄到法国科学院而遭拒绝. 说到这位公爵, 他一直是出身贫寒却又早慧的高斯的赞助人, 他的塑像今天仍屹立在不伦瑞克市中心的广场中央. 高斯在扉页的题献中这样写道, "没有公爵的善心相助的话, 我将不可能

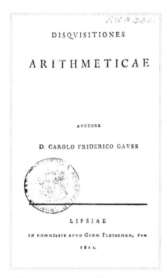

高斯《算术研究》初版扉页

完全献身于数学, 而数学一直是我所热爱的. "

《算术研究》共分七部分, 依次是: 一般同余、一次同余、幂剩余、二次同余、二次型、应用、分圆作图. 书中有被高斯誉为"算术之宝石"的二次互反律的首次证明、原根和指标的详细讨论、正多边形的欧几里得作图理论等, 后者把几何、代数与算术紧密地联系在一起. 尤其值得一提的是, 高斯引进了方便的同余记号"≡". 此书当年极少有人读懂, 可是, 老年的拉格朗日在巴黎看到后立即致函高斯祝贺, "您的《算术研究》已立刻使您成为第一流的数学家. "晚辈德国数学家、直觉主义先驱克罗内克(Kronecker, 1823—1891)则赞叹其为"众书之王". 在那个世纪的末端, 德国数学史家莫里茨·康托尔(Moritz Cantor, 1829—1920)这样评价道:

《算术研究》是数论的宪章. 高斯总是迟迟不肯发表他的著作, 这给科学带来的好处是, 他付印的著作在今天仍然像第一次出版时一样正确和重要, 他的出版物就是法典, 比人类其他法典更高明, 因为不论何时何地从未发觉出其中有任何一处毛病. 这就可以理解高斯暮年谈到他青年时代第一部巨著时说的话: "《算术研究》是历史的财富. "他当时的得意心情是颇有道理的.

在高斯之前, 费尔马、欧拉和拉格朗日(Lagrange, 1736—1813)等人本来也有机会完成数论的奠基之作. 可是, 费尔马不喜欢公开自己的发现, 只是把自己的工作零碎地记在笔记本上, 而欧拉和拉格朗日的数学兴趣过于广泛, 且他们长期工作在科学院. 当然, 高斯也具有多方面的才能和伟大成就. 幸运的是, 他在青年时代专心于数论, 当他完成数论方面的主要工作时, 恰好又是在大学工作, 故而顺理成章地完成了这部著作, 继而转向其他领域的研究和发现.

值得一提的是, 高斯的博士学位并非由哥廷根大学授予, 而是由不伦瑞克东边的下萨克森小城黑尔姆斯泰特(Helmstedt)大学授予的, 那里有当时德国最负盛名的数学家普法夫(Pfaff, 1765—1825), 高斯得到他的悉心指导. 因此, 高斯学生时代常游走于哥廷根、不伦瑞克和黑尔姆斯泰特这三座城市. 1799 年, 年仅 22 岁的高斯被黑尔姆斯泰特大学授予博士学位, 他的论文题目是《每一个单变数的多项式均可分解成一次式或二次式的新证明》. 1810 年, 黑尔姆斯泰特大学并入哥廷根大学, 但普法夫却去了哈雷大学.

2011 年底, 《算术研究》中文版首次面世, 译者为潘承彪和张明尧.

2.2　剩余类和剩余系

2.1 节我们介绍了同余的概念, 对于任意给定的模, 如果把余数相同的数放在一起, 就会产生剩余类的概念, 本节主要讨论剩余类以及与剩余类密切相关的剩余系的性质. 由带余除法和同余的定义, 我们首先给出剩余类的概念.

定理 2.4　设 $m>1$ 是任意给定的一个正整数, 则全部整数可分成 m 个集合, 记作 $\{[0],[1],\cdots,[m-1]\}$, 其中 $[i](0 \leqslant i \leqslant m-1)$ 是由一切形如 $qm+i(q=0,\pm1,\pm2,\cdots)$ 的整数组成. 这些集合满足以下性质:

(1) 每一个整数必包含在而且仅在上述一个集合里面;

(2) 两个整数同在一个集合的充要条件是这两个整数对模 m 同余.

现在, 我们可以给出剩余类和完全剩余系的定义了.

定义 2.2　定理 2.4 中的每一个 $[i]$ 叫作模 m 的一个剩余类, 所有 m 个剩余类的集合叫 $\mathbf{Z}_m$, 即 $\mathbf{Z}_m=\{[0],[1],\cdots,[m-1]\}$; 若 $a_0,a_1,\cdots,a_{m-1}$ 是 m 个整数, 且其中任何两数都不在模 m 的同一个剩余类中, 则 $\{a_0,a_1,\cdots,a_{m-1}\}$ 称为模 m 的一个完全剩余系.

由此定义和定理 2.3 可知, 若模 m 的一个剩余类中有某个数与 m 互素, 则该剩余类中所有的数均与 m 互素. 而由定理 2.4, 易知此结果.

推论　m 个整数组成模 m 的一个完全剩余系的充要条件是对模 m 两两不同余.

例 2.7　下列序列均为模 m 比较特殊的完全剩余系:

$$0, 1, \cdots, m-1(\text{最小非负完全剩余系});$$

$$1, 2, \cdots, m(\text{最小正完全剩余系});$$

$$-\frac{m-1}{2},\cdots,-1,0,1,\cdots,\frac{m-1}{2}(\text{当 } m \text{ 是奇数时});$$

$$-\frac{m}{2},\cdots,-1,0,1,\cdots,\frac{m}{2}-1(\text{当 } m \text{ 是偶数时});$$

$$-\frac{m}{2}+1,\cdots,-1,0,1,\cdots,\frac{m}{2}(\text{当 } m \text{ 是偶数时}).$$

最后三个完全剩余系被称为模 m 的绝对最小完全剩余系.

定理 2.5　设 m 是正整数, b 是任意整数, $(a,m)=1$. 若 x 通过模 m 的一个完全

剩余系，则 $ax+b$ 也通过模 m 的完全剩余系．

　　证　由定理 2.4 的推论，只需证明当 $x_1, x_2, \cdots, x_m$ 对模 m 两两不同余时，$ax_1+b, ax_2+b, \cdots, ax_m+b$ 也对模 m 两两不同余．我们用反证法来证明，假设

$$ax_i + b \equiv ax_j + b \pmod{m} \quad (i \neq j),$$

由定理2.1，可知 $ax_i \equiv ax_j \pmod{m}$．因为 $(a,m)=1$，再由定理2.2即得 $x_i \equiv x_j \pmod{m}$，与假设矛盾．定理 2.5 得证．

　　定理 2.6　设 m_1, m_2 是两个互素的正整数，若 x_1, x_2 分别通过模 m_1, m_2 的完全剩余系，则 $m_2 x_1 + m_1 x_2$ 通过模 $m_1 m_2$ 的完全剩余系．

　　证　由假设可知 x_1, x_2 分别通过 m_1, m_2 个整数，因此 $m_2 x_1 + m_1 x_2$ 通过 $m_1 m_2$ 个整数．由定理 2.4 的推论，只需证明这 $m_1 m_2$ 个整数对模 $m_1 m_2$ 两两不同余即可．
　　反设

$$m_2 x_1' + m_1 x_2' \equiv m_2 x_1'' + m_1 x_2'' \pmod{m_1 m_2},$$

其中 x_1', x_1'' 和 x_2', x_2'' 分别是 x_1 和 x_2 通过的完全剩余系时的整数，由定理 2.1 和定理 2.2 即得

$$x_1' \equiv x_1'' \pmod{m_1}, \quad x_2' \equiv x_2'' \pmod{m_2}.$$

故 $x_1' = x_1''$，$x_2' = x_2''$．定理 2.6 得证．

　　例 2.8　若 s, t 是任意两个正整数，$t<s$．当 u, v 分别通过模 p^{s-t} 和模 p^t 的完全剩余系时，$x = u + p^{s-t} v$ 必通过模 p^s 的完全剩余系．

　　例 2.9　若 $m_1, m_2, \cdots m_k$ 是 k 个两两互素的正整数，$m_1 m_2 \cdots m_k = m$，$m = m_i M_i$，$1 \leqslant i \leqslant k$，则当 $x_1, x_2, \cdots, x_k$ 分别通过模 $m_1, m_2, \cdots, m_k$ 的完全剩余系时，

$$M_1 x_1 + M_2 x_2 + \cdots + M_k x_k$$

通过模 m 的完全剩余系．

　　例 2.10　若 $m_1, m_2, \cdots, m_k$ 是 k 个正整数，则当 $x_1, x_2, \cdots, x_k$ 分别通过模 $m_1, m_2, \cdots, m_k$ 的完全剩余系时，

$$x_1 + m_1 x_2 + m_1 m_2 x_3 + \cdots + m_1 m_2 \cdots m_{k-1} x_k$$

通过模 $m_1 m_2 \cdots m_k$ 的完全剩余系.

例 2.11　设 $m>2$，若 x 和 y 各自通过模 m 的完全系，考虑 $x+y$ 和 $x-y$ 是否能够通过模 m 的完全剩余系.

当 m 是奇数时，答案是肯定的. 事实上，可以取 $x=\{0,1,2,\cdots,m-1\}$，$y=\{1,2,\cdots,m-1,0\}$，则 $x+y=\{1,3,\cdots,m-2,0,2,\cdots,m-1\}$ 构成模 m 的完全剩余系. 而若是取 $y=\{0,m-1,m-2,\cdots,1\}$，则差 $x-y=\{0,2,\cdots,m-1,1,3,\cdots,m-2\}$ 构成模 m 的完全剩余系. 当 m 是偶数时，答案则是否定的. 事实上，设 x 和 y 是模 m 的任意两个完全剩余系，则其相应元素的和之和或差之和均为 m 的倍数，而若 $x+y$ 或 $x-y$ 也构成模 m 的完全剩余系，则它们自身的元素之和模 m 余 $m/2$，并非 m 的倍数.

上述例子考虑的是两个完全剩余系的和与差，在 3.4 节的覆盖同余式部分，我们将讨论两个完全剩余系的乘积问题. 下面我们讨论的两个问题，后一个难度会稍大一些.

设 $n>1$，当且仅当 n 为奇数时，集合 $\{0,1,2,\cdots,2n-1\}$ 的元素可两两配对，其和恰好通过模 n 的完全剩余系.

必要性的证明：首先，集合元素之和为 $n(2n-1)$，假设配对成功，则模 n 的最小完全剩余系元素之和为 $n(n+1)/2$. 因而，

$$n(2n-1) \equiv \frac{n(n+1)}{2} (\bmod\, n).$$

当 n 为偶数时，上述同余式无法成立. 而当 n 是奇数时，$(4,n)=1$，当 x 通过模 n 的完全剩余系时，$4x+1$ 也通过模 n 的完全剩余系. 而将集合 $\{0,1,2,\cdots,2n-1\}$ 中的元素按顺序依次两两相加，所得 n 个元素恰好为 $\{1,1+4,1+8,\cdots,1+4(n-1)\}$. 故而结论成立.

设 $n>1$，当且仅当 $n\equiv0$ 或 $1(\bmod 4)$ 时，集合 $\{0,1,2,\cdots,2n-1\}$ 的元素可两两配对，其差恰好为 $\{1,2,\cdots,n\}$.

必要性的证明：设 S 和 T 分别是配对成功以后的被减数之和与减数之和，则有 $S+T=n(2n-1)$，$S-T=n(n+1)/2$，求得 $4S=n(5n-1)$，两端取模 4 同余即得结论.

以上两个问题在无解条件下，可以考虑集合 $\{0,1,2,\cdots,2n\}$，从中去掉一个数，则类似的加法或减法结论仍成立. 又在可解时，解数如何呢？

现在，我们要定义一种特殊的剩余类——简化剩余类以及由此组成的简化剩余系，它们将在以后发挥重要作用.

定义 2.3　若模 m 的某个剩余类中的数与 m 互素，则称该剩余类为与模 m 互素的剩余类. 从所有与模 m 互素的剩余类中各取出一个数组成的集合，称为模 m

的一个简化剩余系.

例 2.12　若 p 为素数, 则 1, 2, $\cdots$, $p-1$ 组成模 p 的一个简化剩余系.

为了进一步讨论简化剩余系的性质, 我们还需要引入一个重要的数论函数. 所谓数论函数是指自变量取值范围为正整数或整数的函数, 它在数论研究中不可或缺.

定义 2.4　欧拉函数 $\phi(n)$ 是定义在正整数 n 上的函数, 它的取值等于序列 1, 2, $\cdots$, n 中与 n 互素的数的个数, 即 $\phi(n) = \sum\limits_{\substack{1 \leqslant i \leqslant n \\ (i,n)=1}} 1$.

例如, $\phi(1)= \phi(2)=1$, $\phi(3)= \phi(4)= \phi(6)=2$, $\phi(5)= \phi(8)= \phi(10)=4$, $\phi(7)= \phi(9)=6$. 欧拉函数是由欧拉在 1760 年定义的, 他当时用 $\pi(n)$ 来表示. 1801 年, 高斯在《算术研究》中, 首次用了 $\phi(n)$, 故也称欧拉 phi 函数. 1879 年, 西尔维斯特杜撰了一个英文词 totient 来表示这个函数, 因此也称欧拉 totient 函数. 作者猜测, 这是由于 totter 有蹒跚行走之意, 而 tient 是 quotient(商)的后缀.

易知, 当 $n>2$ 时, $\phi(n)$ 均为偶数. 最小的非欧拉函数值的偶数是 14. 1993 年, 张明智曾证明, 对任意正整数 m, 存在素数 p, 使得 mp 不取欧拉函数值.[①] 这个结果表明, 存在无穷多个欧拉函数无法取值的偶数, 也即存在无穷多个整数 n, $\phi(x) = 2n$ 无解. 可是, 爱多士却有下列猜想.

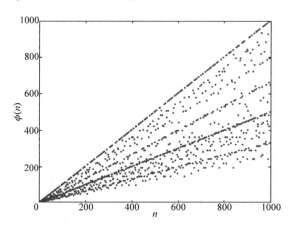

1000 以内正整数的欧拉函数值图

猜想 1(爱多士)　对任何正整数 n, 方程 $2n = \phi(x) + \phi(y)$ 均有解.

显然, 当偶数哥德巴赫猜想成立时, 上述方程均有素数解, 故它是弱哥德巴

---

① 参见 J. Number Theory, 1993, 43: 168-173.

赫猜想. 有关欧拉函数, 我们也有一个猜想.

猜想　对任何正整数 $k>1$, 方程 $n-\phi(n)=k$ 至多只有有限多个解.

函数 $[x]$ 与 $3x+1$ 问题

在数论研究中, 有时也需要考虑整数和有理数以外的实数及其上的函数. 函数 $[x]$ 和 $\{x\}$ 就是两个例子, 它们在某些数论问题的研究中起着重要作用. 这里 x 可取任意实数, $[x]$ 表示不超过 x 的最大整数, 或指 x 的整数部分; 而 $\{x\}=x-[x]$, 也就是 x 的小数部分. 例如 $[e]=2,[-\pi]=-4,\{-\frac{1}{3}\}=\frac{2}{3},\{\sqrt{2}\}=0.414\cdots$.

由定义可得以下性质:

(1)　$x=[x]+\{x\}$, $x-1\leqslant[x]\leqslant x$;

(2)　$[x]+[y]\leqslant[x+y],\{x\}+\{y\}\geqslant\{x+y\}$;

(3)　在两个整数 $a,b(>0)$ 的带余除法即 $a=bq+r(0\leqslant r<b)$ 中,

$$q=\left[\frac{a}{b}\right],\quad r=\left\{\frac{a}{b}\right\}b\,;$$

(4)　若 a,b 是任意两个正整数, 则不大于 a 且为 b 的倍数的正整数个数是 $\left[\dfrac{a}{b}\right]$. 进一步, 我们有

$$\left[\frac{a}{b}\right]\leqslant\frac{a}{b}\leqslant\left\{\frac{a}{b}\right\}+1-\frac{1}{b}.$$

首先, 作为函数 $[x]$ 的应用, 我们得到 $n!$ 的一个标准因子分解式, 这里 $n!$ 表示前 n 个自然数的乘积, 即 $n!=1\times2\times\cdots\times n$.

拉格朗日定理　对任意的整数 $n>1$, 都有 $n!=\prod\limits_{p\leqslant n}p^{\alpha_p}$, 其中 $\alpha_p=\sum\limits_{r=1}^{\infty}\left[\dfrac{n}{p^r}\right]$.

证　显然, α_p 是 $2,3,\cdots,n$ 的标准因子分解式中 p 的指数之和. 设其中 p 的指数为 r 的有 $n_r(r\geqslant1)$ 个, 则

$$\begin{aligned}
\alpha_p &= n_1+2n_2+3n_3+\cdots\\
&= n_1+n_2+n_3+\cdots\\
&\quad\ +n_2+n_3+\cdots\\
&\quad\quad\ +n_3+\cdots\\
&\quad\quad\quad\ +\cdots\\
&= N_1+N_2+N_3+\cdots,
\end{aligned}$$

其中 $N_r = n_r + n_{r+1} + \cdots$ 恰好是 $2, 3, \cdots, n$ 中能被 p^r 整除的数的个数. 由性质(4) 知 $N_r = \left[\dfrac{n}{p^r}\right]$. 定理得证.

现在, 我们给出爱多士(1938)关于级数 $\displaystyle\sum_p \frac{1}{p}$ 发散的天才证明.

反设上述级数收敛, p_i 表示第 i 个素数, 则存在 j, 使得 $\displaystyle\sum_{i>j+1} \frac{1}{p_i} < \frac{1}{2}$. 我们称 $p_1, p_2, \cdots, p_j$ 为小素数, $p_{j+1}, p_{j+2}, \cdots$ 为大素数. 对任意的正整数 N, 令 N_b 表示满足 $n \leqslant N$ 且至少被一个大素数整除的正整数 n 的个数, N_s 表示满足 $n \leqslant N$ 且因子都是小素数的正整数的个数, 易知 $N = N_b + N_s$.

由于 $\left[\dfrac{N}{p_i}\right]$ 表示满足 $n \leqslant N$ 的所有 p_i 的倍数的个数, 故而

$$N_b \leqslant \sum_{i>j+1} \left[\frac{N}{p_i}\right] \leqslant \sum_{i>j+1} \frac{N}{p_i} < \frac{N}{2}.$$

再来看 N_s, 每个只有小素数因子的 $n \leqslant N$ 可写成 $n = a_n b_n^2$ 的形式, 此处 a_n 是没有平方因子的部分, 每个 a_n 是若干互异的小素数的乘积, 一共恰好有 2^j 个可供选择的没有平方因子的部分. 另外, 由于 $b_n \leqslant \sqrt{n} \leqslant \sqrt{N}$, 至多有 $\sqrt{N}$ 个不同的平方部分, 所以

$$N_s \leqslant 2^j \sqrt{N}.$$

求满足 $2^j \sqrt{N} \leqslant \dfrac{N}{2}$ 的 N, 只需令 $N = 2^{2j+2}$ 即可. 这样一来, 就有 $N_b + N_s < N$. 矛盾!

最后, 我们介绍著名的 $3x+1$ 问题. 1937年, 德国数学家柯拉茨(Collatz, 1910—1990)考虑了下列数论函数:

$$f(x) = \begin{cases} \dfrac{x}{2}, & x\text{是偶数}, \\[2mm] \dfrac{3x+1}{2}, & x\text{是奇数}. \end{cases}$$

他猜想, 经过有限次迭代运算后, $f(x)$ 均归于 1, 而迭代的次数被称为 x 的停摆时间(stopping time). 它被称为柯拉茨猜想, 不过还有其他命名法, 比如角谷猜想. 角谷静夫(Shizuo Kakutani, 1911—2004)是日本出生的美国数学家. 虽然有人

验算到 x 不超过 3×2^{50} 猜想均成立, 但至今无人能够证明或否定, 爱多士甚至认为用现有的数学方法无法完全证明. 还有人排除了 $qx+1$ 问题的可能性(q 为大于 3 的奇数), 也就是说猜想的自然推广并不存在. 近来, 作者在与浙西南山区中学老师徐胜利、驻柬埔寨某国际合作组织的业余爱好者沈利兴的通信中, 作了一些新的探索.

我们先把 $f(x)$ 转化为下列等价的数论函数:

$$g(x)=\begin{cases} \dfrac{x}{2}, & x \equiv 0(\bmod 2), \\ \left[\dfrac{3}{2}x\right]+1, & x \equiv 1(\bmod 2). \end{cases}$$

这里 $[x]$ 是 x 的整数部分, 这是因为, 假设 $n=2s+1$, 则

$$\left[\dfrac{3n}{2}\right]+1=\left[\dfrac{6s+3}{2}\right]+1=3s+2=\dfrac{3n+1}{2}.$$

对于任何正整数 c, 我们定义

$$g_c(x)=\begin{cases} \dfrac{x}{2}, & x \equiv 0(\bmod 2), \\ \left[\dfrac{c+2}{c+1}x\right]+1, & x \equiv 1(\bmod 2). \end{cases}$$

当 $c=1$ 时, $g_1(x)=g(x)$, 此即 $3x+1$ 问题. 当 c 为偶数时, $c+2$ 是反例. 当 $c=3$ 时, 存在反例 $n=37$, 即存在循环 $\{37,47,59,74\}$. 而当 c 是大于 3 的奇数时, $g_c(x)$ 依然可以归于 1. 我们已验证对 $c \leqslant 50000$ 的奇数, $x \leqslant 10^7$ 时成立. 至于相应的 $3x-1$ 问题, 已知无法一致归 1. 事实上, 它等价于

$$h(x)=\begin{cases} \dfrac{x}{2}, & x \equiv 0(\bmod 2), \\ \left[\dfrac{3}{2}x\right], & x \equiv 1(\bmod 2). \end{cases}$$

可望归于 1 或下列两个循环之一, 即 $\{5,7,10\}$ 和 $\{17,25,37,55,82,41,61,91,136,68,34\}$. 可是, 如果我们定义

$$i(x)=\begin{cases} \dfrac{x}{2}, & x \equiv 0(\bmod 2), \\[2mm] \left[\dfrac{4}{3}x\right], & x \equiv 1(\bmod 2). \end{cases}$$

则仍可以让任何正整数归1(已在 $x \leqslant 10^{12}$ 范围内验证).

对于原 $3x+1$ 问题, 我们也有以下推广. 设 k 是任意非负整数, 考虑函数

$$f_k(x)=\begin{cases} \dfrac{x}{2}, & x\text{是偶数}, \\[2mm] \dfrac{3x+3^k}{2}, & x\text{是奇数}, \end{cases}$$

我们猜测, 对于任意正整数 x, 经过有限次迭代运算后, $f_k(x)$ 均归于 3^k. 特别地, 当 $k=0$ 时, 此即 $3x+1$ 问题.

备注 1988 年, B. C. Wiggin 提出了一类新的函数,[①] 他猜测它们都能让任意正整数归于 1. 例如,

1000 以内正整数化 1 轨迹图

$$f_3(x)=\begin{cases} \dfrac{x}{3}, & x \equiv 0(\bmod 3), \\[2mm] \dfrac{4x \mp 1}{3}, & x \equiv \pm 1(\bmod 3), \end{cases}$$

$$f_4(x)=\begin{cases} \dfrac{x}{2}, & x \equiv 0(\bmod 2), \\[2mm] \dfrac{5x \mp 1}{4}, & x \equiv \pm 1(\bmod 4), \end{cases}$$

$$f_5(x)=\begin{cases} \dfrac{x}{5}, & x \equiv 0(\bmod 5), \\[2mm] \dfrac{6x \mp 1}{5}, & x \equiv \pm 1(\bmod 5). \\[2mm] \dfrac{6x \mp 2}{5}, & x \equiv \pm 2(\bmod 5). \end{cases}$$

---

① 参见 Conjecture about the 3x+1 family. J. Recreational Math., 1988, 20(2): 52-56.

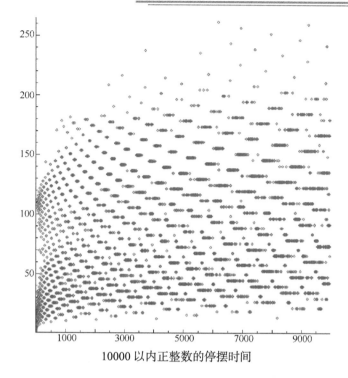

10000 以内正整数的停摆时间

2.3　费尔马-欧拉定理

对于模 $m(>1)$ 来说，每个简化剩余系有 $\phi(m)$ 个元素，记模 m 的一个简化剩余系的全体元素集合为 $\mathbf{Z}_m^*$. 任意给定 $\phi(m)$ 个对模 m 两两不同余的整数 $a_1, a_2, \cdots, a_{\phi(m)}$，若对每个 $1 \leqslant i \leqslant \phi(m)$，都有 $(a_i, m)=1$，则这 $\phi(m)$ 个数组成模 m 的一个简化剩余系.

与定理 2.5 和定理 2.6 相似，我们有

定理 2.7　设 $(a,m)=1$，则当 x 通过模 m 的一个简化剩余系时，ax 也通过模 m 的简化剩余系.

证　首先，ax 恰好通过 $\phi(m)$ 个数，这是由于 $(a,m)=1$，$(x,m)=1$，故而 $(ax,m)=1$. 又若 $ax_1 \equiv ax_2 \pmod{m}$，则由定理 2.2 可推出 $x_1 \equiv x_2 \pmod{m}$，与假设矛盾. 定理 2.7 得证.

业余数学家之王——费尔马像

例 2.13 设 $m>1$, $(a, m)=1$, 则当 x 通过模 m 的简化剩余系时,

$$\sum_x \left\{ \frac{ax}{m} \right\} = \frac{1}{2}\phi(m).$$

证 因为 $(a,m)=1$, 易知 $(m-a, m)=1$. 由定理 2.7, 当 x 通过模 m 的简化剩余系时, ax 和 $(m-a)x$ 也分别通过模 m 的简化剩余系. 故而

$$\sum_x \left\{ \frac{ax}{m} \right\} = \sum_x \left\{ \frac{(m-a)x}{m} \right\};$$

另一方面, 对每个整数 x, 易知 $\left\{ \dfrac{ax}{m} \right\} + \left\{ \dfrac{(m-a)x}{m} \right\} = 1$, 故而

$$\sum_x \left\{ \frac{ax}{m} \right\} + \sum_x \left\{ \frac{(m-a)x}{m} \right\} = \phi(m).$$

将上述两个等式两端依次相加, 即得要求的结果.

定理 2.8 设 m_1, m_2 是两个互素的正整数, 若 x_1, x_2 分别通过模 m_1, m_2 的简化剩余系, 则 $m_2 x_1 + m_1 x_2$ 通过模 $m_1 m_2$ 的简化剩余系.

证 因为简化剩余系是由完全剩余系中所有与模互素的整数组成的, 因此只需证明: 若 x_1, x_2 分别通过模 m_1, m_2 的简化剩余系, 则 $m_2 x_1 + m_1 x_2$ 通过模 $m_1 m_2$ 的完全剩余系中所有与 $m_1 m_2$ 互素的整数.

由定理 2.6 可知, 若 x_1, x_2 分别通过模 m_1, m_2 的完全剩余系, 则 $m_2 x_1 + m_1 x_2$ 通过模 $m_1 m_2$ 的完全剩余系. 又若 $(x_1, m_1) = (x_2, m_2) = 1$, 则由 $(m_1, m_2) = 1$, 可知 $(m_2 x_1, m_1) = (m_1 x_2, m_2) = 1$. 于是, $(m_2 x_1 + m_1 x_2, m_1) = (m_2 x_1 + m_1 x_2, m_2) = 1$, 故由 1.4 节引理 1.3, $(m_2 x_1 + m_1 x_2, m_1 m_2) = 1$. 反之, 亦可由 $(m_2 x_1 + m_1 x_2, m_1 m_2) = 1$ 逐步倒推, 得出 $(x_1, m_1) = (x_2, m_2) = 1$. 定理 2.8 得证.

由定理 2.8 及其证明过程, 直接可以导出下面的

推论 若 $(m_1, m_2)=1$, 则 $\phi(m_1 m_2) = \phi(m_1)\phi(m_2)$.

在正整数上定义, 不全为零且满足上述推论性质的数论函数称为可乘函数. 如果取消互素的条件也成立, 则称为完全可乘函数. 欧拉函数是可乘函数, 但不是完全可乘函数.

例 2.14 若 $m_1, m_2, \cdots, m_k$ 是 k 个两两互素的正整数, $m_1 m_2 \cdots m_k = m$, $m = m_i M_i$, $1 \leqslant i \leqslant k$, 则当 $x_1, x_2, \cdots, x_k$ 分别通过模 $m_1, m_2, \cdots, m_k$ 的简化剩余系时,

$M_1 x_1 + M_2 x_2 + \cdots + M_k x_k$ 通过模 m 的简化剩余系.

定理 2.9　设 $n = p_1^{\alpha_1} p_2^{\alpha_2} \cdots p_k^{\alpha_k} > 1$, 则

$$\phi(n) = n \left(1 - \frac{1}{p_1} \right) \left(1 - \frac{1}{p_2} \right) \cdots \left(1 - \frac{1}{p_k} \right).$$

证　由定理 2.8 推论可知, $\phi(n) = \phi(p_1^{\alpha_1}) \phi(p_2^{\alpha_2}) \cdots \phi(p_k^{\alpha_k})$, 现欲证 $\phi(p^{\alpha}) = p^{\alpha} - p^{\alpha-1}$. 由定义知, $\phi(p^{\alpha})$ 等于从 p^{α} 中减去 $1, \cdots, p^{\alpha}$ 中与 p^{α} 不互素的数的个数, 后者恰好是 $p^{\alpha-1}$. 综合以上, 再由 n 的标准因子分解式, 即得定理 2.9.

由定理 2.9 易知, 对任意正整数 m, n, 若 $m \mid n$, 则有 $\phi(m) \mid \phi(n)$.

例 2.15(高斯)　对任意正整数 n, 均有 $\sum_{d \mid n} \phi(d) = n$.

证　把正整数集合 $1, 2, \cdots, n$ 按其与 n 的最大公因数分类, 则 n 的不同正因数对应于该集合的不相交子集. 我们来确定这样的子集,

$$(j, n) = d, \quad 1 \leqslant j \leqslant n.$$

设 $j = dh$, 则上式等价于

$$\left(h, \frac{n}{d} \right) = 1, \quad 1 \leqslant h \leqslant \frac{n}{d}.$$

满足这样条件的 h 的个数是 $\phi \left(\dfrac{n}{d} \right)$ 个. 故而可得 $\sum_{d \mid n} \phi \left(\dfrac{n}{d} \right) = n$. 最后, 只需注意到, 当 d 通过 n 的全体正除数时, $\dfrac{n}{d}$ 同样也通过 n 的全体正除数, 即知所求的结论成立.

下面我们给出两个著名的同余式, 即费尔马小定理和欧拉定理. 1640 年, 费尔马在给同胞友人德·贝西(de Bessy, 约 1605—1675)的信中指出这个定理.

定理 2.10(费尔马)　对任意整数 a 和素数 p, 恒有

$$a^p \equiv a (\bmod p);$$

特别地, 若 $(a, p) = 1$, 则有

$$a^{p-1} \equiv 1 (\bmod p).$$

显而易见, 定理 2.10 中的两个同余式可以相互推导, 也就说它们是等价的, 统称为费尔马小定理, 这个命名是由发现 p-adic 数的亨泽尔在 1913 年给出的. 费尔马

小定理的一个有趣推广: 设 p 是素数, m 和 n 是正整数, 若 $m \equiv n(\bmod p-1)$, 则对任意与 p 互素的整数 a, 均有 $a^m \equiv a^n (\bmod p)$.

下面我们利用抽象代数中的拉格朗日定理(有限群的阶数是其任意子群的阶数的倍数)给出费尔马小定理的一个证明: 设 U_p 表示商群 $\mathbf{Z}/Z_p$ 的可逆元组成的乘法群, 其单位元为 1. 显而易见, 阶 $|U_p| = p-1$. 若 $a \in U_p$, a 生成的子群的阶为 l, 则由拉格朗日定理, $l \mid (p-1)$, 故 $a^{p-1} = (a^l)^{(p-1)/l} \equiv 1(\bmod p)$.

值得一提的是, 费尔马本人并未给出证明, 如同他遗留下来的许多问题一样. 幸好有欧拉, 他对费尔马研究过的每个问题都不会轻易放过. 1736 年, 欧拉发表了第一个证明. 很久以后, 人们才在莱布尼茨的遗稿里发现, 至晚在 1683 年, 他已给出了同样的证明. 不过到了 1760 年, 欧拉证明了一个更强的结果, 被后人称为欧拉定理.

定理 2.11 (欧拉) 设 m 是任意大于 1 的整数, $(a, m)=1$, 则

$$a^{\phi(m)} \equiv 1(\bmod m).$$

证 设 $x_1, x_2, \cdots, x_{\phi(m)}$ 是模 m 的一个简化剩余系, 由定理 2.7 知 $ax_1, ax_2, \cdots, ax_{\phi(m)}$ 也是模 m 的简化剩余系, 故而

$$(ax_1)(ax_2)\cdots(ax_{\phi(m)}) \equiv x_1 x_2 \cdots x_{\phi(m)}(\bmod m),$$

即

$$a^{\phi(m)}(x_1 x_2 \cdots x_{\phi(m)}) \equiv x_1 x_2 \cdots x_{\phi(m)}(\bmod m).$$

由 于 $(x_1, m) = (x_2, m) = \cdots = (x_{\phi(m)}, m) = 1$, 故 由 1.4 节 引 理 1.3 可 得 $(x_1 x_2 \cdots x_{\phi(m)}, m) = 1$, 从而由定理 2.2 证得定理 2.11.

在费尔马发现他的小定理那年的早些时候, 他在给梅森的一封信中指出: 当指数 n 是合数时, $2^n - 1$ 必为合数, 而当 n 是素数时, $2n \mid (2^n - 2)$. 因此我们可以推测, 费尔马是在研究完美数(梅森素数)问题时得到费尔马小定理的.

由欧拉定理可以直接导出费尔马小定理, 下面我们证明由费尔马小定理也可以推出欧拉定理.

由费尔马小定理知, 存在整数 t_1, 使得 $a^{p-1} = 1 + pt_1$; 由此可知, 存在整数 t_2, 使得 $a^{(p-1)p} = (1 + pt_1)^p = 1 + p^2 t_2$; 继续进行下去, 直至存在 t_α, 使得 $a^{\phi(p^\alpha)} = 1 + p^\alpha t_\alpha$. 故而 $a^{\phi(n)} \equiv 1(\bmod p^\alpha)$, 由例 2.6 的结论, 即知 $a^{\phi(n)} \equiv 1(\bmod n)$, 欧拉定理得证.

1909 年，德国数学家维夫瑞奇(Wieferich, 1884 —1954)问, 是否存在素数 p 满足

$$2^{p-1} \equiv 1(\bmod p^2).$$

这样的素数被称为维夫瑞奇素数, 迄今为止, 在不超过 1.7×10^{16} 的范围, 人们只找到两个维夫瑞奇素数, 即 1093 和 3511, 分别是在 1913 年和 1922 年发现的. 即便如此, 我们也无法证明存在无穷多个非维夫瑞奇素数.

维夫瑞奇还提出了所谓的维夫瑞奇数对, 是指这样两个素数 p 和 q, 满足

$$p^{q-1} \equiv 1(\bmod q^2), \quad q^{p-1} \equiv 1(\bmod p^2).$$

迄今为止, 人们只发现 7 对维夫瑞奇数对, 即 (2,1093), (3,1006003), (5, 1645333507), (5, 188748146801), (83, 4871), (911, 318917), (2903, 18787).

最后, 我们介绍费尔马小定理的一个应用. 1961 年, 爱多士等人用代数和组合的方法证明了这个定理.

定理 2.12 (Erdős-Ginzburg-Ziv)　从任意 $2n-1$ 个整数中取, 必可取出 n 个, 使其和为 n 的倍数.

1985 年前后, 高维东[①]和其他若干人各自独立用费尔马小定理给出了上述定理的初等证明, 高维东的证明由两个引理组成.

引理 2.1　设 p 是素数, 从任意 $2p-1$ 个整数中必可选出 p 个, 其和为 p 的倍数.

证　任给 $2p-1$ 个整数 $a_1, a_2, \cdots, a_{2p-1}$, 从中选出 p 个作和, 共有 $C_{2p-1}^p = \binom{2p-1}{p}$ 个和, 即

$$S_1 = a_1 + a_2 + \cdots + a_p, \quad \cdots \quad, S_{C_{2p-1}^p} = a_p + a_{p+1} + \cdots + a_{2p-1}.$$

设 $(S_i, p) = 1(1 \leqslant i \leqslant C_{2p-1}^p)$, 由费尔马小定理知

$$S_i^{p-1} \equiv 1(\bmod p), \quad 1 \leqslant i \leqslant C_{2p-1}^p.$$

故而

$$\sum_{i=1}^{C_{2p-1}^p} S_i^{p-1} \equiv \sum_{i=1}^{C_{2p-1}^p} 1 = C_{2p-1}^p = \frac{(2p-1)!}{(p-1)! \, p!}(\bmod p)$$

不是 p 的倍数.

---

① 参见东北师范大学学报, 1985, 4, 15-17.

另一方面, 考察上述同余式左边和式的各项展开式, 含有

$$\frac{(p-1)!}{r_1!\,r_2!\cdots r_k!}a_{i_1}^{r_1}a_{i_2}^{r_2}\cdots a_{i_k}^{r_k} \quad (r_1+r_2+\cdots+r_k=p-1, 1\leqslant k\leqslant p-1, r_i>0, 1\leqslant i\leqslant k)$$

的项共出现

$$C_{2p-1-k}^{p-k}=\frac{(2p-1-k)!}{(p-k)!(p-1)!}$$

次. 显见, 上述每个二项式系数均为 p 的倍数, 故而其和也是, 从而矛盾!

引理 2.2　若上述猜想对于整数 $n=k$ 和 $n=1$ 成立, 则必对整数 $n=kl$ 也成立.

证　由假设, 可从 $2kl-1$ 个整数中依次取出 $2l-1$ 组, 每组 k 个数, 其和为 k 的倍数, 即 $kr_1, kr_2, \cdots, kr_{2l-1}$. 再由假设, 从 $r_1, r_2, \cdots, r_{2l-1}$ 个数中可以选出 l 个, 其和为 l 的倍数. 故而, 可从 $2kl-1$ 个数中可以选出 kl 个, 其和为 kl 的倍数. 引理 2.2 得证.

2014 年春天, 作者在 "数论导引" 课和研究生讨论班上提出这个问题, 并与同学们一起把结果自然推广为

设 d 是 n 的正因子, 则从 $n+d-1$ 个整数中必可取出 n 个数使其和为 d 的倍数;

设 s 为正整数, 从任意 $(s+1)n-1$ 个模 s 的同一剩余类整数中必可选出 sn 个, 其和为 sn 的倍数.

当 $d=n$ 或 $s=1$ 时, 此即定理 2.12. 下面用同余线性变换, 给出后一个结论的证明.

事实上, 设 $a_i\equiv j(\bmod s)$, $1\leqslant i\leqslant(s+1)n-1$, 令 $b_i=\dfrac{a_i-j}{s}$, 得到 $(s+1)n-1$ 个整数. 反复利用定理 2.12, 可以依次选出 s 组数, 每组 n 个, 其和分别为 $nr_1, nr_2, \cdots, nr_s$, 将所有 sn 个数相加, 即得

$$\sum_{i(sn\uparrow)}a_i=\sum_{i(sn\uparrow)}(sb_i+j)=s\sum_{i(s\uparrow)}nr_i+snj=sn(\sum_{i(s\uparrow)}r_i+j).$$

最后, 我们要说明, 这里 $(s+1)n-1$ 是不能变小的, 否则的话, 取 $(s+1)n-2$ 个数:

$$a_1=a_2=\cdots=a_{sn-1}=j, \quad b_1=b_2=\cdots=b_{n-1}=-s+j.$$

从中任取 k 个 j 和 $sn-k$ 个 $-s+j$, 则其和为 $kj+(sn-k)(-s+j)=sk+sn(-s+j)$. 因为 $(s-1)n+1\leqslant k\leqslant sn-1$, 故上述和式不可能为 sn 的倍数.

我们想问的是: 能否找到一种推广, 其证明需要用到欧拉定理?

📖 欧拉数和欧拉素数

由欧拉函数的定义知，对于任意整数 $a>1$，$\phi(a)<a$．设 n 为任意自然数，定义 $\phi^n(a)=\phi(\phi^{n-1}(a))$，则对任意的 a，必存在一个正整数 $h(a)$，满足 $\phi^{h(a)}(a)=1$．我们称这个 $h(a)$ 为 a 的高度．例如，$h(2)=1, h(3)=h(4)=h(6)=2, h(5)=3$，$h(11)=4$，⋯．事实上，借助欧拉函数，所有正整数的集合构成了一棵图论里的树．对于给定的非负整数 n，令 $E_0=2$，当 $n\geqslant1$ 时，$E_n=\min\{a>1\,|\,\varphi^n(a)=2\}$，我们称其为第 n 个欧拉数．假如一个欧拉数是素数，那么我们就称这个欧拉数为欧拉素数，这两个称谓属于作者首创．T. D. Noe 利用计算机计算出前 1000 个欧拉数，特别地，我们有如下表格．

欧拉数表

n	E_n	n	E_n
0	2	11	$2329=17\times137=E_4\times E_7$
1	$3=F_0$	12	$4369=17\times257=E_4\times E_8$
2	$5=F_1$	13	$10537=41\times257=E_5\times E_8$
3	11	14	17477
4	$17=F_2$	15	$35290=137\times257=E_7\times E_8$
5	41	16	$65537=F_4$
6	83	17	140417
7	137	18	$281929=257\times1097=E_8\times E_{10}$
8	$257=F_3$	19	557057
9	641	20	$1114129=17\times65537=E_4\times E_{16}$
10	1097		

上表中没有因子分解式的欧拉数都是欧拉素数．已知，欧拉数必为奇数；费尔马素数必为欧拉素数．因此，若存在第 6 个费尔马素数，必定是在欧拉素数中[1]．对于奇欧拉数 E_n，若 E_n 为欧拉素数，则 E_n-1 的素因子为欧拉素数，其中 2 的幂和奇欧拉素数的下标之和(计重数)恰为 n；若 E_n 是合数，则其素因子为欧拉素数，且其下标之和(计重数)恰为 n[2]．

我们自然有以下问题：欧拉素数是否有无穷多个？除 3 以外，是否还有欧拉素数与梅森素数相重？考虑到欧拉素数比费尔马素数和梅森素数要多得多(在 $n\leqslant1000$ 以内有 288 个欧拉素数)，我们可否在其中寻找新的最大素数？

---

① 参见 Shapiro. Amer. Math. Monthly, 1943, 50: 18-30.

② 参见 Noe. J. of Integer Sequences, 2008, 11, Article 08.1.2.

2001 年, 客居墨西哥的罗马尼亚数学家卢卡(Luca)[①]曾证明:

$$F_m \neq \binom{m}{k}, \quad 2 \leqslant k \leqslant m-2.$$

2014 年, 陈小航[②]把这个结果推广到了多项式系数(定义参见 6.5 节). 我们想问, 下面的结论是否也成立?

$$E_m \neq \binom{m}{k}, \quad 2 \leqslant k \leqslant m-2.$$

2.4　表分数为循环小数

本节我们讨论有理数表示循环小数的问题, 这是欧拉定理的一个巧妙应用.
设 $a, b(>0)$ 为任意整数, 由带余除法, 存在 q, r, 使 $a = bq + r, 0 \leqslant r < b$. 故而

$$\frac{a}{b} = q + \frac{r}{b}, \quad 0 \leqslant \frac{r}{b} < 1.$$

我们只需考虑 $0, 1$ 之间的分数. 在《算术研究》里, 高斯曾给出 $n \leqslant 1000$ 情况下 $\frac{1}{n}$ 的循环小数表示和循环节长度.

中国古代的分数表示, 中间没有横线

下面先给出循环小数的定义.

定义 2.5　所谓循环小数是指这样一个无限小数 $0.a_1 a_2 \cdots a_n \cdots$, 存在 $s \geqslant 0, t > 0$ 使得

$$a_{s+i} = a_{s+kt+i}, \quad 1 \leqslant i \leqslant t, \ k \geqslant 0.$$

记为 $0.a_1 a_2 \cdots a_s \dot{a}_{s+1} \cdots \dot{a}_{s+t}$. 对于循环小数而言, 这样的 s 和 t 可能不止一对, 如果能找到最小的 t, 那我们就称相应的 $a_{s+1} a_{s+2} \cdots a_{s+t}$ 为循环节, t 为循环节的长度. 若最小的 s 为零, 则称为纯循环小数, 否则叫混循环小数.

利用整除和同余的基本性质, 我们可以证明下列定理.

定理 2.13　有理数 $\frac{a}{b}$, $0 < a < b$, $(a, b) = 1$, 能表示成纯循环小数的充要条件是 $(b, 10) = 1$. 且在可以表示的情况下, 循环节的长度 t 是满足同余式 $10^t \equiv 1 (\mathrm{mod}\, b)$

---

① 参见 Divulgaciones Mathématicas, 2001, 9: 191-195.

② 参见 J. of Integer Sequences, 2014, 17, Article 14.3.2.

的最小正整数.

证　先证必要性. 若 $\dfrac{a}{b}$ 能表示成纯循环小数, 则有假设和定义知

$$\dfrac{a}{b} = 0.a_1 a_2 \cdots a_t a_1 a_2 \cdots a_t \cdots.$$

因而

$$10^t \dfrac{a}{b} = 10^{t-1} a_1 + 10^{t-2} a_2 + \cdots + 10 a_{t-1} + a_t + 0.a_1 a_2 \cdots a_t a_1 \cdots a_t \cdots$$

$$= q + \dfrac{a}{b},$$

其中 q 为正整数. 故 $\dfrac{a}{b} = \dfrac{q}{10^t - 1}$, 即 $a(10^t - 1) = bq$. 由 $(a,b) = 1$, 即得 $b \mid (10^t - 1)$, 从而 $(b,10) = 1$.

下证充分性. 若 $(b,10) = 1$, 则由欧拉定理知存在正整数 t 使得

$$10^t \equiv 1 (\operatorname{mod} b), \quad 0 < t \leqslant \phi(b)$$

成立. 因此 $10^t a = qb + a$, 即

$$10^t \dfrac{a}{b} = q + \dfrac{a}{b}$$

其中 $0 < q < 10^t \dfrac{a}{b} \leqslant 10^t \left(1 - \dfrac{1}{b}\right) < 10^t - 1$, 故而可设

$$q = 10^{t-1} a_1 + \cdots + 10 a_{t-1} + a_t, \ 0 \leqslant a_i \leqslant 9, \ 1 \leqslant i \leqslant t,$$

这里 $a_1, \cdots, a_{t-1}, a_t$ 不全为零, 也不全为 9. 因此 $\dfrac{q}{10^t} = 0.a_1 a_2 \cdots a_t$, 故而

$$\dfrac{a}{b} = 0.a_1 a_2 \cdots a_t + \dfrac{1}{10^t} \dfrac{a}{b}$$

反复应用上式即得

$$\dfrac{a}{b} = 0.a_1 a_2 \cdots a_t a_1 a_2 \cdots a_t \cdots = 0.\dot{a}_1 \dot{a}_2 \cdots \dot{a}_t.$$

定理的前半部分得证, 下证后半部分. 若 t 是 $\dfrac{a}{b}$ 循环节的长度, 由充分性的证明可知, $10^t \equiv 1 (\operatorname{mod} b)$. 又若存在 $0 < t_0 < t$, 使得 $10^{t_0} \equiv 1 (\operatorname{mod} b)$, 则由必要性的

证明可得 $t \le t_0$. 矛盾, 故 t 是满足同余式 $10^t \equiv 1 \pmod{b}$ 的最小正整数. 反之, 若 t 是满足 $10^t \equiv 1 \pmod{b}$ 的最小正整数, 由必要性的证明可知, $\dfrac{a}{b} = 0.\dot{c}_1 \cdots \dot{c}_t$; 又若存在 $0 < t_0 < t$, 使得 $\dfrac{a}{b} = 0.\dot{d}_1 \cdots \dot{d}_{t_0}$, 则由充分性的证明可得 $10^{t_0} \equiv 1 \pmod{b}$. 矛盾, 故 t 是 $\dfrac{a}{b}$ 循环节的长度. 证毕.

定理 2.14 若 $\dfrac{a}{b}$ 是有理数, $0 < a < b$, $(a,b) = 1$, $b = 2^\alpha 5^\beta b_1$, $b_1 > 1$, $(b_1, 10) = 1$, α, β 不全为零, 则 $\dfrac{a}{b}$ 可表示成混循环小数, 其中不循环的位数是 $\max(\alpha, \beta)$. 在可以表示的情况下, 循环节的长度 t 是满足同余式 $10^t \equiv 1 \pmod{b_1}$ 的最小正整数.

证 不妨设 $\mu = \beta \ge \alpha$, 我们有

$$10^\mu \frac{a}{b} = \frac{2^{\beta-\alpha} a}{b_1} = M + \frac{a_1}{b_1},$$

这里 $0 < a_1 < b_1, 0 \le M < 10^\mu$, 且 $(a_1, b_1) = (2^{\mu-\alpha} a - M b_1, b_1) = (2^{\mu-\alpha} a, b_1) = 1$. 由定理 2.13, $\dfrac{a_1}{b_1}$ 可表示成纯循环小数, 即

$$\frac{a_1}{b_1} = 0.\dot{c}_1 \cdots \dot{c}_t.$$

设 $M = m_1 10^{\mu-1} + \cdots + m_\mu (0 \le m_i \le 9, 1 \le i \le \mu)$, 则

$$\frac{a}{b} = 0.m_1 \cdots m_\mu \dot{c}_1 \cdots \dot{c}_t.$$

下证不循环位数不小于 μ. 假如 $\dfrac{a}{b}$ 还可表示成

$$\frac{a}{b} = 0.n_1 \cdots n_\nu \dot{d}_1 \cdots \dot{d}_s \quad (\nu < \mu),$$

则由定理 2.13,

$$10^\nu \frac{a}{b} - \left[10^\nu \frac{a}{b} \right] = 0.\dot{d}_1 \cdots \dot{d}_s = \frac{a_2}{b_2},$$

其中 $(b_2, 10) = 1$, 故 $10^\nu \dfrac{a}{b} = \dfrac{a'}{b_2}$, 即 $10^\nu a b_2 = a' b$. 右边可被 5^μ 整除, 而左边的 ab_2

都与 5 互素，故有 $5^{\mu}\big|10^{\nu}$，这与 $\mu > \nu$ 矛盾. 定理 2.14 的前半部分得证，后半部分的证明省略.

例 2.16　$\dfrac{2}{5} = 0.4$，$\dfrac{3}{7} = 0.\dot{4}2857\dot{1}$，$\dfrac{2}{15} = 0.1\dot{3}$.

默比乌斯函数

在 2.3 节，我们已知欧拉函数 $\phi(n)$ 为可乘函数. 由于可乘函数 $f(n)$ 不全为零，设 $f(a) \neq 0$，由 $(1,a) = 1$，$f(a)f(1) = f(a)$，即知 $f(1) = 1$. 现介绍可乘函数的另外两条性质，

性质 2.1　可乘函数的乘积为可乘函数.

性质 2.2　若 $f(x)$ 为可乘函数，$n = p_1^{\alpha_1} p_2^{\alpha_2} \cdots p_k^{\alpha_k}$ 为其标准因子分解式，则

$$\sum_{d|n} f(d) = \prod_{i=1}^{k} (1 + f(p_i) + \cdots + f(p_i^{\alpha_i})).$$

性质 2.1 显而易见. 性质 2.2 只需注意到 n 的一切正因数可表示成(1.5 节)

$$n = p_1^{\beta_1} p_2^{\beta_2} \cdots p_k^{\beta_k}, \quad 0 \leqslant \beta_i \leqslant \alpha_i, \quad 1 \leqslant i \leqslant k,$$

以及 $f(p_i^0) = f(1) = 1$，并利用 f 的可乘性.

例　数论函数

$$I(n) = \left[\frac{1}{n}\right] = \begin{cases} 1, & n = 1, \\ 0, & n > 1 \end{cases}$$

是完全可乘函数.

下面介绍另一个重要的可乘数论函数——默比乌斯函数 $\mu(n)$，这是由德国数学家、天文学家默比乌斯(Möbius, 1790—1868)定义的，他的母亲是宗教领袖马丁·路德的后裔，他本人是高斯和普法夫的学生，以发现拓扑学中的默比乌斯带闻名于世. 默比乌斯函数的定义如下：

$$\mu(n) = \begin{cases} 1, & n = 1, \\ (-1)^r, & n \text{ 是 } r \text{ 个不同素数的乘积}, \\ 0, & n \text{ 含一素数的平方因子}. \end{cases}$$

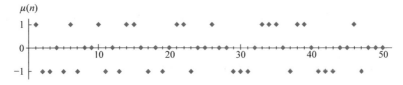

50 以内正整数的默比乌斯函数值

易知其不全为零, 且为可乘函数. 再利用性质 2.1 和性质 2.2, 易得下列性质.

性质 2.3　若 $f(x)$ 为可乘函数, $n = p_1^{\alpha_1} p_2^{\alpha_2} \cdots p_k^{\alpha_k}$ 为其标准因子分解式, 则

$$\sum_{d|n} \mu(d) f(d) = \prod_{i=1}^{k} (1 - f(p_i)) .$$

在性质 2.3 中分别取 $f(x) = 1, f(x) = \dfrac{1}{x}$, 再由定理 2.9, 可得

$$\sum_{d|n} \mu(d) = \begin{cases} 1, & n = 1, \\ 0, & n > 1, \end{cases} \quad \phi(n) = \sum_{d|n} \mu(d) \frac{n}{d} .$$

后者是下列拉马努金恒等式的特殊情形 ($m=n$):

$$\frac{\mu(n/(m,n)) \phi(n)}{\phi(n/(m,n))} = \sum_{d|(m,n)} \mu(d) \frac{n}{d} .$$

例　设 n 为任意正整数, 则

(1) $\displaystyle\sum_{d^2|n} \mu(d) = \mu^2(n)$；　(2) $\displaystyle\sum_{d|n} |\mu(d)| = 2^k$.

例　定义刘维尔函数 $\lambda(n)$ 如下：

$$\lambda(n) = \begin{cases} 1, & n = 1 \text{或为偶数个素数之积}, \\ -1, & n \text{为奇数个素数之积}. \end{cases}$$

则有 (1) $\lambda(n)$ 是可乘函数；

(2) 若令

$$f(n) = \begin{cases} 1, & n \text{是平方数}, \\ 0, & n \text{不是平方数}, \end{cases}$$

则 $f(n)$ 是可乘函数, 同时有 $\lambda(n) = \displaystyle\sum_{d|n} \mu(d) f\left(\dfrac{n}{d}\right)$.

欧拉函数和默比乌斯函数均有下列所谓的狄利克雷级数:

$$\sum_{n=1}^{\infty}\frac{\phi(n)}{n^s}=\frac{\zeta(s)}{\zeta(s-1)}, \quad \sum_{n=1}^{\infty}\frac{\mu(n)}{n^s}=\frac{1}{\zeta(s)}, \quad s=\sigma+it, \quad \sigma>1.$$

这里 $\zeta(s)$ 是黎曼 zeta 函数, 其定义参见 5.5 节. 另一方面, 我们已知

$$\sum_{n\leqslant x}\mu(n)=o(x);$$

这与素数定理是等价的, 而所谓的黎曼猜想(5.5 节)则等价于

$$\sum_{n\leqslant x}\mu(n)=o(x^{\frac{1}{2}+\varepsilon});$$

$\mu(n)$ 也是 1 的 n 次元根之和, 即

$$\mu(n)=\sum_{\substack{1\leqslant k\leqslant n\\(k,\ n)=1}}\mathrm{e}^{2\pi i\frac{k}{n}}.$$

此外, 还有除数函数 $d(n)$(即 n 的正因子个数)也是可乘函数. 1849 年, 狄利克雷(Dirichlet, 1805—1859)证明了

$$\sum_{1\leqslant n\leqslant x}d(n)=x\ln x+(2C-1)x+\Delta(x),$$

此处 C 是欧拉常数, $\Delta(x)=O(\sqrt{x})$. 记 $\Delta(x)=O(x^{\theta+\varepsilon})$, 这个问题被称为狄利克雷除数问题.1915 年, 哈代和兰道证明了 $\Delta(x)=O(x^{1/4})$ 不可能成立. 但 θ 的数值在不断下降, $\theta=\dfrac{1}{4}$ 被认为应该成立. 2014 年, 贾朝华和印度数学家 Sankaranarayanan[1]证明了

$$\sum_{1\leqslant n\leqslant x}d^2(n)=xP(\ln x)+O(x^{1/2}\ln^5 x),$$

其中 $P(x)$ 是一个三次多项式.

在非可乘函数中, 著名的有最大素因子函数 $P(n)$ 和最小素因子函数 $p(n)$, 素因子个数函数(分别按重数计和不按重数计) $\Omega(n)$, $\omega(n)$ 等. 1984 年, 作者(硕士论文)利用素数定理的相关结论和数论技巧, 得到了 $P(n)$ 的均值估计[2]

---

[1] 参见 Acta Arith., 2014, 164(2): 181-208.

[2] 参见科学通报, 1984, 24: 1481-1484.

$$\sum_{1<n\leqslant x} P(n) = \sum_{i=1}^{k} d_k \frac{x^2}{\ln^k x} + O\left(\frac{x^2}{\ln^{k+1} x}\right),$$

其中

$$d_k = \left(\sum_{\nu=0}^{k-1} \frac{(-1)^\nu}{\nu!} \zeta^{(\nu)}(2)\right) \frac{(k-1)!}{2^k}.$$

特别地, 取 $k=1$, 渐进式为 $\dfrac{\zeta(2)}{2} \dfrac{x^2}{\ln x} = \dfrac{\pi^2}{12} \dfrac{x^2}{\ln x}$, 这是爱多士等在 1977 年获得的结果. 值得一提的是, 同年, 加拿大数学家 De Koninck(1948—)和塞尔维亚数学家 Ivić(1949—2020)也得到了上述均值估计[1], 但没能给出 d_k 的表达式. 之后, 作者曾将此均值估计推广到任意数域的理想集上[2].

设 $f(n),g(n)$ 是两个数论函数, 下列函数:

$$h(n) = \sum_{d|n} f(d) g\left(\frac{n}{d}\right)$$

称为狄利克雷乘积, 记为 $h(n) = f(n) * g(n)$. 容易验证, 这个乘积满足交换律和结合律. 若 $f(n)$ 和 $g(n)$ 是可乘函数, 则它们的狄利克雷乘积 $h(n)$ 也是可乘函数. $f^{-1}(n)$ 称为 $f(n)$ 的逆函数, 若满足

$$f(n) * f^{-1}(n) = I(n).$$

性质 2.4 (高斯同余式)　设 $(a,n)=1$, 则有

$$\sum_{d|n} \mu\left(\frac{n}{d}\right) a^d \equiv 0 (\bmod\, n).$$

利用狄利克雷乘积的可乘性, 不难证明上述同余式. 特别地, 当 $n = p$ 时, 此即为费尔马小定理.

性质 2.5　设 $f(n)$ 是可乘函数, 则它是完全可乘函数的充要条件是

$$f^{-1}(n) = \mu(n) f(n).$$

令 $\theta_k(n) = n^k, n \geqslant 1, k \geqslant 0, \theta(n) = \theta_0(n)$, 则有

$$I = \mu \times \theta, \quad \phi = \theta_1 \times \mu.$$

---

[1] 参见 Arch. Math., 1984, 43: 37-43.

[2] 参见 Acta Arith. LXX., 1995, 2: 97-104.

由交换律和结合律, 可得 $\theta_1 = \phi \times \theta$, 也即

$$\sum_{d|n} \phi(d) = n \, .$$

这是所谓默比乌斯反转公式的一个例子, 后者(在凝聚态物理学中也有应用, 例如清华大学陈难先的工作)说的是, 设 $g(n)$ 是可乘函数, 若

$$f(n) = \sum_{d|n} g(d) \, ,$$

则

$$g(n) = \sum_{d|n} f(d) \mu\left(\frac{n}{d}\right) .$$

关于乘法, 也有默比乌斯反转公式, 设 $g(n)$ 是可乘函数, 若

$$f_1(n) = \prod_{d|n} g(d) \, ,$$

则

$$g(n) = \prod_{d|n} f_1(d)^{\mu\left(\frac{n}{d}\right)} .$$

2.5　密码学中的应用

自古以来, 人们在军事、政治、商业等领域传达一些指令、策略时, 都需要对内容严格保密, 只有通信的双方知道, 而不让其他人了解. 于是, 人们就在通信中设定密码, 即通信双方事先约定一种方法, 将公开的信息(例如普通文字表达的信息)转变成只有对方才能识别的信息. 这种通信的方式就叫密码通信, 例如早期的书面通信, 后来的无线电报, 现在的网络和卫星通信, 一般是通过把文字或字母转变成数字来传送信息.

上述这类传达信息的数字叫 "码子", 分成明码和密码两种. 无论早年通过邮电局发送的电报, 还是如今出国人员填写表格时个人姓名对应的国际标准电码, 都是一种明码. 明码容易被人截获, 并进而破译出内容, 因此不具备保密性. 故而重要的通信内容要把明码译成密码, 这就需要有个加密程序. 接受方收到密码后, 也要将密码还原成明码, 这个过程需要的是解密程序. 执行加密或解密程序时, 通常有相应的工具来帮助, 这个工具叫密钥或解钥, 以上就是密码通信的大致过程. 密码学(cryptology)便是研究编制密码和破译密码的技术科学, 战时它有可能帮助改变战争的进程.

波兰波兹南纪念碑, 纪念 "第二次世界大战" 期间破译德军密码的士兵

早年的密码所涉及的数学运算不外乎移位、代换, 或者兼而有之, 它们分别叫移位式密码、代换式密码和乘积式密码. 无论哪一种, 现在都起不到严格的保密作用了. 进入现代社会以后, 计算机技术和网络越来越发达, 通信的保密更有了多方面的需要, 尤其在商业事务方面. 例如, 单一个公司就需要与很多公司、客户联络, 其中多数有保密需要. 如果按传统的办法, 对每个客户都要事先约定密钥和解钥, 将不胜其烦, 更何况整个社会都有保密需求.

1976 年, 两位美国数学家和计算机专家迪菲(Diffie, 1944—　)和赫尔曼(Hellman, 1945—　)提出了全新的公开密钥(public key)体制, 其特点是加密程序

RSA 在麻省理工学院

和密钥公开, 可以同时供很多客户使用. 次年, 麻省理工学院的里维斯(Rivest, 1947—)、沙米尔(Shamir, 以色列人, 1952—)和阿德曼(Adleman, 1945—)提出了一种具体实用的公开密钥体制, 被称为 RSA 体制. 2002 年, 三位发明人分享了计算机领域的最高奖——图灵奖. 有意思的是, RSA 体制的关键之处在于, 应用了秦九韶的大衍求一术和欧拉定理.

设 p, q 是两个大素数, $N = pq, e$ 和 d 满足同余式

$$ed \equiv 1 (\mathrm{mod} \phi(N)),$$

这里 $\phi(N)$ 是欧拉函数. 上述同余式解的存在性可由秦九韶的大衍求一术保证. 取密钥和解钥分别为 e, N 和 d, 密码通讯的过程如下: 设有一明码是数字 a, $0 \leqslant a \leqslant N-1$, 加密程序是将数字 a 通过同余式

$$a^e \equiv b (\mathrm{mod} N), \quad 0 \leqslant b \leqslant N-1$$

转换成 b. 发送方将密码 b 送给接受方, 接受方收到密码后, 解密程序是通过同余式

$$b^d \equiv a^{ed} \equiv a^{1+k\phi(N)} \equiv a (\mathrm{mod} N)$$

将密码 b 还原成明码 a. 最后一个同余式当 $(a, N)=1$ 时, 可由欧拉定理保证. 而当 $(a, N)>1$ 时, 需要验证

$$a^{1+k\phi(N)} \equiv a (\mathrm{mod} p), \quad a^{1+k\phi(N)} \equiv a (\mathrm{mod} q).$$

以第一个同余式为例. 当 $p|a$ 时, 显然成立; 当 $p \nmid a$ 时, 也可由 $\phi(N) = \phi(pq) = (p-1)(q-1)$ 及费尔马小定理推出.

需要指出的是, 密钥 e, N 是可以公开的, 只要某人保存好解钥 d. 任何人都可以按上述加密程序向他发送密码, 只有他本人可以读出送来的信息, 而其他人要想解出几乎不可能. 因为要想求出 d, 就必须知道 $\phi(N)$, 那就需要知道 N 的素因数 p, q. 当 p, q 的位数足够大, 比如超过 100 位, 按照现有的数学方法, 即使是利用现在最高级的计算机, 也不可能在有限的时间内求出 $\phi(N)$ 的值, 因而不可能知道 d. 随着双钥密码体系的建立, 使用了成百上千年的单钥密码体系就被弃用了.

RSA 不仅保密性能超强, 且可以让很多客户使用, 这是因为 N 和 $\phi(N)$ 都足够大, 可以有很多对 e_i, d_i, 满足

$$e_i d_i \equiv 1 (\mathrm{mod}\, \phi(N)), \quad i = 1, 2, \cdots$$

可是, 随着时间的推移, 密码学专家不断想出新的招数来破解 RSA 密钥, 办法是将问题分交给不同的计算机去做. 于是, 另一些密码学家又想出了一些新方法, 例如, 二次筛法、数域筛法、椭圆曲线等. 不过目前, 还没有真正威胁到 RSA 体制的地位, 这是因为大数分解方案的安全性, 虽然计算机的性能越来越好, 解密的方法似乎变得容易起来. 不过与此同时, 可求得的大素数位数也越来越高, 又可以用来设置保密性更强的密钥.

20 世纪 90 年代以来, 美国数学家利用离散数学中 HASH(散列)函数来设计密码体制, 取得了非常好的效果, 在政府和金融机构应用极广. 比如 1991 年, RSA 中的 R——里维斯设计了所谓 MD5 算法, 被认为坚不可摧. 可是到了 2004 年, 这个算法却被中国数学家王小云(1966—   ) 破解. 次年, 她又与美籍华裔计算机理论家姚期智(1946—   )夫妇合作, 破解了美国国家安全局设计的国际通用的 SHA-1 算法, 轰动了世界. 这些结果表明, 电子签名从理论上讲是可以伪造的.

上述 MD 和 SHA 分别是报文-摘要(message digest)算法和安全散列算法(secure hash algorithm)的简称. 除了应用于密码学以外, 数论还可以用在纠错码(error correcting code)上, 这是一种在纠错过程中能自动进行检错和纠正差错的代码. 例如, 在每一套录音设备里, 之所以能精确地复制声音, 原因就在于它有纠错码. 无论是 CD 产品还是手机, 都需要给声音编码, 这方面得益于数论在纠错码中的应用.

📖 广义欧拉函数

法国数学家若尔当(Jordan, 1838—1922)在许多数学领域都有独到的贡献. 例如, 线性代数里有若尔当矩阵, 复分析里有若尔当曲线, 实分析里有若尔当测度. 在数论里, 他也定义了若尔当 totient 函数, 即对任意的正整数 n, 满足 $1 \leqslant n_1, \cdots, n_k \leqslant n, (n_1, \cdots, n_k, n) = 1$ 的 $k+1$ 组数组 $\{n_1, \cdots, n_k, n\}$ 的个数. 不难求得

$$J_k(n) = n^k \prod_{p|n} \left(1 - \frac{1}{p^k}\right).$$

当 $k=1$ 时, 此即欧拉 totient 函数.

设 k 为任意正整数, 我们定义

$$\phi_k(n) = \sum_{\substack{1 \leqslant i \leqslant n \\ (i, n(n+k)) = 1}} 1 \; ,$$

则 $\phi_0(n) = \phi(n)$. 不难证明, $\phi_k(n)$ 也是可乘函数,

$$\phi_k(n) = n\prod_{p|n}\left(1 - \frac{a_p}{p}\right),$$

其中

$$a_p = a_{p,k} = \begin{cases} 1, & p \mid k, \\ 2, & p \nmid k. \end{cases}$$

当 $k=1$ 时, $a_p = 2$,

$$\phi_1(n) = n\prod_{p|n}\left(1 - \frac{2}{p}\right) = \sum_{d|n}\phi\left(\frac{n}{d}\right)(-1)^{\omega(d)}.$$

此外, 还有

$$\sum_{d|n}\phi_1(d) = \prod_{p^\alpha\|n}(p-1)^\alpha.$$

考虑算术级数上的孪生素数分布, 记 $\prod_2(x)$ 表示不超过 x 的素数 p(且 $p+2$ 也为素数)个数, 著名的哈代–李特尔伍德猜想是

$$\prod_2(x) \sim 2C_2\frac{x}{(\ln x)^2} \sim 2C_2\int_2^x\frac{\mathrm{d}t}{(\ln t)^2},$$

其中 $C_2 = \prod_{p\geqslant 3}\frac{p(p-2)}{(p-1)^2} \approx 0.66016\cdots$.

一个自然而然的猜想是: 设 a 和 b 是互素的正整数, 且 $(a+2,b)=1$, 则

$$\sum_{\substack{p\leqslant x \\ p\equiv a(\mathrm{mod}\,b)}} 1 \sim \frac{\prod_2(x)}{\phi_2(b)}.$$

对于任意正整数 e, 我们定义广义欧拉函数为

$$\varphi_e(n) = \sum_{\substack{1\leqslant i<n/e \\ (i,n)=1}} 1 = \sum_{\substack{i=1 \\ (i,n)=1}}^{\left[\frac{n}{e}\right]} 1.$$

易知

$$\varphi_e(n) = \sum_{i=1}^{\left[\frac{n}{e}\right]}\sum_{d|(i,n)}\mu(d) = \sum_{d|n}\mu(d)\left[\frac{n}{de}\right] = \sum_{d|n}\mu\left(\frac{n}{d}\right)\left[\frac{d}{e}\right].$$

当 $e=1$ 时, $\varphi_1(n) = \phi(n)$. 对于 $e>1$, $\varphi_e(n)$ 不是可乘函数, 但却有

$$\varphi_e(n) = \left[\frac{n}{e}\right] - \sum_{i=1}^{k}\left[\frac{n}{ep_i}\right] + \sum_{\substack{i,j=1 \\ i\neq j}}^{k}\left[\frac{n}{ep_ip_j}\right] - \cdots + (-1)^k\left[\frac{n}{ep_1p_2\cdots p_k}\right].$$

欧拉函数有许多有意思的性质, 对于广义欧拉函数, 有些性质仍然存在. 例如,

$$\left[\frac{n}{e}\right] = \sum_{d|n}\phi_e(d),$$

$$\phi_3(x) = \sum_{n=1}^{x}\phi_3(n) = \frac{3}{e\pi^2}x^2 + O(x\log x).$$

我们感兴趣的是, 欧拉函数有许多有趣但未解决的问题, 有一部分对于广义欧拉函数仍然有效, 有一些则呈现新的问题. 这里仅举几类例子.

1907 年, 美国数学家卡迈克尔(Carmichael, 1879—1967)宣布证明了, 对任意正整数 n, 存在正整数 $m \neq n$, 使得 $\phi(m)=\phi(n)$. 后来, 他的证明被发现有误. 1922 年, 卡迈克尔将此结果改为猜想, 一直到今天仍是一个公开的问题. 1999 年, 福特(Ford)证明了波兰数学家辛策尔(Schinzel, 1937—   )提出的猜想, 即对于任意的 $k \geqslant 2$, 存在 m, 使得 $\phi(x)=m$ 恰有 k 个解. 我们猜测: ①对于任意偶数 k, $\phi_3(n)=k$ 至少有 3 个不同的解; ②对于任何正整数 k, 存在 m, 使得 $\phi_3(n)=m$ 恰有 k 个解; ③分别存在无穷多个奇数 k, 使得 $\phi_3(n)=k$ 无解、有唯一解、恰好有两个解. 又有问题, 上述 3 组无穷多个解的集合密度各为几何?

1932 年, 美国数学家拉赫曼(D. H. Lehmer, 1905—1991)宣布证明了, 对于任意合数 n, $\phi(n)\nmid n-1$. 我们推测, 对于任意 4,6,9 以外的合数 n, $\phi_2(n)\nmid n-1$, 此结果已验算至 $n < 3\times10^9$. 当 $e=3$ 时, 易知, 对于 3, 5 和所有形如 $3n+1$ 的素数 p, $\phi_3(p)\mid p-1$; 对于所有形如 $3n+2$ 且大于 5 的素数 p, $\phi_3(p)\nmid p-1$, 而对于合数, 我们推测, 对于 $n=4,6,8,9,12,16,21,65,425,1729,3201,3531,22865$ 以外的合数, $\phi_3(n)\nmid n-1$, 此结果已验算至 $n < 3\times10^6$.

存在无穷多个正整数 n, 使得 $\phi(n)=\phi(n+1)$, 这是一个非常古老的数学猜想. 1958 年, 辛策尔甚至猜想, 对于任意偶数 i, 存在无穷多个正整数 n, 使得 $\phi(n+i)=\phi(n)$. 我们的问题是: ①除了 1,3 以外, 是否存在其他奇数 k, 使得 $\phi_3(n)=\phi_3(n+1)=k$ 有解? ②是否存在无穷多个偶数 k, 使得 $\phi_3(n)=\phi_3(n+1)=k$ 有解? ③对任意偶数 i, $\phi_3(n)=\phi_3(n+i)$ 是否有无穷多个解, 对于任意奇数 $k>3$, $\phi_3(n)=\phi_3(n+1)=k$ 是否无解?

此外, 在满足 $\phi(n)=\phi(n+1)$ 的正整数集合 A 和满足 $\phi_3(n)=\phi_3(n+1)$ 的正整数集

合 A_3 之间绝大多数是相通的. 在 $n \leqslant 10^{12}$ 的范围内共有 12 个数属于 A 但不属于 A_3, 即 $255, 48704, 64004, 65535, 5577825, 62603264, 1343331195, 137264655,$ $4293787664, 4294967295, 69494811375, 69494811376,$ 此外, 我们还找到一个20位的数属于 A 但不属于 A_3, 即 $18446743790241710144;$ 另一方面, $4, 5, 9, 21, 45, 254,$ $765, 64005, 327675$ 属于 A_3 但不属于 A.

习　题　2

1. 证明: 任给 5 个整数 n, 必能从中选出 3 个, 使得它们的和能被 3 整除.

2. 证明: 任给 n 个整数, 必能从中选出若干个, 使得它们的和能被 n 整除.

3. 一个正整数如果倒过来写也是同一个数, 则被称为回文数, 比如 $3, 11, 242$ 等. 证明: 每个 4 位数的回文数都被 11 整除, 试推广这一结论.

4. 设 x 为实数, n 为正整数, 证明:

$$[x] + \left[x + \frac{1}{n}\right] + \cdots + \left[x + \frac{n-1}{n}\right] = [nx].$$

5. 设 x 为实数, n 为正整数, 证明: $\left[\dfrac{[x]}{n}\right] = \left[\dfrac{x}{n}\right]$.

6. 设 n 为正整数, 证明: $\dfrac{(2n)!}{n!(n+1)!}$ 是整数.

7. 证明: $\phi(n)$ 或为 1, 或为偶数.

8. 证明: (1) 任意连续 n 个正整数中, 与 n 互素的个数是 $\varphi(n)$;

    (2) 对任意正整数 $n, \varphi(n^2) = n\varphi(n)$; 求出所有正整数 n, 使 $\varphi(n) \mid n$.

9. 设 $(m,n) = 1$, 证明: $m^{\varphi(n)} + n^{\varphi(m)} \equiv 1 (\mathrm{mod}\, mn)$.

10. 证明: (1) $\displaystyle\sum_{d^2 \mid n} \mu(d) = \mu^2(n)$;   (2) $\displaystyle\sum_{d \mid n} |\mu(d)| = 2^k$.

11. 设 $\lambda(n)$ 为刘维尔函数, 即

$$\lambda(n) = \begin{cases} 1, & n = 1 \text{或为偶数个素数之积,} \\ -1, & n \text{为奇数个素数之积.} \end{cases}$$

    证明: (1) $\lambda(n)$ 是完全可乘函数;

        (2) 若定义

$$f(n) = \begin{cases} 1, & n\text{是平方数}, \\ 0, & n\text{不是平方数}, \end{cases}$$

则 $f(n)$ 是可乘函数, 证明: $\lambda(n) = \sum_{d|n} \mu(d) f\left(\dfrac{n}{d}\right)$.

12. $\{0, 1, 2\}$ 和 $\{0, 2, 1\}$ 是模 3 的两组非负最小剩余系, 它们的对应元素之差 $\{0, -1, 1\}$ 构成了模 3 的非负最小剩余系. 试考虑一般的模 $n(\geqslant 3)$ 的情形.

习题2参考解答

第 3 章

同余式理论

3.1 秦九韶定理

前面我们定义了同余, 给出并证明了若干同余的著名定理, 但还没把同余和方程联系起来, 也就是同余式及其求解, 后者是初等数论的重要组成部分. 对于简单的方程和较小的模, 我们可以通过直接代入来求解. 例如

$$x^3 - x + 1 \equiv 0 (\mathrm{mod}\, 5),$$

经验证可知 $x \equiv 3 (\mathrm{mod}\, 5)$ 是唯一的解. 为了讨论更一般的同余方程, 我们需要引进下面的定义.

定义 3.1 设 $f(x)$ 表示整系数多项式 $a_n x^n + a_{n-1} x^{n-1} + \cdots + a_0$, m 是正整数, 则

$$f(x) \equiv 0 (\mathrm{mod}\, m) \tag{3.1}$$

叫做模 m 的一个同余式. 若 $m \nmid a_n$, 则 n 叫做式(3.1)的次数.

由 2.1 节定理 2.1 知, 若 $f(a) \equiv 0 (\mathrm{mod}\, m)$, 则对剩余类 R_a 中的任意整数 a', 均有 $f(a') \equiv 0 (\mathrm{mod}\, m)$. 因此, 我们把模 m 意义下与 a 同余的一切数全体算做式(3.1)的一个解.

定理 3.1 一次同余式

$$ax \equiv b (\mathrm{mod}\, m) \tag{3.2}$$

有解的充要条件是 $(a,m) \big| b$, 且在有解的情况下有 $d = (a,m)$ 个解.

证 必要性显然成立, 现证充分性. 设 $(a,m) \big| b$, 令 $a = a'd, b = b'd, m = m'd$, 则 $(a', m') = 1$. 式(3.2)等价于同余式

$$a'x \equiv b'(\operatorname{mod} m').\tag{3.3}$$

由 2.3 节定理 2.7 知, 当 x 通过模 m' 的完全剩余系时 $a'x$ 亦然. 故式(3.3)必有唯一的一个解, 设为 x'. 式(3.2)的所有解为 $x'+km', k=0,1,\cdots,d-1$. 定理 3.1 获证.

特别地, 若 $d=1$, 则式(3.2)仅有一解. 这个结论最早由中国数学家秦九韶在其著作《数书九章》(1247 年)里讨论并得到的, 他认定其有唯一解, 并称之为 "大衍求一术". 而若模为素数 p, 则只要 a 不是 p 的倍数, 式(3.2)均有唯一解. 这就意味着集合 $0,1,\cdots,p-1$ 在加法和乘法下组成(模 p 的)一个数域, 记为 $\mathbf{Z}_p$.

上面我们讨论的是一个同余式, 下面考虑同余式组的情形. 在一部叫《孙子算经》的中国古籍里, 提到一个 "物不知数" 的问题:

今有物不知其数, 三三数之剩二, 五五数之剩三, 七七数之剩二, 问物几何?

《孙子算经》的作者不详, 一般认为这是公元 4 世纪(东晋)的作品, 比孙武(约公元前 535—?)的《孙子兵法》要晚得多. 用同余式的语言来表述 "物不知数" 问题就是

$$\begin{cases} x \equiv 2(\operatorname{mod} 3), \\ x \equiv 3(\operatorname{mod} 5), \\ x \equiv 2(\operatorname{mod} 7). \end{cases}$$

秦九韶《数书九章》之大衍数术,
此书传抄了近 600 年才得以在明代刊印

《孙子算经》给出的答案是 23, 这是满足上述同余方程组的最小正整数. 书中还指出了关于这 3 个模的一般同余方程组的求解方法, 其中余数 2, 3 和 2 可以换成任意数. 这是所谓孙子定理的特殊形式, 唐代僧人、天文学家一行(683—727)曾用此法制订历法, 更一般的方法由秦九韶在《数书九章》里给出, 他称之为 "大衍总数术".

对任意的正整数 m_i 和整数 $b_i (1 \leqslant i \leqslant k)$, 秦九韶考虑了同余方程组

$$\begin{cases} x \equiv b_1(\operatorname{mod} m_1), \\ \cdots\cdots \\ x \equiv b_k(\operatorname{mod} m_k). \end{cases}\tag{3.4}$$

他得到了以自己名命名的定理.

定理 3.2 (秦九韶定理)　设 $(m_i, m_j)=1$

$(i \neq j)$，$m = m_1 \cdots m_k$，$m = m_i M_i (1 \leq i \leq k)$，则同余式组(3.4)对模有唯一解

$$x \equiv M_1' M_1 b_1 + \cdots + M_k' M_k b_k \pmod{m},$$

其中 $M_i' M_i \equiv 1 \pmod{m_i}$，$1 \leq i \leq k$．

证 由假设知 $(M_i, m_i) = 1$，故存在 M_i' 使得

$$M_i' M_i \equiv 1 \pmod{m_i}.$$

另一方面，对 $i \neq j$，$m_j | M_i$，因此

$$\sum_{j=1}^{k} M_j' M_j b_j \equiv M_i' M_i b_i \equiv b_i \pmod{m_i}$$

即为式(3.4)的解．

又若 x_1, x_2 都是式(3.4)的两解，则

$$x_1 \equiv x_2 \pmod{m_i}, \quad 1 \leq i \leq k.$$

考虑到 $(m_i, m_j) = 1 (i \neq j)$，即可知 $x_1 \equiv x_2 \pmod{m}$．唯一性得证．

例 3.1 (韩信点兵) 有兵一队，若列成 5 行纵队，则末行 1 人；若列成 6 行纵队，则末行 5 人；若列成 7 行纵队，则末行 4 人；若列成 11 行纵队，则末行 10 人．求兵数．

解 此时 $m = 5 \times 6 \times 7 \times 11 = 2310, M_1 = 462, M_2 = 385, M_3 = 330, M_4 = 210$．解

$$M_i' M_i \equiv 1 \pmod{m_i}, \quad 1 \leq i \leq 4$$

可得 $M_1' = 3, M_2' = M_3' = M_4' = 1$．故由定理 3.2，即得

$$x \equiv 3 \times 462 + 385 \times 5 + 330 \times 4 + 210 \times 10 = 6731 \equiv 2111 \pmod{2310}.$$

这个例子是江苏淮安的民间传说，它告诉我们，远在孙子之前的秦朝末年，或许已有了秦九韶定理的特例．作为应用，我们还可以得到下面的定理．

定理 3.3 若 $b_1, b_2, \cdots, b_k$ 分别通过模 $m_1, m_2, \cdots m_k$ 的完全剩余系，则式(3.4)通过模 $m = m_1 m_2 \cdots m_k$ 的完全剩余系．

在一般中国数论教科书里，秦九韶定理叫孙子剩余定理，虽然秦九韶对此定理的贡献最大．这可能是因为在秦九韶暮年时，有两位文人写过内容相似的短文来抨击他生活作风和行为道德有问题(其实是政治斗争的牺牲品)．无论如何，这个定理是中国古代数学史上最完美和最值得骄傲的结果，它出现在中外每一本基础数论的教科书中，西方人称之为中国剩余定理．它不仅在抽象代数理论中有相应的推广和广泛的应用，也被应用到密码学、数值分析的多项式插值计算、哥德尔不完全性定理的证明、快速傅里叶变换理论等诸多方面．

按照中国数学家潘承洞(1934—1997)的说法, 西方人之所以这样命名, 除了中国人的名字难发音以外, 还与中国古代数学家贡献的著名定理比较少有关系, 可谓是一种轻视. 值得一提的是, 秦九韶字道古, 在杭州浙江大学附近的西溪路上, 曾有一座桥叫道古桥, 就是为了纪念这位 13 世纪的数学家. 此桥由秦九韶亲自设计并筹款, 后由元代数学家朱世杰倡议命名. 直到 21 世纪初才被拆除, 十分可惜, 不过在 2012 年春天, 在作者的建议、努力和有关部门的支持下, 将离原址不到百米的一座新建石桥命名为道古桥, 并请数学家王元(1930—)题写了桥名.

秦九韶塑像(作者摄于南京北极阁气象博物馆)

1852 年, 英国传教士、汉学家伟烈亚力(Wylie,1815—1887)将 "大衍总数术" 译介到西方, 德国数学史家、高斯的弟子莫里茨·康托尔赞扬秦九韶是 "最幸运的天才". 因为此前欧拉和高斯都对这个问题做了深入研究, 并给予理论证明, 但尚未命名. 当年法国数学家拉格朗日(1736—1813)也是这样称赞牛顿的, 拉格朗日认为, 发现万有引力定律只有一次机会. 值得一提的是, 在 1900 年巴黎国际数学家大会上, 希尔伯特做了数学教育的 45 分钟报告, 而莫里茨·康托尔做了数学史的 1 小时报告. 有着 "科学史之父" 美誉的比利时裔美国科学史家萨顿(Sarton, 1884—1956)认为, 秦九韶是 "他那个民族, 他那个时代, 并且确实也是所有时代最伟大的数学家之一." 从学术意义上讲, 孙子剩余定理应称为孙子-秦九韶定理, 或秦九韶定理.

斐波那契的兔子

大约在秦九韶出生以前四分之一世纪, 一直处于中世纪黑暗中的欧洲终于出现了一位重要的数学家, 那就是意大利人斐波那契(Fibonacci, 约 1170—1250). 他的本名叫莱昂纳多·皮萨罗(Leonardo Pisano), 意思是比萨的莱昂纳多. 从小他跟着当公务员的父亲波那契去了地中海沿岸的很多地方, 包括今天阿尔及利亚的港市贝贾亚, 据称波那契担任过比萨驻该地的领事, 他从包括丢番图(Diophantus, 246—330)、花拉子米这样的希腊、阿拉伯数学家的著作里学到不少东西. Fibonacci 是 Filius Bonacci 的简写, 意思是 "波那契之子", 这是在 1828 年才由一位意大利数学史家命名的.

在斐波那契的名著《算盘书》(1202)里, 还提到了张丘建的 "百鸡问题" 和秦九韶定理的孙子特例. 这里书名 "算盘" 是指用来计算的沙盘, 而非中国的算盘. 斐波那契在书中引进了分数中间那道横线, 还列举了一些同余问题. 更为有趣的是, 书中谈到了一个 "兔子问题": 假定每对成年兔子每月能生产一对(一雌一雄)兔子, 且小兔两个月就可以生育; 那么, 由一对小兔开始, 一年后能繁殖成多少对兔子?

斐波那契肯定没有料想到, 800 多年后的今天, 这个兔子问题仍吸引着世界各国一代又一代数学家去研究. 如果说秦九韶定理给出了一个完美的结论和有效的计算方法, 那么斐波那契序列则源源不断地为我们提供灵

比萨博物馆里的斐波那契塑像

感. 显而易见, 这个兔子序列的前 10 项是: 1, 1, 2, 3, 5, 8, 13, 21, 34, 55, ⋯. 设 F_n 表示第 n 个月的兔子对数, 它被称为斐波那契序列或斐波那契数, 即

$$F_0 = 0, \quad F_1 = 1, \quad F_n = F_{n-2} + F_{n-1} \quad (n \geqslant 2).$$

斐波那契数图

这个序列在自然界中有意想不到的呈现, 以植物界为例, 许多花朵花瓣的个数恰好是斐波那契数, 如梅花 5 瓣、飞燕草 8 瓣、万寿菊 13 瓣、紫菀 21 瓣, 而雏

菊有 34 瓣、55 瓣和 89 瓣的. 还有许多有意思的性质, 也包括整除和同余方面的结论. 例如, 利用上述表达式及归纳法(对 $m \geqslant 1$), 可以得到

$$F_{m+n} = F_m F_{n+1} + F_{m-1} F_n,$$

$$(-1)^n F_{m-n} = F_m F_{n+1} - F_{m+1} F_n,$$

第二个恒等式是由法国数学家奥卡涅(Ocagne, 1862—1938)发现的. 由第一个恒等式不难证明, 若 n 是 m 的因数, 则 F_n 也是 F_m 的因数. 因此, 除了 $n=4$ ($F_4=3$)以外, 对于其余的合数 n, F_n 均为合数. 可是, 反过来的结论并不成立. 第一个非素数是 $F_{19} = 4181 = 13 \times 37$, 又如 53 是素数, 而 $F_{53} = 953 \times 55945741$.

1718 年, 法国出生的英国数学家棣莫弗(De Moivre, 1667—1754)发现了

$$F_n = \frac{1}{\sqrt{5}} \left\{ \left(\frac{1+\sqrt{5}}{2} \right)^n - \left(\frac{1-\sqrt{5}}{2} \right)^n \right\}.$$

十年以后, 这个公式被瑞士数学家尼古拉斯·贝努利(Nicolas Bernoulli, 1687—1759)证明, 他用的是微分方程的生成函数方法. 由这个公式易得

$$\frac{F_{n+1}}{F_n} \to \frac{1+\sqrt{5}}{2} \quad (n \to \infty),$$

右边的值等于 1.618…, 即所谓的黄金分割率.

1680 年, 巴黎天文台台长卡西尼(Cassini, 1625—1712)发现了

$$F_{n-1} F_{n+1} - F_n^2 = (-1)^n \quad (n \geqslant 1),$$

后被人称作卡西尼恒等式. 这个公式在本书将被多次用到, 它可以用矩阵的方法来证明. 事实上,

$$F_{n-1} F_{n+1} - F_n^2 = \begin{vmatrix} F_{n+1} & F_n \\ F_n & F_{n-1} \end{vmatrix} = \det \begin{pmatrix} 1 & 1 \\ 1 & 0 \end{pmatrix}^n = (-1)^n.$$

1879 年, 法国-比利时数学家卡塔兰(Catalan, 1814—1894)将此推广为(卡塔兰恒等式)

$$F_n^2 - F_{n-r} F_{n+r} = (-1)^{n-r} F_r^2 \quad (n > r \geqslant 1).$$

之后, 匈牙利出生的英国数学家瓦伊达(Vajda, 1901—1995)又把卡塔兰恒等式推广如下(瓦伊达恒等式):

$$F_{n+i} F_{n+j} - F_n F_{n+i+j} = (-1)^n F_i F_j \quad (n, i, j \geqslant 0).$$

关于斐波那契数, 还满足以下行列式的恒等式:

$$\begin{vmatrix} F_n & F_{n-1} & F_{n-2} \\ F_{n-1} & F_{n-2} & F_{n-3} \\ F_{n-2} & F_{n-3} & F_{n-4} \end{vmatrix} = 0.$$

1876 年, 法国数学家卢卡斯(Lucas, 1842—1891)证明了, 对任意的正整数 m, n, 有

$$(F_m, F_n) = F_{(m,n)}.$$

这个奇妙的公式可以用欧几里得算法证明, 由此也可得到, 素数有无穷多个, 任意相邻的三个斐波那契数两两互素. 卢卡斯还定义了被后人称为卢卡斯数的序列

$$L_0 = 2, \quad L_1 = 1, \quad L_n = L_{n-2} + L_{n-1} \quad (n > 1).$$

卢卡斯数与斐波那契数有许多相似和相关的性质, 上述有关斐波那契数的恒等式多数有相应的卢卡斯数的形式. 再如

$$L_n = \left(\frac{1+\sqrt{5}}{2}\right)^n + \left(\frac{1-\sqrt{5}}{2}\right)^n,$$

$$L_n = F_{n-1} + F_{n+1}, \quad F_n = \frac{L_{n-1} + L_{n+1}}{5},$$

$$\sum_{i=1}^{k} F_{2i-1} = F_{2k} - F_0, \quad \sum_{i=1}^{k} F_{2i} = F_{2k+1} - F_1,$$

$$\sum_{i=1}^{k} L_{2i-1} = L_{2k} - L_0, \quad \sum_{i=1}^{k} L_{2i} = L_{2k+1} - L_1.$$

由上述最后两个式子应该还可以得到结论: 对于任意正整数 k, $F_{2k+1} - 1$ $= \sum_{i=1}^{k} F_{2i}(L_{2k} - 2 = \sum_{i=1}^{k} L_{2i-1})$ 是最小的, 至少需要分解成 k 个斐波那契数(卢卡斯数)之和的正整数.

利用斐波那契数和卢卡斯数的棣莫弗公式, 我们还得到了

$$L_n^2 - L_{2n} = (-1)^n 2, \quad 5F_n^2 - L_{2n} = (-1)^{n-1} 2.$$

斐波那契数和卢卡斯数可以延拓至负整数的项, 即

$$F_{-n} = (-1)^{n-1} F_n, \quad L_{-n} = (-1)^n L_n.$$

由此可知, 上述斐波那契数和卢卡斯数的许多性质对于一般整数项仍成立.

此外, 还有以下关于奇素数模或素幂模的同余式:

$$F_p \equiv 5^{\frac{p-1}{2}} \pmod{p}, \quad F_{p-(5/p)} \equiv 0 \pmod{p}, \quad L_p \equiv 1 \pmod{p},$$

$$F_{5n} \equiv 5F_n \pmod{5^2}, \quad L_{5n} \equiv 3^{5n-1} + 5L_n \pmod{5^2},$$

其中 $\left(\dfrac{5}{p}\right) = \pm 1$ 或 0 为勒让德符号(参见 4.2 节). 由上述第二个同余式可知, 每个素数均为某个斐波那契数的因子.

现在, 我们要介绍斐波那契数的皮萨罗周期, 这是拉格朗日在 1774 年发现的.

任给正整数 n，存在最小的正整数 $\pi(n)$ 称为它的周期，满足

$$F_{k+\pi(n)} \equiv F_k (\bmod n),$$

这里 k 为任意正整数. 例如， $\pi(1)-1, \pi(2)=3, \pi(3)=8, \pi(8)=12, \pi(32)-48$. $\pi(8)$ 的循环为 $\{011235055271\}$.

3.2 威尔逊定理

3.1 节我们讨论的是一次同余式(组)，现在我们要研究高次同余式(组). 我们先考虑一般的整数模，再来考虑素数模的情况.

定理 3.4 设 $m_1, m_2, \cdots, m_k$ 是两两互素的正整数， $m = m_1 m_2 \cdots m_k$ ，则同余式 (3.1)与同余式组

$$f(x) \equiv 0 (\bmod m_i), \quad 1 \leqslant i \leqslant k \tag{3.5}$$

等价. 且若用 T_i 表示式(3.5)对模 m_i 的解数, T 表示式(3.1)对模 m 的解数，则

$$T = T_1 T_2 \cdots T_k.$$

证 等价性显而易见. 设式(3.5)的 T_i 个不同解是

$$x \equiv x_{it_i} (\bmod m_i), \quad 1 \leqslant t_i \leqslant T_i,$$

则式(3.5)的解就是下列诸同余式的解:

$$x \equiv x_{1t_1} (\bmod m_1), \quad x \equiv x_{2t_2} (\bmod m_2), \quad \cdots, \quad x \equiv x_{kt_k} (\bmod m_k), \tag{3.6}$$

其中 $t_i = 1, 2, \cdots, T_i (1 \leqslant i \leqslant k)$. 故而式(3.1)的解与式(3.6)的解相同. 但由秦九韶定理知式(3.6)中每一组同余式对模 m 恰有一解，故式(3.6)对模 m 有 $T_1 T_2 \cdots T_k$ 个解. 再由定理 3.3 知，上述 $T_1 T_2 \cdots T_k$ 个解对模 m 两两不同余. 故式(3.1)对模 m 的解数 $T = T_1 T_2 \cdots T_k$. 定理 3.4 得证.

由定理 3.4 和算术基本定理可知，式(3.1)可以转化为素数幂模的同余式，即

$$f(x) \equiv 0 (\bmod p^\alpha). \tag{3.7}$$

显而易见，满足式(3.7)的每一个整数必然也满足

$$f(x) \equiv 0 (\bmod p). \tag{3.8}$$

故我们可以从式(3.8)开始考虑.

定理 3.5 设 $x \equiv x_1 (\bmod p)$，即

$$x = x_1 + pt_1, \quad t_1 = 0, \pm 1, \pm 2, \cdots \tag{3.9}$$

是式(3.8)的一个解，且 $p \nmid f'(x_1)$，则上式刚好给出式(3.7)的解

$$x = x_\alpha + p^\alpha t_\alpha, \quad t_\alpha = 0, \pm 1, \pm 2, \cdots,$$

即 $x \equiv x_\alpha \pmod{p^\alpha}$，其中 $x_\alpha \equiv x_1 \pmod{p}$．

证　当 $\alpha=1$ 时，定理 3.5 显然成立．假设定理 3.5 对 $\alpha-1(\alpha \geqslant 2)$ 成立，即式(3.9)恰好给出

$$f(x) \equiv 0 \pmod{p^{\alpha-1}}$$

的解

$$x = x_{\alpha-1} + p^{\alpha-1} t_{\alpha-1} \quad (t_{\alpha-1} = 0, \pm 1, \pm 2, \cdots),$$

其中 $x_{\alpha-1} \equiv x_1 \pmod{p}$，将上式代入式(3.7)，可得

$$f(x_{\alpha-1}) + p^{\alpha-1} t_{\alpha-1} f'(x_{\alpha-1}) \equiv 0 \pmod{p^\alpha}.$$

但 $f(x_{\alpha-1}) \equiv 0 \pmod{p^{\alpha-1}}$，因此

$$t_{\alpha-1} f'(x_{\alpha-1}) \equiv -\frac{f(x_{\alpha-1})}{p^\alpha} \pmod{p}.$$

由于 $(f'(x_1), p) = 1$，故上式恰有一解

$$t_{\alpha-1} = t'_{\alpha-1} + p t_\alpha \quad (t_\alpha = 0, \pm 1, \pm 2, \cdots).$$

将此代入式(3.9)，即得式(3.7)的解

$$x = x_{\alpha-1} + p^{\alpha-1} t'_{\alpha-1} + p^\alpha t_\alpha \quad (t_\alpha = 0, \pm 1, \pm 2, \cdots).$$

令 $x_\alpha = x_{\alpha-1} + p^{\alpha-1} t'_{\alpha-1}$，即得

$$x = x_\alpha + p^\alpha t_\alpha \quad (t_\alpha = 0, \pm 1, \pm 2, \cdots),$$

其中 $x_\alpha \equiv x_1 \pmod{p}$．定理 3.5 得证．

推论　若同余式(3.8)与 $f'(x) \equiv 0 \pmod{p}$ 无公共解，则式(3.7)和式(3.8)解数相同．

下面我们再来讨论式(3.8)的解数情况．

定理 3.6　同余式(3.8)与一个次数不超过 $p-1$ 的素数模同余式等价．

证　由多项式的带余除法(与整数的完全一致)知，存在整系数多项式 $q(x), r(x)$ 使

$$f(x) = (x^p - x)q(x) + r(x).$$

这里 $r(x)$ 的次数不超过 $p-1$．由费尔马小定理知，对任何整数 x，

$$f(x) \equiv r(x) \pmod{p}.$$

定理 3.6 得证.

定理 3.7 设 $k \leqslant n$, $x \equiv \alpha_i \pmod{p}, 1 \leqslant i \leqslant k$, 是式(3.8)的 k 个不同解, 则对任何整数 x,

$$f(x) \equiv (x - \alpha_1)(x - \alpha_2) \cdots (x - \alpha_k) f_k(x) \pmod{p},$$

这里 $f_k(x)$ 是 $n-k$ 次多项式, 且首项系数为 a_n.

对 k 不难用归纳法证明之. 由定理 3.7 即可得到以下推论和著名的威尔逊定理.

推论 对任何整数 x,

$$x^{p-1} - 1 \equiv (x-1)(x-2) \cdots (x-(p-1)) \pmod{p}.$$

定理 3.8 (威尔逊) 对任何素数 p, 都有

$$(p-1)! \equiv -1 \pmod{p}.$$

威尔逊定理最早出现在英国数学家华林(Waring, 1734—1798)的著作《代数遐想》(1770)里, 书中并没有给出证明, 只说是他学生威尔逊(Wilson, 1741—1793)的一个猜测. 一年以后, 法国数学家拉格朗日才予以证明. 很久以后人们发现, 早在此前一个多世纪, 德国数学家莱布尼茨便已发现这个定理, 可是并没有发表. 有意思的是, 虽然威尔逊在数学史上留名, 但他后来并没有从事数学研究, 他成了民事诉讼法的法官, 并被封爵.

下面我们给出威尔逊定理一个简洁的证明.

证 不妨只考虑 p 为奇数的情形, 对任何整数 $0 < a < p$, 存在 $0 < a' < p$, 使得 $aa' \equiv 1 \pmod{p}$. 若 $a = a'$, 则 $a^2 \equiv 1 \pmod{p}$, 故 $a = 1$ 或 $a = p - 1$. 其余的数 $2, 3, \cdots,$ $p-2$ 可分成 $\dfrac{p-3}{2}$ 对 a, a', $aa' \equiv 1 \pmod{p}$, 从而 $2 \times 3 \times \cdots \times (p-2) \equiv 1 \pmod{p}$, $(p-1)! \equiv -1 \pmod{p}$. 定理 3.8 得证.

容易证明, p 为素数也是威尔逊定理的必要条件, 这使得该定理成为判别素数的一个准则. 据说, 威尔逊是在阅读阿拉伯物理学家、天文学家、数学家海桑(Alhazen, 965—1040)的著作时获得的灵感. 海桑是古希腊以来第一个对光学理论做出重大贡献的科学家, 有《海桑光学理论》传世, 并有"托勒密第二"的美称. 他最先对视觉做出了精确的说明, 指出光来自眼睛所见的物体.

海桑对欧几里得第 5 公设作了探究, 影响了后来的波斯数学家欧玛尔·海亚姆和纳西尔丁, 他的方法论更影响了阿威罗伊(Averroe, 1126 — 1198)、罗杰·培根(Roger Bacon, 约 1214 — 1293)等阿拉伯和欧洲思想家. 在解某些同余方程时, 海

桑用到了威尔逊定理和中国剩余定理的方法, 他还先于欧拉发现了偶完美数的必

要条件 $2^{n-1}(2^n-1)$, 其中 n 和 (2^n-1) 是素数, 可是没有给出证明.

例 3.2　设 p 是素数, 且 $p \equiv 1(\mathrm{mod}\, 4)$, 则同余式

$$x^2 \equiv -1(\mathrm{mod}\, p)$$

有解

$$x \equiv \pm\left(\frac{p-1}{2}\right)!(\mathrm{mod}\, p) \,;$$

又若 $p \equiv 3(\mathrm{mod}\, 4)$, 则上述同余式必定无解. 这是因为, 否则的话, 有

$$x^{p-1} = (x^2)^{\frac{p-1}{2}} \equiv (-1)^{\frac{p-1}{2}} = -1(\mathrm{mod}\, p)\,,$$

与费尔马小定理矛盾.

阿拉伯数学家海桑像

定理 3.9 (拉格朗日)　设 p 为素数, $p \nmid a_n$, 则同余式

$$a_n x^n + a_{n-1}x^{n-1} + \cdots + a_0 \equiv 0(\mathrm{mod}\, p)$$

的解数不超过它的次数 n.

证　用反证法. 设上式有 $n+1$ 个解 $x \equiv \alpha_i(\mathrm{mod}\, p), 1 \le i \le n+1$, 则由定理 3.7 得

$$f(x) \equiv a_n(x-\alpha_1)(x-\alpha_2)\cdots(x-\alpha_n)(\mathrm{mod}\, p)\,.$$

由 $f(\alpha_{n+1}) \equiv 0(\mathrm{mod}\, p)$, 可知

$$a_n(\alpha_{n+1}-a_1)(\alpha_{n+1}-\alpha_2)\cdots(\alpha_{n+1}-\alpha_n) \equiv 0(\mathrm{mod}\, p)\,.$$

这与 $p \nmid a_n$, $\alpha_i(1 \le i \le n+1)$ 关于模 p 两两互不同余矛盾. 定理 3.9 得证.

对于合数模, 定理 3.9 不一定成立. 例如, $x^3 - x \equiv 0(\mathrm{mod}\, 6)$ 有 6 个解.

最后, 我们考虑式(3.8)的解数等于它的次数的充要条件. 不失一般性, 我们不妨假设 $a_n = 1$.

定理 3.10　设 $n \le p$, 则

$$f(x) = x^n + a_{n-1}x^{n-1} + \cdots + a_0 \equiv 0(\mathrm{mod}\, p) \tag{3.10}$$

有 n 个解的充要条件是以 $f(x)$ 除 $x^p - x$ 所得余式的一切系数都是 p 的倍数.

证　因为 $f(x)$ 的首项系数为 1, 故由带余除法知有整系数多项式 $q(x)$ 和 $r(x)$ 满足

法国数学家拉格朗日像

$$x^p - x = f(x)q(x) + r(x), \qquad (3.11)$$

其中 $r(x)$ 的次数 $<n$, $q(x)$ 的次数是 $p-n$. 若式 (3.10)有 n 个解, 由费尔马小定理知它们必然也是同余式 $x^p - x \equiv 0(\mathrm{mod}\, p)$ 的解, 从而由式(3.11)知, 它们也是同余式 $r(x) \equiv 0(\mathrm{mod}\, p)$ 的解. 但 $r(x)$ 的次数 $<n$, 故由拉格朗日定理知, $r(x)$ 的系数必都是 p 的倍数.

反之, 若 $r(x)$ 的系数都被 p 整除, 则由式 (3.11)和费尔马小定理可知, 对于任何整数 x 都有

$$f(x)q(x) \equiv 0(\mathrm{mod}\, p).$$

由拉格朗日定理知, 式 (3.10) 的解数 $\leqslant n$ 而 $q(x) \equiv 0(\mathrm{mod}\, p)$ 的解数 $\leqslant p-n$, 故式 (3.10) 的解数必为 n. 定理 3.10 得证.

例 3.3 设 p 是素数, $d\,|\,(p-1)$, 则同余式 $x^d \equiv 1(\mathrm{mod}\, p)$ 恰有 d 个解.

最后, 我们要指出, 利用威尔逊定理是素数的判断准则, 可以推出 k 次幂孪生素数(参见 1.5 节猜想 A)的一个判断准则:

设 k 为任意的正整数, 则 $\{n, n^k - 2\}$ 为素数对的充要条件是

$$\begin{cases} 4\{(n-3)!+1\} \equiv -(n-2)(\mathrm{mod}\, n(n-2)), & k=1, \\ 4\{(n^k-3)!+1\} \equiv 2(n-1)!(n^k-2)(\mathrm{mod}\, n(n^k-2)), & k>1. \end{cases}$$

若 k 为奇整数, 则 $\{m, m^k + 2\}$ 为素数对的充要条件是

$$\begin{cases} 4\{(m-1)!+1\} \equiv -m(\mathrm{mod}\, m(m+2)), & k=1, \\ 4\{(m^k+1)!+1\} \equiv -2(m-1)!(m^k+2)(\mathrm{mod}\, m(m^k+2)), & k>1. \end{cases}$$

备注 双阶乘定义如下, 若 n 是正奇数, 则 $n!! = n \times (n-2) \times \cdots \times 3 \times 1$; 若 n 是正偶数, 则 $n!! = n \times (n-2) \times \cdots \times 4 \times 2$. 已知

$$(p-1)!! \equiv \begin{cases} (-1)^{\frac{\mu+1}{2}} (\mathrm{mod}\, p), & p \equiv 3(\mathrm{mod}\, 4); \\ (-1)^{\frac{\mu+1}{2}} i_p (\mathrm{mod}\, p), & p \equiv 1(\mathrm{mod}\, 4). \end{cases}$$

其中, μ 是满足 $1 \leqslant j < \dfrac{p}{2}$, $1 \leqslant j^{-1} < \dfrac{p}{2}$ 的 j 的个数, i_p 是满足 $1 \leqslant i_p < \dfrac{p}{2}$, $i_p^2 \equiv -1(\mathrm{mod}\, p)$ 的唯一解. 而由威尔逊定理知, $(p-2)!! \equiv -(p-1)!!(\mathrm{mod}\, p)$.

我们发现, 椭圆积分的级数表达式的系数和其特殊值与双阶乘有密切关联.

所谓椭圆积分是分析学中的一个概念, 最初出现在与计算椭圆弧长有关的问题中, 通常无法用基本函数表达. 但是, 通过适当的化简, 每个椭圆积分均可以变为只涉及有理函数和三个经典形式的积分, 即第一、第二和第三类椭圆积分, 同时, 每一类椭圆积分又分完全积分和不完全积分. 我们发现, 在三类完全椭圆积分中, 其积分表达式的系数和其特殊值与双阶乘有关, 且各自满足相应的同余式. 下面, 我们给出前两类完全椭圆积分的定义及其满足的同余式.

第一类完全椭圆积分

$$K(k) = \int_0^{\frac{\pi}{2}} \frac{\mathrm{d}\theta}{\sqrt{1 - k^2 \sin^2 \theta}} = \int_0^1 \frac{\mathrm{d}t}{\sqrt{(1-t^2)(1-k^2 t^2)}}$$

$$= \frac{\pi}{2} \sum_{n=0}^{\infty} (P_{2n}(0))^2 k^{2n}$$

$$= \frac{\pi}{2} \left\{ 1 + \left(\frac{1}{2}\right)^2 k^2 + \left(\frac{(2n-1)!!}{(2n)!!}\right)^2 k^{2n} + \cdots \right\}.$$

设上述级数的前 n 项部分和为 $K_n(k) = \frac{\pi}{2} L_n(k)$, 则有 $L_n(1) = \sum_{k=0}^{n} \left(\frac{(2k-1)!!}{(2k)!!}\right)^2$, 取 $n = \frac{p-1}{2}$, 由双阶乘的性质, 可得

$$L_{\frac{p-1}{2}}(1) \equiv (-1)^{\frac{p-1}{2}} \pmod{p^2}.$$

第二类完全椭圆积分

$$E(k) = \int_0^{\frac{\pi}{2}} \sqrt{1 - k^2 \sin^2 \theta}\, \mathrm{d}\theta = \int_0^1 \frac{\sqrt{1 - k^2 t^2}}{1 - t^2}\, \mathrm{d}t$$

$$= \frac{\pi}{2} \sum_{n=0}^{\infty} \left(\frac{(2n)!!}{2^{2n}(n!)^2}\right)^2 \frac{k^{2n}}{1 - 2n}$$

$$= \frac{\pi}{2} \left\{ 1 - \left(\frac{1}{2}\right)^2 \frac{k^2}{1} - \cdots - \left(\frac{(2n-1)!!}{(2n)!!}\right)^2 \frac{k^{2n}}{1 - 2n} - \cdots \right\}.$$

设上述级数的前 n 项部分和为 $E_n(k) = \frac{\pi}{2} F_n(k)$, 则由归纳法可证

$$F_n(1) = 1 - \left(\frac{1}{2}\right)^2 \frac{1^2}{2} - \cdots - \left(\frac{(2n-1)!!}{(2n)!!}\right)^2 \frac{1^{2n}}{1 - 2n} = \left(\frac{(2n-1)!!}{(2n)!!}\right)^2 (2n+1).$$

取 $n = \frac{p-1}{2}$, 由双阶乘的性质, 可得

$$F_{\frac{p-1}{2}}(1) \equiv p(\bmod p^2) .$$

第三类完全椭圆积分

$$\Pi(1,k) = \int_0^{\frac{\pi}{2}} \frac{\mathrm{d}\theta}{(1-l\sin^2\theta)\sqrt{1-k\sin^2\theta}}$$

$$= \int_0^1 \frac{\mathrm{d}t}{(1-lt^2)\sqrt{(1-t^2)(1-kt^2)}}$$

的积分为二重级数和，当其中一个变量固定时，另一变量的系数部分和特殊值仍满足与第一类和第二类椭圆积分的系数部分和特殊值相似的同余性质.

📖 高斯的《算术研究》

在 1801 年出版的《算术研究》里，高斯把威尔逊定理从素数模推广到一般的合数模形式，这是继欧拉把费尔马小定理从素数模推广到合数模之后，又一项有意义的工作. 高斯得到的结果如下：

定理（高斯）　设 $m>1$ 为任意整数，则

$$\prod_{\substack{1 \le i \le m \\ (i,m)=1}} i \equiv \begin{cases} -1(\bmod m), & m = 2,4,p^\alpha,2p^\alpha\,(p为奇素数); \\ 1\ (\bmod m), & 对其余的m. \end{cases}$$

遗憾的是，高斯本人并没有给出证明. 依照狄金森的《数论》，德国数学家克莱尔(Crelle, 1780 — 1855)于 1832 年率先予以证明，他创办了著名的"克莱尔杂志"(*Journal für die reine und angewandte Mathematik*)，并在创刊上发表了阿贝尔关于五次方程无根式解的详细证明. 这里给出的证明利用了以下引理，它是 4.5 节定理 4.7 的一个特殊情况.

哥廷根天文台和高斯、黎曼故居(作者摄)

引理 同余式

$$x^2 \equiv 1 (\bmod m), \quad m = 2^\alpha p_1^{\alpha_1} \cdots p_k^{\alpha_k}, \quad k \geqslant 1$$

恒有解, 且其解数为: 2^k, 若 $\alpha = 0$ 或 1; 2^{k+1}, 若 $\alpha = 2$; 2^{k+2}, 若 $\alpha \geqslant 3$.

高斯定理的证明 当 $m=2$ 或 4 时, 我们可以直接验证, 事实上, 当 $m=2$ 时, 上下两个同余式都成立. 对于其余的 m, 我们仿照威尔逊定理的证明方法.

对于任意的 $i, 1 \leqslant i \leqslant m, (i,m) = 1$, 存在唯一的 i', $1 \leqslant i' \leqslant m$, $(i',m) = 1$, 使得

$$ii' \equiv 1 (\bmod m).$$

这些数两两成对, 现在我们只需考虑同余式

$$x^2 \equiv 1 (\bmod m)$$

的解. 若 i 是上式的解, 那么 $-i$ 必然也是解. 显而易见, 对模 m 来说, 这是两个不同的解, 且每一对在定理的求积中贡献了

$$i(-i) = -i^2 \equiv -1 (\bmod m);$$

再由引理知, 仅当 $m = p^\alpha$ 或 $2p^\alpha$ 时, 这样的数为奇数对, 对其余的 m, 均有偶数对. 故而高斯定理得证.

1938 年, 俄国女数学家 E. 拉赫曼(E. Lehmer, 1906—2007, D. H. 拉赫曼的妻子)定义了威尔逊素数, 即满足

$$p^2 \big| (p-1)! + 1$$

的素数, 并猜测它有无穷多个. 可是, 到目前为止, 人们只找到 3 个, 即 $5, 13, 563$.

设 m, k 是正整数, $\phi(m) > k$, 作者在学生时代曾把高斯定理推广为

$$\sum_{\substack{1 \leqslant i_1 < i_2 < \cdots < i_k \leqslant m \\ (i_1 i_2 \cdots i_k, m) = 1}} i_1 i_2 \cdots i_k \equiv \begin{cases} (-1)^{\binom{\phi(m)-1}{k-1}} (\bmod m), & m = 2, \ 4, \ p^\alpha, \ 2p^\alpha, \\ 1 (\bmod m), & \text{对其余的 } m. \end{cases}$$

当 $k = 1$ 时, 此即为高斯定理. 2005 年, 此结果被推广到理想类群上[①]. 值得一提的是, 若是把上式左边的和式求和范围内的每个不等号都改为小于等于号, 则可以得到高斯定理的另一个推广, 只需把同余式右边的指数改为

$$\binom{\phi(m)+k-1}{k-1}.$$

① 余琛妍, 周侠. 理想类群上 Gauss 定理的推广. 浙江大学学报(理学版), 2005, 32(3): 251-252.

最后, 我们介绍卡迈克尔函数和卡迈克尔定理. 卡迈克尔是美国数学家, 卡迈克尔定理是欧拉定理的一个推广, 形式上则与高斯定理有相近之处. 我们先来定义卡迈克尔函数, 设 n 是大于 1 的正整数, 卡迈克尔函数 $\lambda(n)$ 是指满足下列同余式的最小正整数 m:

$$a^m \equiv 1 (\bmod\, n),$$

对任意与 n 互素的整数 a 成立. 利用第 5 章原根的性质和秦九韶定理, 可以证明

定理(卡迈克尔)

$$\lambda(n) = \begin{cases} \phi(n), & n=2,4,p^\alpha,2p^\alpha, \\ \dfrac{\phi(n)}{2}, & n=8,16,32,\cdots. \end{cases}$$

又若 $n = p_1^{\alpha_1} p_2^{\alpha_2} \cdots p_k^{\alpha_k}$ 是 n 的标准因子分解式, 则

$$\lambda(n) = [\lambda(p_1^{\alpha_1}), \lambda(p_2^{\alpha_2}), \cdots, \lambda(p_k^{\alpha_k})].$$

3.3　丢番图方程

早在 1500 年前, 中国南北朝时期(420—589)北魏数学家张丘建就解答了下面的问题:

鸡翁一, 值钱五, 鸡母一, 值钱三, 鸡雏三, 值钱一. 百钱买百鸡, 问鸡翁母雏各几何?

"百钱买百鸡问题" 最早出现在《张丘建算经》里, 此书成书年代不详, 但在隋朝(581—619)便已广泛流传, 到了唐朝更被列入 "算经十书" (《孙子算经》也在其中). 而在民间传说里, 张丘建是一位神童, 此问题是由当朝宰相亲自考他的.

设 x, y, z 分别代表鸡翁、鸡母和鸡雏的数目, "百鸡问题" 就变成了下面的联立方程组:

$$\begin{cases} 5x + 3y + \dfrac{1}{3}z = 100, \\ x + y + z = 100. \end{cases}$$

消去 z 后再化简, 可得

$$7x + 4y = 100.$$

这样一来, 问题就归结为求上述方程的非负整数解. 这个方程是所谓二元一次不定方程的一个特例, 一般的形式是

$$ax + by = c, \tag{3.12}$$

其中 a, b, c 是固定的整数, 且 a, b 不同时为零.

不定方程是数论中最古老的分支之一, 古希腊最后一个著名的数学家丢番图对此进行了系统的研究, 因此也被称为丢番图方程. 一般来说, 未知数的个数必须多于方程的个数, 且要求解是整数或正整数. 研究丢番图方程需要解决三个问题: 一是判断方程的可解性, 二是在有解时确定解数, 三是求出所有的解.

由同余的定义知, 式(3.12)有解相当于同余方程(不妨设 $b > 0$)

$$ax \equiv c \pmod{b}$$

有解. 因此, 与整除一样, 一次丢番图方程可以通过同余定义.

下面我们给出式(3.12)有解的充要条件和有解时通解的求法.

定理 3.11　式(3.12)有解的充要条件是 $(a,b) \big| c$.

证　必要性显然, 下证充分性. 若 $(a,b) \big| c$, 设 $c = c_1(a,b)$, 由 3.2 节定理 3.6 知, 存在整数 s, t, 满足

$$as + bt = (a,b).$$

令 $x_0 = sc_1, y_0 = tc_1$, 即得 $ax_0 + by_0 = c$, 故式(3.12)有整数解 (x_0, y_0). 定理 3.11 得证.

丢番图《算术》拉丁文初版扉页(1621)　　《算术》的拉丁文译者, 法国数学家、诗人巴切特像

定理 3.12 设式(3.12)有解 (x_0, y_0)，$(a,b) = d, a = a_1 d, b = b_1 d$，则式(3.12)的一切解可以表示成

$$x = x_0 - b_1 t, \quad y = y_0 + a_1 t, \quad t = 0, \pm 1, \pm 2, \cdots. \tag{3.13}$$

证 对任意整数 t，容易验证式(3.13)中的每一对 (x, y) 均满足式(3.12). 下设 (x, y) 是式(3.12)的一个解，因为 (x_0, y_0) 也是解，故而

$$a(x - x_0) + b(y - y_0) = 0,$$

由假设可得

$$a_1(x - x_0) + b_1(y - y_0) = 0.$$

此处 $(a_1, b_1) = 1$，由 1.4 节引理 3.2 可得 $y - y_0 = a_1 t$，即 $y = y_0 + a_1 t$，代入上式可得 $x = x_0 - b_1 t$. 定理 3.12 得证.

现在我们来考虑式(3.12)的求解法. 从定理 3.11 的证明可知，在式(3.12)有解的情况下，先考虑

$$ax + by = (a, b). \tag{3.14}$$

这个方程等价于

$$\frac{a}{(a,b)} x + \frac{b}{(a,b)} y = 1,$$

也就是说，我们需要先求出方程

$$ax + by = 1, \quad (a, b) = 1 \tag{3.15}$$

的一个整数解. 不妨假设 a, b 都为正整数，对 a, b 应用欧几里得算法，设 r_n 是最后一个不为零的余数，则 $r_n = 1$，可以通过逐一反推，把 1 表示成 a, b 的线性组合，即求得式(3.15)的一个解 (x_0, y_0). 从而可得到式(3.14)的一个解 (dx_0, dy_0).

例 3.4(百鸡问题) 求 $7x + 4y = 100$ 的所有非负整数解.

先来求解 $7x + 4y = 1$，利用带余数算法

$$7 = 4 \times 1 + 3, \quad 4 = 3 \times 1 + 1.$$

易知 $x = -1, y = 2$. 故得原方程的一个解 $x = -100, y = 200$. 由定理 3.12，原方程的一切解为

$$x = -100 - 4t, \quad y = 200 + 7t, \quad t = 0, \pm 1, \pm 2, \cdots$$

为了求得"百鸡问题"的解,需取 x, y 和 z 为非负整数,为此取 $t = -28, -27, -26, -25$,故得"百鸡问题"的所有解

$$(x, y, z) = (12, 4, 84), (8, 11, 81), (4, 18, 78), (0, 25, 75).$$

例 3.5 不定方程

$$ax + by = N, \quad a > 0, \quad b > 0, \quad (a, b) = 1$$

的非负整数解的解数为 $\left[\dfrac{N}{ab}\right]$ 或 $\left[\dfrac{N}{ab}\right] + 1$.

下面我们讨论 n 元一次不定方程的求解,设 $n \geqslant 2, a_1, a_2, \cdots, a_n$ 不全为零,我们有下面结论.

定理 3.13 不定方程

$$a_1 x_1 + a_2 x_2 + \cdots + a_n x_n = N \tag{3.16}$$

有解的充要条件是 $(a_1, a_2, \cdots, a_n) \mid N$.

证 必要性显然,下证充分性. 设 $d = (a_1, a_2, \cdots, a_n)$,$d \mid N$,我们用归纳法来证明. 当 $n = 2$ 时,由定理 3.11 知式 (3.16) 有解. 假定对 $n-1$ 元,充分性成立,考虑 n 元的情形. 令 $d_2 = (a_1, a_2)$,则 $(d_2, a_3, \cdots, a_n) = d \mid N$. 由归纳假设,方程

$$d_2 t_2 + a_3 x_3 + \cdots + a_n x_n = N$$

有解,设其一解为 $t_2', x_3', \cdots, x_n'$,再考虑 $a_1 x_1 + a_2 x_2 = d_2 t_2'$,设其一解为 x_1', x_2',则

$$a_1 x_1' + a_2 x_2' + \cdots + a_n x_n' = N.$$

充分性成立,定理 3.13 得证.

定理 3.13 的证明也提供了求式 (3.16) 解的一个方法.

例 3.6 求 $15x + 10y + 6z = 61$ 的所有解.

例 3.7 把 $\dfrac{19}{60}$ 分解成两两互素的三个既约分数之和.

设 $0 < a_1 < a_2 < \cdots < a_n, (a_1, a_2, \cdots, a_n) = 1$,考虑式 (3.16) 的非负整数解,已知当 N 充分大时,式 (3.16) 恒有解. 若令 $G(a_1, a_2, \cdots, a_n)$ 表示最大的正整数 N,使得式 (3.16) 无非负整数解. 关于 $G(a_1, a_2, \cdots, a_n)$ 的求取和估计,被称为弗罗贝尼乌斯硬币问题,G 也被称为弗罗贝尼乌斯数. 例如,$G(2,3) = 1$,$G(3,4) = 5$. 弗罗贝尼乌斯 (Frobenius, 1849 — 1917) 是一位德国数学家,主要研究微分方程和群论,数论可谓是他的业余爱好.

1882 年,西尔维斯特证明了

$$G(a_1, a_2) = (a_1 - 1)(a_2 - 1) - 1,$$

他同时得到, 不可表示的正整数个数为 $(a_1 - 1)(a_2 - 1)/2$.

当 $n=3$ 时, 已有相应的结论, 但需要迭代计算, 没有清晰的表达式. 当 $n \geqslant 4$ 时, 仍是一个未解决的问题.

对于 $n=2$, 若限制式(3.16)中每个未知数不取 1, 则可求得使其无解的最大正整数为 $(a_1 + 1)(a_2 + 1) - 1$, 而不可表示的正整数个数为 $(a_1 + 1)(a_2 + 1)/2$. 至于使式(3.16)无解的第二大正整数, 在上述无限制和有限制条件下分别为 $(a_1 - 1)(a_2 - 2)$ 和 $(a_1 + 1)(a_2 - 1) + 1$.

备注　若设 $G_k(a_1, a_2)(k \geqslant 1)$ 表示最大的正整数 N, 使得式(3.16)无 k 个非负整数解, 则有

$$G_k(a_1, a_2) = ka_1a_2 - a_1 - a_2,$$

而没有 k 或 k 以上个解的正整数个数又是多少呢?

📖 毕达哥拉斯数组

最早的丢番图方程或许是下面的三元二次方程

$$x^2 + y^2 = z^2, \tag{P}$$

它的解被称为毕达哥拉斯三数组(pythagoras triple)或勾股数. 如同本书开头所言, 中国人很早就知道(3, 4, 5)是最小的一组正整数解. 但巴比伦人留下的泥版书显示, 他们可能更早知道三数组和毕氏定理的存在, 同时也计算出了 $\sqrt{2}$ 的近似值. 然而, 古希腊人却率先找到了式(P)的无穷多组整数解, 即

$$x = 2n + 1, \quad y = 2n^2 + 2n, \quad z = 2n^2 + 2n + 1.$$

哥伦比亚大学藏泥板书普林顿 322 号, 其上用 60 进制表示毕达哥拉斯三数组

按照古希腊最后一位主要哲学家普罗克鲁斯(Proclus, 约 410—485)的说法,上述解答归功于毕达哥拉斯. 他对那种斜边比其中一条直角边长 1 的三角形尤其感兴趣, 例如, 当 n 取 1, 2 和 3 时, 分别得到(3, 4, 5), (5, 12, 13)和(7, 24, 25)这三组解. 另外一组第三小的正整数解是(8, 15, 17), 普罗克鲁斯认为它是由柏拉图发现的, 确切地说, 他研究的是下列数组:

$$x = 2n, \quad y = n^2 - 1, \quad z = n^2 + 1.$$

当 $n>1$ 为偶数时, 每一组均为式(P)的既约解. 显然, 这样的解对应于斜边比其中一条直角边长 2 的三角形.

欧几里得在《几何原本》里给出了方程的全部既约解, 但是没有提到出处. 他在书里指出, 式(P)的满足 $(x, y) = 1$ 的全部正整数解为

$$x = 2ab, \quad y = a^2 - b^2, \quad z = a^2 + b^2,$$

其中 $a > b > 0, (a, b) = 1, a + b \equiv 1 \pmod 2$.

这个命题被称为欧几里得公式, 它的证明有赖于下述结论: 若一个平方数等于两个互素的正整数的乘积, 则这两个正整数本身也是平方数. 将式(P)转化为

$$\left(\frac{x}{2}\right)^2 = \frac{z+y}{2} \frac{z-y}{2}.$$

再由 $\left(\dfrac{z+y}{2}, \dfrac{z-y}{2}\right) = 1$, 即可令 $\dfrac{z+y}{2} = a^2, \dfrac{z-y}{2} = b^2$, 从而求得式(P)的全部既约解. 取 $a=n, b=1$, 此即柏拉图的解. 而取 $a=n+1, b=n$, 此即毕达哥拉斯的解. 我们还可以证明, 对于任意素数 $p \equiv \pm 1 \pmod 8$, 存在无穷多组毕达哥拉斯数组, 它们的两条直角边之差为 p.

有了欧几里得公式, 就可以得到式(P)的全体正整数解, 即在上述每组解的基础上任意乘上一个正整数.

两千多年以后的 1637 年, 在法国南方小城图卢兹, "业余数学家之王"费尔马在阅读丢番图的《算术》拉丁文版时, 在叙述毕达哥拉斯定理(编号问题 8)那一页页边, 写下了这样一段文字:

不可能将一个立方数写成两个立方数之和, 或者, 将一个四次幂写成两个四次幂之和. 总之, 不可能将一个高于二次的幂写成两个同次幂的数之和.

这便是闻名于世的费尔马大定理. 在这个评注的旁边, 费尔马又附加了注中之注: "对此命题我有一个非常美妙的证明, 可惜此处的空白太小, 写不下来. "

不过, 费尔马还是利用递降法, 给出了 $n=4$ 时无解的证明, 为此需要两次用到欧几里得公式. 事实上, 费尔马证明了一个更强的结果, 即方程

$$x^4 + y^4 = z^2, \quad (x, y) = 1$$

无正整数解. 用反证法, 假设上式有解. 由欧几里得公式可知

$$x^2 = 2st, \quad y^2 = s^2 - t^2, \quad z = s^2 + t^2, \quad s > t, \quad (s, t) = 1.$$

由此可知

$$t^2 + y^2 = s^2, \quad (t, y) = 1,$$

其中 y 和 s 是奇数, t 是偶数, $(s, 2t)=1$. 再由 $x^2 = s(2t)$, 可得 $s = u^2, 2t = v^2$. 又因为

$$t = 2ST, \quad y = S^2 - T^2, \quad s = S^2 + T^2, \quad (S, T) = 1,$$

故

$$\left(\frac{v}{2}\right)^2 = ST, \quad S = X^2, \quad T = Y^2.$$

从而

$$X^4 + Y^4 = S^2 + T^2 = s = u^2, \quad (X, Y) = 1.$$

令 $Z=u$, 则 $Z = u \leqslant u^2 = s < s^2 + t^2 = z$. 由递减法可推出矛盾!

值得一提的是, 与《几何原本》一样, 《算术》也有 13 卷. 1464 年, 在意大利威尼斯找到了前 6 卷的希腊文译本, 近来在伊朗的马什哈德又发现了 4 卷的阿拉伯文译本. 而有关费尔马大定理的一个有意义的推广, 我们将在 7.2 节来讲述.

备注 对任意 4 个相邻的斐波那契数或卢卡斯数, 我们可以利用其递推性, 从中构造出毕达哥拉斯数组. 事实上, 对任意正整数 n, $\{F_n F_{n+3}, 2F_{n+1} F_{n+2}, F_{n+1}^2 + F_{n+2}^2\}$ 和 $\{L_n L_{n+3}, 2L_{n+1} L_{n+2}, L_{n+1}^2 + L_{n+2}^2\}$ 均是.

3.4 卢卡斯同余式

设 n 是自然数, $0 \leqslant k \leqslant n$, 二项式系数或组合数 $\binom{n}{k}$ 是指 n 次多项式 $(1+x)^n$ 按 x 的幂级数展开后 x^k 项的系数. 由定义可知, 二项式系数必为正整数. 在 1.5 节, 我们已经给出了二项式系数的表达式, 它的等价形式是

$$\binom{n}{k} = \frac{n!}{k!(n-k)!}, \quad 0 \leqslant k \leqslant n.$$

虽说二项式系数的符号 $\begin{pmatrix} n \\ k \end{pmatrix}$ 是由德国物理学家、数学家埃廷豪森

(Ettingshausen, 1796—1878)在 1826 年引进的, 但二项式系数实际上是帕斯卡三角形(1653)第 n+1 行左起第 k+1 个数. 这个三角形前 7 行早在 13 世纪就已出现在中国南宋数学家杨辉(学术活跃时期 1261—1275)的著作《详解九章算法》里, 他也以对幻方的研究著称. 杨辉在书中提到, 此表引自 11 世纪北宋数学家贾宪(学术活跃时期 1050 年前后)的著作《释锁算术》, 可惜后者早已失传. 无论如何, 便有了贾宪三角和杨辉三角之说. 在他们前后, 印度人马哈维拉(9 世纪)、波斯人凯拉吉和意大利人各自发现了二项式系数.

明朝《永乐大典》里的贾宪-杨辉三角

二项式系数在组合数学里很重要, 在数论里也有许多与之相关的漂亮同余式. 1852 年, 库默尔证明了, 设 p 是素数, a 是最大的整数, 使得 $p^a \begin{vmatrix} n \\ k \end{vmatrix}$, 则 a 等于 k 和 $n-k$ 依 p 进制相加时溢出(carries)的次数. 1879 年, 卢卡斯得到了下面的结论.

定理 3.14 (卢卡斯)　对于任意的素数 p, $0 \leqslant s \leqslant p-1$, 均有

$$\begin{pmatrix} p-1 \\ s \end{pmatrix} \equiv (-1)^s \pmod{p}.$$

证　当 s=0 时, 定理显然成立, 以下设 $s \geqslant 1$. 易知

$$(p-1)(p-2)\cdots(p-s) \equiv (-1)(-2)\cdots(-s) = (-1)^s s! \pmod{p}.$$

设 $(p-1)(p-2)\cdots(p-s) = (-1)^s s! + pt$, 则

$$\begin{pmatrix} p-1 \\ s \end{pmatrix} = \frac{(p-1)(p-2)\cdots(p-s)}{s(s-1)\cdots 1} = \frac{(-1)^s s! + pt}{s!} = (-1)^s + \frac{pt}{s!}.$$

因为 $(p, s!) = 1$, 故 $s! \mid t$, 从而

$$\begin{pmatrix} p-1 \\ s \end{pmatrix} \equiv (-1)^s \pmod{p}.$$

定理 3.14 得证.

备注　(1)若把 p 换成一般的合数 n, 则当 s 取 n 的最小素因子(设为 p)时, 卢

卡斯同余式不再成立, 但当 $0 \leqslant s < p$ 时仍成立; 若 n 为奇数, 则当 $n-p \leqslant s \leqslant n-1$ 时也成立. 以上可谓平凡解, 非平凡解的探讨是一个有意思的问题.

当 n 是 2 的方幂或奇素数的平方时, 不存在非平凡解. 当 $n=pk$, k 的素因子大于 p^2 时, $s = p^2$ 是非平凡解当且仅当 $\binom{k-1}{p} \equiv (-1)^p (\bmod\, p)$. 特别地, $p=2$ 时, $k \equiv 3(\bmod\, 4)$; $p=3$ 时, $k \equiv 7, 17(\bmod\, 18)$.

(2) 对于任意的素数 p, 考虑同余式

$$\binom{p-1}{s} \equiv (-1)^s (\bmod\, p^2)$$

它有解 $1 < s < \dfrac{p-1}{2}$, 当且仅当

$$p \mid s!\left(1 + \frac{1}{2} + \cdots + \frac{1}{s}\right)$$

不超过 100 且满足上述条件的素数 p 的集合为 $\{11, 29, 37, 43, 53, 61, 97\}$. 如果把上述问题与威尔逊定理结合起来考虑, 可以得到一个新的同余式

$$\prod_{i=1}^{p-1} \binom{p-1}{i} \equiv (-1)^{\frac{p+1}{2}} (p-1)(\bmod\, p^2).$$

在证明定理 3.14 的前年, 即 1878 年, 卢卡斯还得到了一个更为著名的同余式, 通常被称为卢卡斯定理. 我们先假定 $\binom{0}{0} = 1$, $\binom{r}{s} = 0$, 若 $r < s$.

定理 3.15 (卢卡斯) 设 n, m 是正整数, 按 p 进制展开, 即 $n = n_0 + n_1 p + \cdots + n_d p^d$, $m = m_0 + m_1 p + \cdots + m_d p^d$, 其中 $0 \leqslant n_i, m_i \leqslant p-1$, 则对任意的 i, 有

$$\binom{n}{m} \equiv \binom{n_0}{m_0}\binom{n_1}{m_1}\cdots\binom{n_d}{m_d}(\bmod\, p).$$

推论 在定理 3.15 假设下, $p \bigg| \binom{n}{m}$ 的充要条件是, 存在某个 i, $n_i < m_i$.

定理 3.15 有多种证明, 我们将采用幂级数的展开式方法. 为此需要一个引理, 这个引理实际上是上述推论的特殊情况.

引理　若 p 是素数, j 是正整数, $0<i<p^j$, 则 $p\left|\left|\begin{pmatrix}p^j\\i\end{pmatrix}\right.\right.$.

证　设 $\begin{pmatrix}p^j\\i\end{pmatrix}$ 的标准因子分解式为

$$\begin{pmatrix}p^j\\i\end{pmatrix}=\prod_q q^{\alpha_q},$$

只需证明 $\alpha_p\geqslant 1$. 事实上,

$$\alpha_p=\sum_{k=0}^{j}\left\{\left[\frac{p^j}{p^k}\right]-\left[\frac{i}{p^k}\right]-\left[\frac{p^j-i}{p^k}\right]\right\},$$

由函数 $[x]$ 的性质知道, 上述和式每一项非负, 且最后一项是 1. 故而 $\alpha_p\geqslant 1$, 引理得证.

一般地, 由库默尔的结果容易推出, $\dfrac{n}{(n,k)}\left|\left|\begin{pmatrix}n\\k\end{pmatrix}\right.\right.$.

定理 3.15 的证明　由引理及二项式展开可知

$$(1+x)^{p^j}\equiv 1+x^{p^j}(\bmod p),$$

因此

$$\sum_{m=0}^{n}\begin{pmatrix}n\\m\end{pmatrix}x^m=(1+x)^n=\prod_{j=0}^{d}((1+x)^{p^j})^{n_j}$$

$$\equiv\prod_{j=0}^{d}(1+x^{p^j})^{n_j}=\prod_{j=0}^{d}\left(\sum_{m_j=0}^{n_j}\begin{pmatrix}n_j\\m_j\end{pmatrix}x^{m_jp^j}\right)$$

$$\equiv\sum_{m=0}^{n}\left(\prod_{j=0}^{d}\begin{pmatrix}n_j\\m_j\end{pmatrix}\right)x^m(\bmod p).$$

由生成函数的性质, 即得定理 3.15.

定理 3.15 有一个显然的推论或等价形式, 即

定理 3.16　设 n,m 是正整数, n_0,m_0 分别是模 p 意义下 n,m 的非负最小剩余, 则

$$\begin{pmatrix}n\\m\end{pmatrix}\equiv\begin{pmatrix}[\frac{n}{p}]\\[\frac{m}{p}]\end{pmatrix}\begin{pmatrix}n_0\\m_0\end{pmatrix}(\bmod p).$$

推论　设 p, q 是不同的奇素数, 则

$$\binom{pq-1}{\dfrac{pq-1}{2}} \equiv \binom{p-1}{\dfrac{p-1}{2}}\binom{q-1}{\dfrac{q-1}{2}} \pmod{pq}.$$

最后一个同余式是作者于 2002 年得到的[①]. 事实上, 我们得到了更广的结果, 即若 p 和 q 是不同的奇素数, 则

$$\binom{pq-1}{\left[\dfrac{pq-1}{e}\right]} \equiv \binom{p-1}{\left[\dfrac{p-1}{e}\right]}\binom{q-1}{\left[\dfrac{q-1}{e}\right]} \pmod{pq},$$

其中 e=2, 3, 4 或 6.

在 6.4 节, 我们还将给出一个结果更强的同余式. 此外, 我们还得到了以下结论.

定理 3.17　若 $p \geqslant 5$ 是素数, n 是正整数, 则

$$\sum_{s=0}^{p-1} (-1)^s \binom{p-1}{s}^n \equiv \begin{cases} \binom{np-2}{p-1} \pmod{p^4}, & n\text{是奇数}, \\ 2^{n(p-1)} \pmod{p^3}, & n\text{是偶数}, \end{cases}$$

$$\sum_{s=0}^{p-1} \binom{p-1}{s}^n \equiv \begin{cases} \binom{np-2}{p-1} \pmod{p^4}, & n\text{是偶数}, \\ 2^{n(p-1)} \pmod{p^3}, & n\text{是奇数}. \end{cases}$$

2017 年, 我和钟豪[②]发现并证明了斐波那契数和卢卡斯数也有类似于卢卡斯定理的性质, 设 $n = n_0 + n_1 p + \cdots + n_d p^d$, 其中 $0 \leqslant n_i \leqslant p-1 (0 \leqslant i \leqslant d)$, 则有

$$L_{n+1} \equiv \prod_{i=0}^{d} L_{n_i+1} \pmod{p}, \quad F_{5n+1} \equiv \prod_{i=0}^{d} F_{5n_i+1} \pmod{p}$$

对任意正整数 n 成立当且仅当 p=5.

卢卡斯之死堪称一个意外. 1891 年, 在法国科学技术进步协会年会的一次宴会上, 一位侍者不慎打掉一个盘子, 碎裂的瓷片将卢卡斯的脸划破. 几天以后, 他死于因皮肤感染引发的败血症, 年仅 49 岁.

值得一提的是, 2012 年, 法国数学家阿亚德(Ayad)和加拿大数学家基海尔(Kihel)研究了下列同余式[③]: 设 n 为奇复合数, 使得

---

① 参见 Acta. Math. Sinica, 2002, 18: 277-288.

② 参见 International Journal of Number Theory, 2017, 13(6): 1617-1625.

③ 参见 International Journal of Number Theory, 2012, 8: 2045-2057.

$$\binom{n-1}{\dfrac{n-1}{2}} \equiv (-1)^{\frac{n-1}{2}} \pmod{n}$$

他们找到最小的 $n = 5907 = 3 \times 11 \times 179$；同时猜测，当 n 为两个不同的奇素数乘积时，上述同余式无解. 由上述推论不难得知，此猜想等价于同余式组

$$\begin{cases} \binom{p-1}{\dfrac{p-1}{2}} \equiv (-1)^{\frac{p-1}{2}} \pmod{q}, \\[4mm] \binom{q-1}{\dfrac{q-1}{2}} \equiv (-1)^{\frac{q-1}{2}} \pmod{p} \end{cases}$$

卢卡斯像，他因被一块碎裂的瓷片击中身亡

无不同的奇素数解.

覆盖同余系

覆盖同余系(covering system)是 20 世纪 30 年代由爱多士引进的，是指

$$\{a_1(\bmod n_1), a_2(\bmod n_2), \cdots, a_k(\bmod n_k)\}$$

这样一组剩余类的并，它把所有整数包含在内. 下列例子均为覆盖同余系：

$$\{0(\bmod 3), 1(\bmod 3), 2(\bmod 3)\},$$

$$\{1(\bmod 2), 2(\bmod 4), 0(\bmod 8), 4(\bmod 8)\},$$

$$\{0(\bmod 2), 0(\bmod 3), 1(\bmod 4), 5(\bmod 6), 7(\bmod 12)\}.$$

假如每一个整数只属于其中的一个同余式，则称为不相交的覆盖同余系，前两个例子便是，其中第一个本身也构成模 3 的完全剩余系；而假如各个同余式的模不同，则称为不同模的覆盖同余式组，第三个例子便是.

在一个不同模的覆盖同余系中，设最小的模为 c，则第三个例子是 $c = 2$ 的情形，简记为 {0(2), 0(3), 1(4), 5(6), 7(12)}，这是爱多士发现的第一个不同模的覆盖同余系. 但它对 $c = 2$ 并非唯一，比如还有 {0(2), 0(3), 1(4), 3(8), 7(12), 23(24)}. 爱多士还给出了 $c = 3$ 的例子，即 {0(3), 0(4), 0(5), 1(6), 1(8), 2(10), 11(12), 1(15), 14(20), 5(24), 8(30), 6(40), 58(60), 26(120)}. 容易发现，此时模取遍了 120 的所有不小于 3 的除数. 当 $c = 4$ 时，要选取 2880 的所有不小于 4 的除数. 而当 $c = 40$ 时，这样的覆盖组需要的同余式超过了 10^{50} 个.

关于覆盖同余式，有两个著名的结论，证明方法是初等的.

定理　对于任何不同模的覆盖同余系, 均有

$$\sum_{j=1}^{k} \frac{1}{n_j} > 1;$$

而对于任何不相交的覆盖同余系, 均有 $(n_i, n_j) \neq 1 (1 \leq i < j \leq k)$, 且

$$\sum_{j=1}^{k} \frac{1}{n_j} = 1.$$

显而易见, 不相交的覆盖同余系一定不是不同模的, 反之亦然.

关于不同模的覆盖同余式, 爱多士有两个著名的猜想:

猜想 1　对任意正整数 $c \geq 2$, 存在以 c 为最小模的不同模的覆盖同余系.

猜想 2　不存在全部模都是奇数的不同的覆盖同余系.

2016 年 5 月 23 日, 牛津大学的霍夫[①]否定了猜想 1. 他证明了不同模的覆盖同余系的最小模不能超过 10^{18}.

下面的覆盖同余式定理, 是由英国出生的印度数学家乔拉(Chowla, 1907—1995)于 1948 年给出的.

定理(乔拉)　设 $n \geq 3$, $a_1, a_2, \cdots, a_n$ 和 $b_1, b_2, \cdots, b_n$ 是模 n 的任意两组完全剩余系, 则 $a_1 b_1, a_2 b_2, \cdots, a_n b_n$ 不可能组成模 n 的完全剩余系, 即

$$\{a_1 b_1 (\mathrm{mod}\, n), a_2 b_2 (\mathrm{mod}\, n), \cdots, a_n b_n (\mathrm{mod}\, n)\}$$

无法构成覆盖同余系.

证　首先, 设 $4|n$, 如果 $a_1 b_1, a_2 b_2, \cdots, a_n b_n$ 构成模 n 的完全剩余系, 则其中奇数和偶数各一半. 不失一般性, 假设 $a_1 b_1, a_2 b_2, \cdots, a_{n/2} b_{n/2}$ 是奇数, 则 $a_1, a_2, \cdots, a_{n/2}$ 和 $b_1, b_2, \cdots, b_{n/2}$ 也均为奇数. 由完全剩余系的定义知, 存在 $\frac{n}{2} < j \leq n$ 满足 $a_j b_j \equiv 2 (\mathrm{mod}\, 4)$. 而 $a_j \equiv b_j \equiv 0 (\mathrm{mod}\, 2)$, 矛盾!

下设 $4 \nmid n$, 则必 $n = qm$, 此处 m 是奇数, $q = p$ 或 $2p$, p 是奇素数. 由高斯定理知

$$\prod_{\substack{j=1 \\ (j,q)=1}}^{q} j \equiv -1 (\mathrm{mod}\, q),$$

因而

① 参见 Bob Hough, Solution of the minimum modulus problem for covering systems. Annals of Mathematics, 2015, 181: 361-382.

$$\prod_{\substack{j=1\\(j,q)=1}}^{n} j \equiv \prod_{\substack{j=1\\(j,q)=1}}^{q-1} j \prod_{\substack{j=q+1\\(j,q)=1}}^{zq-1} j \cdots \prod_{\substack{j=(m-1)q+1\\(j,q)=1}}^{n-1} j \equiv (-1)^m = -1 (\bmod q).$$

假如 $n>2$，$a_1b_1, a_2b_2, \cdots, a_nb_n$ 是模 n 的完全剩余系，则有

$$-1 \equiv \prod_{\substack{j=1\\(a_jb_j,q)=1}}^{n} a_jb_j \equiv \prod_{\substack{j=1\\(a_j,q)=1}} a_j \prod_{\substack{j=1\\(b_j,q)=1}} b_j \equiv (-1)^2 = 1(\bmod q).$$

矛盾! 定理得证.

　　易知除了 3 和 5 以外, 所有孪生素数对均可表示为 $6n \pm 1$, 其中 n 的全体集合为 $\{1,2,3,5,7,10,12,17,18,23,...\}$. 2002 年, 曾在牛津、海牙、莫斯科、多伦多学习数学、艺术、营养学和语言学的佩里(Perry)发现, 这个集合的元素是使得丢番图方程

$$n = 6ab \pm a \pm b \tag{T}$$

无正整数解(a, b)的那些正整数 n, 这很容易用反证法证明. 因此, 孪生素数猜想是否成立, 当且仅当存在无穷多个 n 使得式(T)无解, 或对任意整数 x, 剩余类组 $\{\pm a(\bmod 6a \pm 1), a \geqslant 1\}$ 不能包含比 x 大的所有整数, 即

$$\mathbf{Z} \bigcup (x, \infty) \nsubseteq \{\pm a(\bmod 6a \pm 1), a \geqslant 1\}.$$

　　我们观察到, 所有使得 $4n \pm 1$ 为孪生素数对的正整数 n 的集合为使得方程

$$n = 4ab \pm a \pm b$$

无正整数解的那些正整数 n.

　　最后, 考虑 $\{0, 1, 2, \cdots, n-1\}$ 的元素个数最少的子集 A_n, 使对任意 $0 \leqslant a \leqslant n-1$, 存在 b, c 属于 A_n, $b+c=a$. 前 25 个 A_n 的基数集合为 $\{1, 2, 2, 3, 3, 4, 4, 4, 4, 5, 5, 5, 5, 6, 6, 6, 6, 7, 7, 7, 7, 8, 8, 8, 8\}$. 事实上, $A_1 = \{0\}$, $A_2 = A_3 = \{0,1\}$, $A_4 = A_5\{0,1,2\}$, $A_6 = \cdots = A_9 = \{0,1,3,4\}$, $A_{10} = \cdots = A_{13} = \{0,1,3,5,6\}$, $A_{14} = \cdots = A_{17} = \{0, 1,3,5,7,8\}$, $A_{18} = \cdots = A_{21} = \{0,1,3,5,7,9,10\}$, $A_{22} = \cdots = A_{25} = \{0,1,3,4,9,10,12,13\}$. 对一般的 n, 确定 A_n 或它的基数集合是一件困难的事. 我们猜测, 基数是单调上升的, 且取遍所有正整数.

3.5　素数的真伪

　　拉格朗日不仅率先给出了威尔逊定理的证明, 他同时还指出, 威尔逊定理可以用来作为判断一个正整数是否为素数的准则, 即 $n>1$ 为素数当且仅当

$$(n-1)! \equiv -1 \pmod{n}.$$

充分性由威尔逊定理保证, 下证必要性. 只需注意到对 n 的任何真因数 d, 它必然整除 $(n-1)!$, 故而会得到 $d \mid 1$ 的结论, 即 n 必定是素数. 不过, 这个准则的实际意义不大, 因为目前还没有好的算法来快速计算 $n!$.

现在我们来证明, 定理 3.14 的卢卡斯同余式也可以用来判别素数, 即 $n > 1$ 为素数当且仅当对所有的 $s, 0 \leqslant s \leqslant n-1$,

$$\binom{n-1}{s} \equiv (-1)^s \pmod{n}.$$

只需证明必要性. 若 n 是合数, 设 p 是 n 最小的素因子, $n = pk, p \leqslant k$, 取 $s = p$ ($s < p$ 时, 同余式仍成立), 则

$$\binom{n-1}{s} = \frac{(pk-1)\cdots(pk-(p-1))}{(p-1)!}(k-1).$$

考虑到 $((p-1)!, pk) = 1$, 故而

$$\binom{n-1}{s} \equiv (-1)^{p-1}(k-1) \pmod{pk}.$$

由于 $pk \nmid k$, 综合上面两式, 即得

$$\binom{pk-1}{p} \equiv (-1)^p \pmod{pk}$$

不可能成立.

综合以上讨论和 3.4 节备注, 我们有以下准则.

准则 1　$n \geqslant 2$ 是素数当且仅当

$$\binom{n-1}{s} \equiv (-1)^s \pmod{n}$$

对 $1 < s \leqslant \sqrt{n}$ 成立.

这在某种意义上比威尔逊定理的准则更为简洁方便. 下面我们再介绍两个与二项式系数和同余式相关的判别准则, 证明从略.

准则 2(巴比奇, 1819)　$n \geqslant 2$ 是素数当且仅当

$$\binom{n+m}{n} \equiv 1 \pmod{n}$$

对所有 $m, 0 \leqslant m \leqslant n-1$ 成立.

准则 3 (Mans-Shanks, 1972)　$n \geqslant 3$ 是素数当且仅当

$$\binom{m}{n-2m} \equiv 1 \pmod{m}$$

对所有 $m, 0 \le 2m \le n$ 成立.

另一方面, 我们自然要问, 费尔马小定理的逆命题是否成立? 答案是否定的.

说到这里, 我们想插一则轶闻. 1898 年, 一位英国物理学家写道, 曾在中国生活 40 多年的汉学家威妥玛爵士(Wade, 1818—1895)带回国的中国典籍里有一篇孔子时代的数学论文, 证明了 n 是素数当且仅当

英国邮票上的计算机先驱巴比奇

$$2^n \equiv 2 \pmod{n}.$$

这个结论被称为中国假设(Chinese hypothesis)而流传开来. 事实上, 它与清代数学家李善兰(1811—1882)有关. 李善兰是中国第一个发表素数研究论文的人, 有一次, 他以为自己得到了上述结果, 便告诉了同道华蘅芳(1833—1902). 后来李善兰发现自己的证明有误, 便没有发表. 他死后, 华蘅芳宣布了李善兰的结果, 被讹传到了欧洲.

事实上, 早在 1819 年, 法国数学家萨吕(Sarrus, 1798—1861)已发现

$$2^{341} \equiv 2 \pmod{341}.$$

可是, $341 = 11 \times 31$ 却是合数, 这是最小的满足上述同余式的合数(最小的合数). 又如

$$3^{91} \equiv 3 \pmod{91}, \quad 91 = 7 \times 13; \quad 4^{15} \equiv 4 \pmod{15}, \quad 15 = 3 \times 5.$$

事实上, 对任意的 a, 这样的反例有无穷多个. 下面我们给出伪素数的定义.

定义 3.2　设 $a > 1$, 如果有一个合数 n 满足

$$a^n \equiv a \pmod{n},$$

则称 n 是一个以 a 为底的伪素数.

定理 3.18　如果 n 是一个以 2 为底的伪素数, 则 $2^n - 1$ 也是以 2 为底的伪素数.

证　设 $l = 2^n - 1$, 则 $n \mid (l - 1)$, 可设 $l - 1 = nk$. 我们有

$$2^{l-1} - 1 = 2^{nk} - 1 = (2^n - 1)(2^{n(k-1)} + \cdots + 2^n + 1)$$
$$= l(2^{n(k-1)} + \cdots + 2^n + 1),$$

故 $l \mid (2^{l-1} - 1)$, 即 $2^l \equiv 2 \pmod{l}$. 又因 n 是合数, 故 l 是合数, 从而 l 是以 2 为底的伪素数. 定理 3.18 得证.

由定理 3.18 可知, 存在无穷多个以 2 为底的伪素数. 这个结果可做如下推广.

定理 3.19   对每个整数 $a>1$, 存在无穷多个以 a 为底的伪素数.

证   设奇素数 $p \nmid a(a^2-1)$, 令 $n = \dfrac{a^{2p}-1}{a^2-1} = \dfrac{a^p-1}{a-1}\dfrac{a^p+1}{a+1}$, 则 n 是一个合数. 易知

$$(a^2-1)(n-1) = a^{2p} - a^2 = a(a^{p-1}-1)(a^p+a). \qquad (3.17)$$

又 $p \mid a^{p-1}-1, a^2-1 \mid a^{p-1}-1, (p, a^2-1)=1$, 故 $p(a^2-1) \mid a^{p-1}-1$. 再注意到 $2 \mid a^p+a$, 由式(3.17)可知 $2p(a^2-1) \mid (a^2-1)(n-1)$, 从而 $2p \mid (n-1)$.

令 $n = 1 + 2pm$, 由 $a^{2p} = n(a^2-1)+1 \equiv 1 \pmod{n}$, 可知 $a^{n-1} = a^{2pm} \equiv 1 \pmod{n}$, 即 $a^n \equiv a \pmod{n}$. 因此 n 为以 a 为底的伪素数, 由于 $a>1$, 满足 $p \nmid a(a^2-1)$ 的奇素数 p 有无穷多个.

最后, 我们介绍卡迈克尔数. 这是由卡迈克尔提出并首先研究的一类特殊的伪素数.

定义 3.3   所谓卡迈克尔数是指这样的合数 n, 对任意 $a>1$, $(a, n)=1$, n 都是以 a 为底的伪素数.

例 3.8   561 是最小的卡迈克尔数.

只验证 561 是卡迈克尔数. $561 = 3 \times 11 \times 17$, 若 $(a, 561)=1$, 则 $(a, 3)=1$, $(a, 11)=1$, $(a, 17)=1$. 由费尔马小定理, $a^2 \equiv 1 \pmod 3$, $a^{10} \equiv 1 \pmod{11}$, $a^{16} \equiv 1 \pmod{17}$. 考虑到 $[2, 10, 16]=80$, 我们有 $a^{80} \equiv 1 \pmod 3$, $a^{80} \equiv 1 \pmod{11}$, $a^{80} \equiv 1 \pmod{17}$, 故而 $a^{80} \equiv 1 \pmod{561}$. 再由 560 是 80 的倍数, 即知 561 是以 a 为底的伪素数, 从而 561 是卡迈克尔数.

例 3.9   设 $n = p_1 p_2 \cdots p_k$, 素数 p_i 互异, $k>2$, 对任意 i, $p_i -1 \mid n-1$, 则 n 是卡迈克尔数.

比较小的卡迈克尔数还有 $1105 = 5 \times 13 \times 17, 1729 = 7 \times 13 \times 19, 2465 = 5 \times 17 \times 29$, $2821 = 7 \times 13 \times 31$. 其中第 3 小的卡迈尔克数 1729 又称哈代-拉马努金数, 据英国数学家哈代回忆, 有一次他去看望病中的印度数学家拉马努金, 搭乘的出租车号码是 1729, 拉马努金却告诉哈代, 这是可用两种方法表示成两个整数立方和的最小正整数, 即 $1729 = 1^3 + 12^3 = 9^3 + 10^3$.

1939 年, 美国人切尼克(J. Chernick)发现, 凡是形如 $(6k+1)(12k+1)(18k+1)$ 的

数都是卡迈克尔数, 只要这 3 个因子都是素数. 此结论很容易用下列所谓的科尔塞特(Korselt, 1864—1947)准则(1899)来验证: 正整数 n 是卡迈克尔数当且仅当 n 无平方因子, 且对 n 的任意素因子 p, $p-1 \mid n-1$. 易见, 满足这个准则的数必须是至少有 3 个不同素因子的奇数. 爱多士曾猜测, 存在无穷多个卡迈克尔数. 1994 年, 这个猜想得到了证实. [1]

以上我们得到的伪素数全是奇数, 偶伪素数是存在的且有无穷多个, 最小的一个是 D. H. 拉赫曼发现的, 即 $161038 = 2 \times 73 \times 1103$. 下面我们给出两个比较大的偶伪素数.

1972 年, Rotkiewicz 问, 是否存在一个形如 $2^N - 2$ 的以 2 为底的伪素数. 1989 年, McDaniel 找到一个 $N = 465794$, $2^N - 2$ 是伪素数. 2007 年, 我和王飞峰、周侠[2] 找到了一个更小的 $N = 111482$, $2^N - 2$ 是以 2 为底的伪素数.

注意到 $N - 1 = 111481 = 23 \times 37 \times 131$, 由费尔马小定理可以推得

$$2^N \equiv 2^8 \equiv 3 (\mathrm{mod}\, 23),$$
$$2^N \equiv 2^{26} \equiv 3 (\mathrm{mod}\, 37),$$
$$2^N \equiv 2^{72} \equiv 3 (\mathrm{mod}\, 131),$$

故而 $2^N \equiv 3 (\mathrm{mod}\, n)$, 即 $(N-1) \big| (2^N - 3)$, 因此, $(2^{N-1} - 1) \big| (2^{2^N - 3} - 1)$. 令 $t = 2^N - 2$, 我们有

$$2^t \equiv 2 (\mathrm{mod}\, t).$$

也就是说, t 是我们要求的以 2 为底的伪素数. 借助计算机, 我们可以验证, $N = 111482$ 是使 $2^N - 2$ 成为以 2 为底的伪素数的最小数.

在一亿范围内, 共有 255 个卡迈克尔数.

备注　2016 年春天, 毕业于郑州牧业专科学校的河南打工青年余建春发现, 凡是形如 $(6k+1)(18k+1)(54k^2 + 12k + 1)$ 的数都是卡迈克尔数, 只要这 3 个因子都是素数. 数据表明, k 在一百、一千、一万和十万范围内, 余建春给出的卡迈克尔数与切尼克给出的卡迈克尔数个数大体相当.

---

[1] 参见 Alford, Granville, Pomerance. Ann. Math., 1994, 139: 703-722.

[2] 参见 Journal of Algebra. Number Theory and Applications, 2007, 9: 237-239.

素数或合数之链

在本章的最后，我们介绍一个新的概念，取自作者的一篇手稿[①].

定义 平面上 n 个格点(横坐标和纵坐标都是整数)的序列 $\{(x_i,y_i)\}(1\leqslant i\leqslant n)$ 称为一个链(chain)，若它满足

$$x_1=y_n=1,\ |x_i-x_{i+1}|\leqslant 1,\ |y_i-y_{i+1}|\leqslant 1,\ |x_i-x_{i+1}|+|y_i-y_{i+1}|\geqslant 1,\quad 1\leqslant i<n.$$

设 $f(x,y)$ 是二元数论函数. 所谓的素数链(或合数链)是指对每个 $1\leqslant i\leqslant n$，$\{(x_i,y_i)\}$ 总是素数(或总是合数). 如果这样的链存在，则称 n 是链的长度. 两条链是不相交的，如果它们没有一个共同的格点. 长度最短的链称为最短链，有时它并不唯一.

例 $f(x,y)=\dfrac{x+y}{(x,y)}$，最短的合数链之一是

$$\{(5,1),(6,2),(5,3),(5,4),(4,5),(3,5),(2,6),(1,5)\},\tag{C}$$

长度为 8. 我们作表如下，此处红心和黑桃都表示合数，其中黑桃组成最短的合数链，它对素数的包围看起来像是围棋里的厮杀.

合数链

$\dfrac{x+y}{(x,y)}$	$y=1$	2	3	4	5	6
$x=1$	2	3	♡	5	♠	
2	3	2	5	3	7	♠
3	♡	5	2	7	♠	
4	5	3	7	2	♠	
5	♠	7	♠	♠		
6		♠				

任给二元数论函数 $f(x,y)$，一个自然的问题是，它是否有素数链或合数链？进一步，是否存在无穷多条不相交的素数链或合数链？如何构造它们？下面我们

① 参见 Chains of primes or composites on $\dfrac{ax+by}{(ax,by)}$, Research Reports, Institute of Mathematics, Zhejiang University, 1998, 7(2): 1-13.

考虑函数 $f(x,y) = \dfrac{ax+by}{(ax,by)}$，其中 a, b 是互素的正整数. 当 $a=b=1$ 时，易知对任意素数 p，

$$\{(p-1,1),(p-2,2),\cdots,(1,p-1)\}$$

是素数链，且对不同的 p 互不相交，其最短链只有一个格点 $(1,1)$，即长度为 1. 当 $(a,b) \neq (1,1)$ 时，我们需要下列猜想的结论[①].

k 素数猜想 设 a_i, b_i 是整数，$a_i > 0, (a_i, b_i) = 1(1 \leqslant i \leqslant k)$，如果多项式

$$\prod_{1 \leqslant i \leqslant k} (a_i x + b_i) \tag{K}$$

无固定的素因子，则存在无穷多个 n，使得 $a_i n + b_i (1 \leqslant i \leqslant n)$ 均为素数.

当 $k = 2, a_1 = a_2 = 1, b_1 = 0, b_2 = 2$ 时，此即孪生素数猜想.

定理 1 设 a, b 是互素的正整数，$2 < a+b \leqslant 5$，假如 k 素数猜想成立，则数论函数 $\dfrac{ax+by}{(ax,by)}$ 有无穷多条不相交的素数链.

定理 2 设 a, b 是互素的正奇数，则数论函数 $\dfrac{ax+by}{(ax,by)}$ 有无穷多条合数链.

我们只给定理 1$(a,b)=(2,1)$ 情形的证明，为此需要 3.2 节定理 3.9(拉格朗日). 设 $\rho(f,p)$ 表示定理 3.9 中的同余式的解数，对任意素数 p, p 不是 $f(t)$ 的固定因子意味着 $\rho(f,p) < p$，而 $f(t)$ 无任何固定因子意味着对所有的素数 p，$\rho(f,p) < p$.

在式 (K) 中取 $(a_1, b_1) = (2,1), (a_2, b_2) = (1,0), f(t) = (2t+1)t$. 若 $p=2$，则 $2 \mid f(t)$ 当且仅当 $t \equiv 0 \pmod 2$，也即 $\rho(f,2) = 1 < 2$；若 $p \geqslant 3$，则 p 不整除 $f(t)$ 的首项系数，由拉格朗日定理，知 $\rho(f,p) < p$. 因此，假如 k 素数猜想成立，则存在无穷多个素数 t，使 $2t+1$ 是素数. 构造一个链如下：

$$\left\{ \left(t - \left[\frac{k}{2} \right], k \right) \middle| 1 \leqslant k \leqslant 2t-2 \right\}.$$

利用周期性，不难验证上式构成 $\dfrac{2x+y}{(2x,y)}$ 的素数链. 不相交性显而易见，故定理 1 获证.

---

① 参见 Halberstam, Richert. Sieve methods. Academic Press, 1976.

素数链

$\dfrac{2x+y}{(2x,y)}$	$y=1$	2	3	4	5	6	7	8
$x=1$	3	2	5	3	7	♡	♡	5
2	5	3	7	2	♡	5	11	
3	7	♡	3	5	11			
4	♡	5	11					
5	11							

猜想　对任何互素的正整数 a 和 b, 若 k 素数猜想成立, 则 $\dfrac{ax+by}{(ax,by)}$ 有无穷多条素数链.

当 a, b 一奇一偶时, 合数链的情况如何? 最短的链长是多少? 注意到链 C 包含了 2, 3, 5, 7 四个连续的素数, 一个新问题是, 是否所有的合数链都包含连续的素数?

习　题　3

1. 求最小的正整数 $n>2$, 使得 $2\mid n, 3\mid n+1, 4\mid n+2, 5\mid n+3, 6\mid n+4$.
2. 证明: (1) 对任意 n 个互异的素数 $p_1, p_2, \cdots, p_n$, 存在 n 个连续的整数, 使得第 k 个数能被 p_k 整除;

   (2) 存在 n 个连续的整数, 其中每一个都有平方因子.
3. 设 F_n 是斐波那契数列, 证明: 对任意正整数 n, 有 $F_{n-1}F_{n+1}-F_n^2=(-1)^n$.
4. 证明: 同余式组

$$\begin{cases} x\equiv a(\mathrm{mod}\,m), \\ x\equiv b(\mathrm{mod}\,n) \end{cases}$$

有解的充要条件是 $a\equiv b(\mathrm{mod}(m,n))$, 且在有解时关于模 $[m,n]$ 有唯一解.
5. 证明: 对任意奇素数 p,

   (1) $1^2 3^2\cdots(p-2)^2\equiv(-1)^{\frac{p+1}{2}}\ (\mathrm{mod}\,p)$;

   (2) $2^2 4^2\cdots(p-1)^2\equiv(-1)^{\frac{p+1}{2}}\ (\mathrm{mod}\,p)$.

6. 证明: 对任意正整数 m 和素数 $p>5$, 不定方程 $(p-1)!+1=p^m$ 无整数解.

7. 设 p 是素数, 证明: $\left(\dfrac{p-1}{2}!\right)^2+(-1)^{\frac{p-1}{2}}\equiv 0(\bmod p)$.

8. 设 p 是素数, $n=1+2+\cdots+(p-1)$, 证明: $(p-1)!\equiv p-1(\bmod n)$.

9. 令 $x_1=3$, $y_1=4$, $z_1=5$, 构造递推数列

$$\begin{cases} x_{n+1}=3x_n+2z_n+1, \\ y_{n+1}=3x_n+2z_n+2, \\ z_{n+1}=4x_n+3z_n+2. \end{cases}$$

证明: 对任意正整数 n, $\{x_n,y_n,z_n\}$ 是毕达哥拉斯数组, 即 $x_n^2+y_n^2=z_n^2$.

10. 设 p 是素数, $0<a<p$, 证明: 同余式 $ax\equiv b(\bmod p)$ 有解

$$x\equiv b(-1)^{a-1}\frac{(p-1)\cdots(p-a+1)}{a!}(\bmod p).$$

11. 证明: 不定方程 $x^3+y^3+z^3=x+y+z=3$ 仅有 4 组整数解:

$$(x,y,z)=(1,1,1),(4,4,-5),(4,-5,4),(-5,4,4).$$

12. 设 $n=p_1p_2\cdots p_k$, 素数 p_i 互异, $k>2$, 且对任意 i, $p_i-1\,|\,n-1$, 则 n 是卡迈克尔数.

习题3参考解答

第 4 章

平 方 剩 余

4.1 二次同余式

前面我们讨论了一次同余式，这类问题既简洁又实用；现在我们要系统地研究二次同余式，它的特点是既深刻又优美。当然，二次同余式并非单纯的美丽，在组合学和几何学的结构中也有它的用武之地。虽说费尔马、欧拉、拉格朗日和勒让德等 17～18 世纪的数论学家都曾给出二次同余式的有关结论和猜测，但高斯首先系统地予以讨论，并命名了二次剩余和二次非剩余等术语。

高斯 26 岁肖像，民主德国发行的纪念邮票

二次同余式的一般形式是

$$ax^2 + bx + c \equiv 0 (\bmod m), \quad (a, m) = 1.$$

与一次同余式一样，二次同余式可能有解，也可能没有解。例如，$x^2 - 2 \equiv 0 (\bmod 3)$ 就没有解。因此，我们首先要讨论什么时候方程有解。由算术基本定理和前文有关结论，我们只需要讨论素幂模的情形。进一步，我们只要考虑下列形式的二次剩余：

$$x^2 \equiv a (\bmod p^{\alpha}), \quad (a, p) = 1,$$

或者较为一般的形式

$$x^2 \equiv a \pmod{m}, \quad (a, m) = 1 . \tag{4.1}$$

定义 4.1　若同余式(4.1)有解, 则 a 称为模 m 的二次剩余或平方剩余(quadratic residue), 若同余式(4.1)无解, 则 a 称为模 m 的二次非剩余或平方非剩余(quadratic nonresidue).

下面我们先来考虑 $m=p$ 为奇素数的情形, 即同余式

$$x^2 \equiv a \pmod{p}, \quad (a, p) = 1 . \tag{4.2}$$

定理 4.1(欧拉)　若 $(a, p) = 1$, 则 a 是模 p 的平方剩余的充要条件是

$$a^{\frac{p-1}{2}} \equiv 1 \pmod{p} ; \tag{4.3}$$

而 a 是模 p 的平方非剩余的充要条件是

$$a^{\frac{p-1}{2}} \equiv -1 \pmod{p} . \tag{4.4}$$

进一步, 若 a 是模 p 的平方剩余, 则式(4.2)恰好有两个解.

证　因为 $(x^2 - a) \Big| \Big(x^{p-1} - a^{\frac{p-1}{2}} \Big)$, 即有一整系数多项式 $q(x)$, 使

$$x^{p-1} - a^{\frac{p-1}{2}} = (x^2 - a) q(x),$$

故而

$$x^p - x = x \left(x^{p-1} - a^{\frac{p-1}{2}} \right) + \left(a^{\frac{p-1}{2}} - 1 \right) x$$

$$= (x^2 - a) x q(x) + \left(a^{\frac{p-1}{2}} - 1 \right) x .$$

若 a 是模 p 的平方剩余, 由费尔马小定理知式(4.3)成立, 再由上式和 3.2 节定理 3.10 知, 式(4.2)有两解. 反之, 若式(4.3)成立, 则由同一定理知 a 是模 p 的平方剩余.

另一方面, 由费尔马小定理知, 若 $(a, p) = 1$, 则 $a^{p-1} \equiv 1 \pmod{p}$, 因而

$$\left(a^{\frac{p-1}{2}} - 1 \right) \left(a^{\frac{p-1}{2}} + 1 \right) \equiv 0 \pmod{p} .$$

由于 $p > 2$, 故式(4.3)和式(4.4)中有且仅有一式成立, 由上面的分析知 a 是模 p 的平

方非剩余的充要条件是

$$a^{\frac{p-1}{2}} \not\equiv 1 (\mathrm{mod}\, p).$$

故式(4.3)即为 a 是模 p 平方剩余的充要条件.

定理 4.2　模 p 的简化剩余系中, 平方剩余与平方非剩余的个数各为 $\dfrac{p-1}{2}$, 而且 $\dfrac{p-1}{2}$ 个平方剩余恰与序列

$$1^2, 2^2, \cdots, \left(\frac{p-1}{2}\right)^2 \tag{4.5}$$

一一对应同余.

证　由定理4.1可知, 模 p 平方剩余的个数等于同余式 $x^{\frac{p-1}{2}} \equiv 1 (\mathrm{mod}\, p)$ 的解数. 但 $x^{\frac{p-1}{2}} - 1$ 能整除 $x^p - x$, 故由 3.2 节定理 3.10 知, 平方剩余的个数是 $\dfrac{p-1}{2}$, 而平方非剩余的个数为 $p - 1 - \dfrac{p-1}{2} = \dfrac{p-1}{2}$.

下证定理的后半部分. 显然, 式(4.5)中的每个数都是平方剩余, 它们是互不同余的, 因若 $k^2 \equiv l^2 (\mathrm{mod}\, p)$, $1 \leqslant k, l \leqslant \dfrac{p-1}{2}$, 则必有 $k = l$, 这不可能. 定理 4.2 得证.

例 4.1　分别求出模 23 和模 37 的平方剩余和平方非剩余.

例 4.2　若 $p=4m+1$ 是素数, 则 $x \equiv \pm(2m)! (\mathrm{mod}\, p)$ 为下列同余式的两个解:

$$x^2 + 1 \equiv 0 (\mathrm{mod}\, p).$$

最后, 我们介绍一个很有意思的结论.

命题 4.1 (高斯)　设 p 为奇素数, 则对任意正整数 n, 二元二次同余方程

$$n \equiv x^2 + y^2 (\mathrm{mod}\, 2p)$$

恒有整数解.

证　当 n 能表示成两个整数的平方和时, 显然成立. 下设 n 不能表示成两个整数的平方和, 考虑以下 $2p+1$ 个数:

$$1^2, 2^2, 3^2, \cdots, p^2;\ n, n-1^2, n-2^2, n-3^2, \cdots, n-p^2,$$

因为 n 不能表示成两个整数的平方和, 它们是互异的. 但模 $2p$ 只有 $2p$ 个剩余, 故这 $2p+1$ 个数中必有两个模 $2p$ 同余. 若这两个数均属于 $\{1^2, 2^2, 3^2, \cdots, p^2\}$, 则存在

$1 \leqslant i < j \leqslant p$，使得 $i^2 \equiv j^2 \pmod{2p}$，这不可能. 同理，它们也不可能同时属于 $\{n, n-1^2, n-2^2, n-3^2, \cdots, n-p^2\}$. 故存在 $1 \leqslant x \leqslant p-1$，$0 \leqslant y \leqslant p-1$，使得 $x^2 \equiv n - y^2 \pmod{2p}$，即 $n \equiv x^2 + y^2 \pmod{2p}$. 命题获证.

不过，若把模 $2p$ 换成 $4p$，则上述同余式不成立. 这是因为，$3 \equiv x^2 + y^2 \pmod 4$ 无解.

备注 事实上，高斯得到的结果比这个更广：设 m 是正整数，$p^2 \nmid m$ 对于 $p = 2$ 和任何模 4 余 3 的奇素数成立，则二元二次同余方程

$$n \equiv x^2 + y^2 \pmod m \tag{4.6}$$

恒有整数解.

而我们发现：设 m 是给定的正整数，则对任意整数 n,

$$n \equiv \binom{x}{2} + \binom{y}{2} \pmod m$$

恒有解.

这个结果可以从杨全会和汤敏的一个结果[①]直接推出，他们用圆法证明了，若 $8 \mid m$，则式 (4.6) 有解的充要条件是 $n \equiv 2 \pmod 8$. 事实上，此时的解 x 和 y 必为奇数，设为 $2x_1 - 1$ 和 $2y_1 - 1$，则令 $m = 8m_1$，$n = 8n_1 + 2$，代入式 (4.6)，经过化简，即可得 $n_1 \equiv \binom{x_1}{2} + \binom{y_1}{2} \pmod{m_1}$.

另外，我们想问，下列同余式是否有解？

$$n \equiv \binom{x}{3} + \binom{y}{3} \pmod m.$$

又若设素数 $p \neq 5$，是否对于任意正整数 n，同余式

$$n \equiv x^2 + y^4 \pmod{2p}$$

恒有解？

📖 高斯环上的整数

令 $\mathrm{i} = \sqrt{-1}$，$A = \mathbf{Z}[\mathrm{i}] = \{a + b\mathrm{i} \mid a, b \in \mathbf{Z}\}$. 容易看出，集合 $\mathbf{Z}(\mathrm{i})$ 对加法和乘法运算封闭，$\mathbf{Z}(\mathrm{i})$ 上的任一元素对应于复平面上的一个整点 (格点). 因为高斯最早研究了这种数，我们称 $\mathbf{Z}(\mathrm{i})$ 为高斯整数环或高斯环，$\mathbf{Z}(\mathrm{i})$ 中每个元素称为高斯整数，通

---

① 参见 J. Number Theory, 2015, 155: 1-12.

常的整数则可称为有理整数. 在复平面上, 任意一点 $x = a + bi$ 的范数定义为

$$\|x\| = a^2 + b^2 = (a+bi)(a-bi).$$

显然, 范数是 1 的高斯整数有 $\{1, -1, i, -i\}$, 它们被称为高斯整数环上的单位元. 范数的定义使之与整数表示为两平方数之和的问题相联系. 利用斐波那契恒等式, 不难得到

$$\|xy\| = \|x\|\|y\|.$$

所谓斐波那契恒等式是指

$$(a^2 + b^2)(c^2 + d^2) = (ac \pm bd)^2 + (ad \mp bc)^2.$$

它最早出现在 3 世纪丢番图的《算术》一书中, 7 世纪的印度数学家婆罗摩笈多 (Brahmagupta, 约 598—约 665) 重新发现了它, 并将其推广为

$$(a^2 + nb^2)(c^2 + nd^2) = (ac \pm nbd)^2 + n(ad \mp bc)^2.$$

也就是说, $x^2 + ny^2$ 也是乘法封闭的. 这两个公式都出现在斐波那契的《平方数书》 (1225) 里. 进一步, 上式还可以推广为

$$(ma^2 + nb^2)(mc^2 + nd^2) = (mac \pm nbd)^2 + mn(ad \mp bc)^2.$$

定理(高斯) 高斯环上的整数可以进行带余数除法, 即对任意的 $x, y \in A, y \neq 0$, 存在 $q, r \in A$, 使得

$$x = qy + r, 0 \leqslant \|r\| < \|y\|.$$

证 因为 $y \neq 0$, 故有

$$\frac{x}{y} = \alpha + i\beta, \quad \alpha, \beta \in \mathbf{Q}.$$

于是, 存在 $a, b \in \mathbf{Z}$, 满足 $|a - \alpha|, |b - \beta| \leqslant \dfrac{1}{2}$. 设 $q = a + bi$, 则 $\left\|\dfrac{x}{y} - q\right\| \leqslant \dfrac{2}{4}$. 另一方面, 注意到 $x = qy + (x - qy)$, 故有

$$x - qy = 0 \text{ 或 } \|x - qy\| \leqslant \frac{1}{2}\|y\| < \|y\|.$$

定理获证.

满足带余除法的环被称为欧几里得环. 因此, 高斯整数环是欧几里得环. 在欧几里得环里, 算术基本定理即素数分解因子仍然成立, 但不同的环素数的概念不尽相同. 高斯整数环中的素数也称为高斯素数, 利用 4.2 节的结论, 即有理素数 p 可表示为两个整数的平方和当且仅当它形如 $4m+1$, 我们不难得到以下定理.

定理 (费尔马-欧拉) 有理素数可以分解为高斯整数环中的素数的乘积, 具体为

$2 = (-i)(1+i)^2$, 这里 $1+i$ 是素数;

$p = p$，　　　　　这里 p 是素数，若 $p \equiv 3 \pmod 4$；

$p = q_1 q_2$，　　　　这里 q_1, q_2 是不相伴的素数，若 $p \equiv 1 \pmod 4$．

在高斯整数环上，还有一些猜想和未解决的问题，例如：

(1) 由定理即知实数轴(虚数轴也一样)含有无穷多个高斯素数 3, 7, 11, 19, …，在复平面上，还存在任意其他的直线有无穷多个高斯素数吗？特别地，实数部分为 1 的直线上存在无穷多个高斯素数吗？

(2) 踩着高斯素数行走，步伐小于某个给定的值，可以到达无穷远吗？

(3) 高斯整数环上也有相应的哥德巴赫猜想和孪生素数猜想．

如下面左图所示，这是德国邮票上的高斯整数．高斯素数的集合组成了一个精美的图案，可以用作地板的铺设或桌布的设计．下面右图是所谓的艾森斯坦-雅可比整数环上的素数分布，这类整数可以表示成 $a + b\omega$，其中 a, b 为有理整数，而 ω 是 1 的复立方根，即满足 $\omega^2 + \omega + 1 = 0$，这个环里也存在素数因子的唯一分解．不过因为有 6 个单位元(比高斯整数环多 2 个)，图像呈六角形对称．

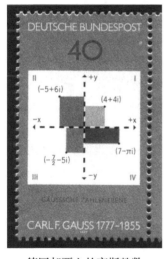

德国邮票上的高斯整数

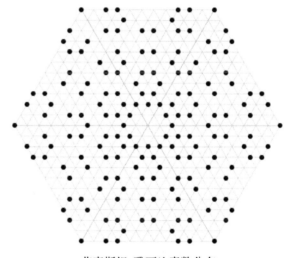

艾森斯坦-雅可比素数分布

值得一提的是，除了高斯整数环，在一般二次域里也有一些有趣的数论问题．例如，费尔马大定理有一些特殊的解：

$$(18 + 17\sqrt{2})^3 + (18 - 17\sqrt{2})^3 = 42^3,$$

$$\left(\frac{1 + \sqrt{-7}}{2}\right)^4 + \left(\frac{1 - \sqrt{-7}}{2}\right)^4 = 1^4,$$

其中第一个方程(n=3)在 $\mathbf{Q}(\sqrt{3})$ 中无解，$n \geq 4$ 时它在 $\mathbf{Q}(\sqrt{2})$ 上无解；第二个方程(n=4)在二次域里也仅有这么一个解．

4.2　勒让德符号

勒让德是法国数学鼎盛时期"三 L"中最年轻的一位, 另外两个是拉格朗日和拉普拉斯(Laplace, 1749—1827). 勒让德是地地道道的巴黎人, 虽说法国盛产数学大师, 但这种情况极其少见. 他以一部《几何原本》为同时代人熟知, 这部教材是对欧几里得同名著作的改进, 在英语世界尤受欢迎, 其中一个版本的译者是苏格兰著名文学家和历史学家卡莱尔(Carlyle, 1795—1881). 如今, 勒让德以微分方程中的勒让德函数和勒让德多项式留名. 此外, 还有数论中的勒让德符号, 这个符号是这样定义的.

2004 年发现的勒让德水彩画像(1820)　　政治家勒让德像, 一直被误作数学家勒让德近两个世纪

定义 4.2　勒让德符号 $\left(\dfrac{a}{p}\right)$(读作 a 对 p 的勒让德符号)是定义在某个给定的奇素数 p 上的数论函数, 其取值规定如下:

$$\left(\frac{a}{p}\right)=\begin{cases}1, & a\text{是模 }p\text{ 的平方剩余},\\ -1, & a\text{是模 }p\text{ 的平方非剩余},\\ 0, & p\,|\,a.\end{cases}$$

从这个定义可知, 如果能够求出勒让德符号的值, 也就知道了同余式

$$x^2\equiv a(\bmod\ p)$$

是否有解, 勒让德符号的计算比欧拉判别条件更有成效, 但其推导依赖于后者.

由定理 4.1 可得,

$$\left(\frac{a}{p}\right) \equiv a^{\frac{p-1}{2}} \pmod{p}. \tag{4.7}$$

因此

$$\left(\frac{1}{p}\right) = 1, \quad \left(\frac{-1}{p}\right) = (-1)^{\frac{p-1}{2}}.$$

由定义可知

$$\left(\frac{a+kp}{p}\right) = \left(\frac{a}{p}\right).$$

同样, 反复利用式(4.7)可得

$$\left(\frac{a_1 a_2 \ldots a_n}{p}\right) \equiv \left(\frac{a_1}{p}\right)\left(\frac{a_2}{p}\right)\cdots\left(\frac{a_n}{p}\right) \pmod{p},$$

再由定义,

$$\left|\left(\frac{a_1 a_2 \cdots a_n}{p}\right) - \left(\frac{a_1}{p}\right)\left(\frac{a_2}{p}\right)\cdots\left(\frac{a_n}{p}\right)\right| \leqslant 2, \quad p > 2,$$

故而

$$\left(\frac{a_1 a_2 \cdots a_n}{p}\right) = \left(\frac{a_1}{p}\right)\left(\frac{a_2}{p}\right)\cdots\left(\frac{a_n}{p}\right),$$

即 $\left(\dfrac{a}{p}\right)$ 是完全可乘函数. 特别地, 我们有

$$\left(\frac{ab^2}{p}\right) = \left(\frac{a}{p}\right), \quad p \nmid b.$$

接下来, 我们要考虑 $a=2$ 的情形. 为此, 我们需要下面的引理.

引理 4.1 (高斯) 设 $(a, p)=1$, $ak\left(1 \leqslant k \leqslant \dfrac{p-1}{2}\right)$ 模 p 的最小非负剩余是 r_k, 若大于 $\dfrac{p}{2}$ 的 r_k 个数为 t, 则

$$\left(\frac{a}{p}\right) = (-1)^t.$$

证 设 $a_1, a_2, \cdots, a_s$ 是所有小于 $\dfrac{p}{2}$ 的 r_k, $b_1, b_2, \cdots, b_t$ 是所有大于 $\dfrac{p}{2}$ 的 r_k, 由假设知

$$a^{\frac{p-1}{2}}\left(\frac{p-1}{2}\right)! = \prod_{k<\frac{p-1}{2}} ak \equiv \prod_{i=1}^{s} a_i \prod_{j=1}^{t} b_j (\bmod p). \tag{4.8}$$

由于 $\frac{p}{2} < b_j < p$ ，故 $1 \leqslant p - b_j < \frac{p}{2}$ ，且有 $p - b_j \neq a_i$ ，否则有一组 i,j 满足 $a_i + b_j = p$ ，即有 k_1 和 k_2 使得 $k_1 + k_2 \equiv 0 (\bmod p)$ ，这不可能. 因此，由式(4.8)及 $s + t = \frac{p-1}{2}$ ，可得

$$a^{\frac{p-1}{2}}\left(\frac{p-1}{2}\right)! \equiv (-1)^t \prod_{i=1}^{s} a_i \prod_{j=1}^{t} (p - b_j) = (-1)^t \left(\frac{p-1}{2}\right)! (\bmod p),$$

引理得证.

定理 4.3　对任意奇素数 p,

$$\left(\frac{2}{p}\right) = (-1)^{\frac{p^2-1}{8}}.$$

若 $(a,p)=1$, $2 \nmid a$, 则

$$\left(\frac{a}{p}\right) = (-1)^{\sum\limits_{1 \leqslant k \leqslant \frac{p-1}{2}} \left[\frac{ak}{p}\right]}.$$

证　假如 r_k, a_i, b_j, s, t 的意义如引理 4.1 证明所设, 则由 1.2 节补充之性质 3 可知

$$ak = p\left[\frac{ak}{p}\right] + r_k,$$

于是, 由引理 4.1 证明可得

$$\begin{aligned}
a\frac{p^2-1}{8} &= p\sum_{k=1}^{\frac{p-1}{2}}\left[\frac{ak}{p}\right] + \sum_{i=1}^{s} a_i + \sum_{j=1}^{t} b_j \\
&= p\sum_{k=1}^{\frac{p-1}{2}}\left[\frac{ak}{p}\right] + \sum_{i=1}^{s} a_i + \sum_{j=1}^{t}(p - b_j) + 2\sum_{j=1}^{t} b_j - tp \\
&= p\sum_{k=1}^{\frac{p-1}{2}}\left[\frac{ak}{p}\right] + \sum_{k=1}^{\frac{p-1}{2}} k - tp + 2\sum_{j=1}^{t} b_j \\
&= p\sum_{k=1}^{\frac{p-1}{2}}\left[\frac{ak}{p}\right] + \frac{p^2-1}{2} - tp + 2\sum_{j=1}^{t} b_j,
\end{aligned}$$

即

$$(a-1)\frac{p^2-1}{8} \equiv \sum_{k=1}^{\frac{p-1}{2}}\left[\frac{ak}{p}\right] + t \pmod{2}. \tag{4.9}$$

若 $a=2$, 则 $0 \leqslant \left[\dfrac{ak}{p}\right] \leqslant \left[\dfrac{p-1}{p}\right] = 0$, 故由式(4.9),

$$t \equiv \frac{p^2-1}{8} \pmod{2};$$

若 $2 \nmid a$, 则由式(4.9),

$$t \equiv \sum_{k=1}^{\frac{p-1}{2}}\left[\frac{ak}{p}\right] \pmod{2}.$$

由高斯引理即得定理 4.3 成立.

推论　当 $p = 8n \pm 1$ 时, 2 是平方剩余; 而当 $p = 8n \pm 3$ 时, 2 是平方非剩余.

现在我们可以证明 1.3 节的论断, 即若存在无穷多个 $4m+3$ 型的索菲·热尔曼素数, 则有无穷多个梅森合数. 事实上, 若 p 模 4 余 3, p 和 $q=2p+1$ 均为素数, 则由费马小定理知,

$$2^{2p} \equiv 1 \pmod{q}.$$

故 $q\,|\,(2^p-1)$ 或 $q\,|\,(2^p+1)$. 假如后者成立, 则 $2^{p+1} = (2^{\frac{p+1}{2}})^2 \equiv -2 \pmod{q}$, 这就意味着 $\left(\dfrac{-2}{q}\right) = 1$. 另一方面, 因为 q 模 8 余 7, 故 $\left(\dfrac{-1}{q}\right) = -1$, $\left(\dfrac{2}{q}\right) = 1$. 矛盾! 因此 $q\,|\,M_p = 2^p - 1$, 即 M_p 为合数.

最后, 我们介绍虚二数域中的类数, 它是用来刻画理想的因子分解情况的. 若类数是 1, 则可以唯一分解. 类数也可以从二项式 ax^2+bx+c 出发, 对于给定的判别式 $\Delta = b^2 - 4ac \equiv 0$ 或 $1 \pmod{4}$, $h(\Delta)$ 表示判别式为 Δ 的简化二项式 $(|b| \leqslant a \leqslant c)$ 的个数. 高斯猜测类数为 1 的共有 9 个, 即 $\Delta = -3, -4, -7, -8, -11, -19, -43, -67, -163$, 其中素数有 7 个, 一个半世纪以后被证实. 例如, x^2+xy+y^2 对应于 $\Delta = -3$, $h(-3)=1$, 而 x^2+3y^2 和 $2(x^2+xy+y^2)$ 对应于 $\Delta = -12$, $h(-12)=2$. 值得一提的是, 对于任意模 4 余 3 的奇素数 p, Δ, $h(-p)$ 均为奇数.

著名的狄利克雷类数公式是指, 对于任何素数 P,

$$h(-p) = \begin{cases} 1, & p = 3, \\ -\dfrac{1}{p}\sum_{i=1}^{p-1} i\left(\dfrac{i}{p}\right), & p > 3, \ p \equiv 3 \pmod 4, \\ \dfrac{1}{2}\sum_{i=1}^{p-1}(-1)^{\frac{i(i-1)}{2}}\left(\dfrac{i}{p}\right), & p \equiv 1 \pmod 4. \end{cases}$$

对于素数 $p > 3$, $p \equiv 3 \pmod 4$, 也有

$$h(-p) = \frac{1}{2 - \left(\dfrac{2}{p}\right)} \sum_{i=1}^{(p-1)/2} \left(\frac{i}{p}\right).$$

任给奇素数 p, 考虑模 p 的二次剩余的和 $Q = \sum\limits_{\left(\frac{i}{p}\right)=1} i$. 由定理 4.2 知, 易知 $p|Q$. 进而, 利用狄利克雷类数公式和二次剩余的性质, 可得

$$\frac{Q}{p} = \begin{cases} \dfrac{p-1}{4}, & p \equiv 1 \pmod 4, \\ \dfrac{p-1-2h(-p)}{4}, & p \equiv 3 \pmod 4. \end{cases}$$

备注 对于三次剩余和四次剩余, 假设相应的和分别为 Q_3 和 Q_4, 则应有

$$\frac{Q_3}{p} = \begin{cases} \dfrac{p-1}{6}, & p \equiv 1 \pmod 6, \\ \dfrac{p-1}{2}, & p \equiv 5 \pmod 6; \end{cases}$$

$$\frac{Q_4}{p} = \begin{cases} \dfrac{p-1-2h(-p)}{4}, & p \equiv 3 \pmod 4, \\ \dfrac{p-1}{8}, & p \equiv 1 \pmod 8, \\ \sim \dfrac{p-5}{8}, & p \equiv 5 \pmod 8. \end{cases}$$

这里 ~ 的意思是约等于, 会有正负误差.

📖 表整数为平方和

易知, $2 = 1^2 + 1^2, 5 = 1^2 + 2^2, 13 = 2^2 + 3^2$ 等. 一般地, 2 和形如 $4n+1$ 的奇素数均可以表示成两个整数的平方和, 且在排除了对称性之后表示方法唯一, 而形如

$4n+3$ 的奇素数则不能表示成两个整数的平方和. 后者显而易见, 这是因为 $x^2 + y^2 \equiv 0,1$ 或 $2 \pmod 4$, 前者有多种证法, 比如可以像 3.3 节那样用费尔马的递降法. 这里, 我们用 1.3 节的抽屉原理给出一个简洁的证明.

因为 $p \equiv 1 \pmod 4$, 故 $\left(\dfrac{-1}{p}\right) = 1$, 存在整数 t, 满足

$$t^2 + 1 \equiv 0 \pmod p, \quad (t,p) = 1. \tag{R}$$

考虑 $tx - y$, x 和 y 取遍 $0,1,\cdots,[\sqrt{p}]$, 共有 $([\sqrt{p}]+1)^2 > p$ 个. 由抽屉原理, 存在两组不同的 $\{x_1, y_1\}$ 和 $\{x_2, y_2\}$, 满足

$$tx_1 - y_1 \equiv tx_2 - y_2 \pmod p.$$

注意到 $(t,p)=1$, 易知 $x_1 \neq x_2, y_1 \neq y_2$. 不妨设 $y_1 > y_2, y = y_1 - y_2, x = \pm(x_1 - x_2)$,

$$ty \equiv x \pmod p.$$

此处, $0 < x,y < \sqrt{p}$.

因为 $(y,p)=1$, 故存在整数 y^{-1} 满足 $yy^{-1} \equiv 1 \pmod p$, 从而 $t \equiv \pm xy^{-1} \pmod p$, 代入式 (R) 可得 $x^2 + y^2 \equiv 0 \pmod p$. 又因 $0 < x^2 + y^2 < 2p$, 即得 $x^2 + y^2 = p$.

下证表示法的唯一性. 设有

$$p = x^2 + y^2 = a^2 + b^2, \quad x > 0, \ y > 0, \ a > 0, \ b > 0,$$

则有

$$(ax - by)(ax + by) = a^2 x^2 - b^2 y^2 = a^2(x^2 + y^2) - y^2(a^2 + b^2) \equiv 0 \pmod p,$$

故 $p \mid (ax - by)$ 或 $p \mid (ax + by)$. 又由 4.1 节的斐波那契恒等式可知

$$p^2 = (ax \mp by)^2 + (ay \pm bx)^2.$$

若 $p \mid ax - by$, 由于 $ay + bx > 0$, 故而 $ax - by = 0$. 再由 $(a,b) = (x,y) = 1$, 即可得 $a = y, b = x$. 而若 $p \mid ax + by$, 同理可推出 $ay - bx = 0, a = x, b = y$. 表示方法唯一性得证.

还有一种证明是构造性的, 设 $a(b)$ 分别是模 p 的任何一个平方 (非) 剩余, 则

$$p = s_a^2 + s_b^2,$$

其中

$$s_k = \frac{1}{2} \sum_{i=0}^{p-1} \left(\frac{i(i^2 + k)}{p} \right), \quad k = a,b.$$

上述两整数的平方和是所谓的二次型 $ax^2 + bxy + cy^2$ 的特殊形式, 这里 a,b,c 是整数, $\Delta = b^2 - 4ac$ 称为判别式. 可否或如何表示整数是二次型的主要研究内容, 下面我们讨论一般正整数 m 表示成平方和的情形, 有以下结果.

定理 设 $n = n_1^2 n_2$，$n>0$，n_2 无平方因子，则 n 能表示成两个整数的平方和的充要条件是 n_2 没有形如 $4m+3$ 的素因子.

证 先来看充分性：若 n_2 没有形如 $4m+3$ 的素因子，则由 $2 = 1^2 + 1^2$ 和前述结论，n_2 的每个素因子均可表示成两个整数的平方和. 再利用 4.1 节的婆罗摩笈多-斐波那契恒等式，即知充分性成立.

再来看必要性：设 $p=4m+3$ 整除 n_2，则有 $r \geqslant 1$，$p^r \| n$. 由定理假设易知，r 为奇数. 反设 $n = x^2 + y^2$. 令 $(x,y) = d$，则有 $x = dx_1, y = dy_1, (x_1, y_1) = 1, n = d^2(x_1^2 + y_1^2)$. 因 r 是奇数，故 $p | x_1^2 + y_1^2$，且 $(p, x_1) = 1$. 不然的话，$p | x_1, p | y_1$，与 $(x_1, y_1) = 1$ 不符. 因此

$$x_1^2 + y_1^2 \equiv 0 (\mathrm{mod}\, p), \quad (p, x_1) = 1.$$

又由 2.1 节例 2.5 知，存在整数 x_1' 满足 $x_1 x_1' \equiv 1 (\mathrm{mod}\, p)$，故有

$$(y_1 x_1')^2 \equiv -1 (\mathrm{mod}\, p),$$

即 $\left(\dfrac{-1}{p} \right) = 1$. 另一方面，由勒让德符号的性质，$\left(\dfrac{-1}{p} \right) = (-1)^{2m+1} = -1$，从而矛盾，必要性成立. 定理得证.

特别地，素数 p 能表示成两个整数的平方和，当且仅当它形如 $4m+1$. 进一步，设 $n = 2^\alpha \prod p^r \prod q^s$，其中 p, q 分别通过 n 的形如 $4m+1$ 和 $4m+3$ 的素因子，$\delta(n)$ 是 n 表示成两个整数平方和的表法数，用复变量的方法可以证明

$$\delta(n) = 4 \prod (1+r) \prod \frac{1 + (-1)^s}{2},$$

或者

$$\delta(n) = 4 \sum_{d|n} k(d),$$

此处

$$k(n) = \begin{cases} 0, & n\text{是偶数}, \\ (-1)^{\frac{n-1}{2}}, & n\text{是奇数} \end{cases}$$

是一个完全可乘函数.

作为定理的一个应用，我们有以下结果. 方程

$$\begin{cases} n = a + b, \\ ab = x^2 \end{cases} \tag{μ}$$

有正整数解当且仅当 n 为偶数或 n 有形如 $4m+1$ 的素因子.

现在，我们要指出两个著名的结果：

定理(拉格朗日)　任意正整数均可表示成四个整数的平方和.

定理 (高斯)　除非形如 $4^k(8n+7)$，任意正整数均可以表示成三个整数的平方和.

特别地，8n+3 形的整数一定可以表示成三个整数的平方和，由此我们可以推出拉格朗日定理. 先来考虑素数 p，若 $p=2$，则显然结论成立；若 $p \equiv 1(\bmod 4)$，则由上述定理知，它可以表示成两个整数的平方和；又若 $p \equiv 3(\bmod 4)$，则必有 p 或 $p-4$ 模 8 余 3，故而它可以表示成三个整数的平方和，而 4 本身也是平方数. 对于一般的正整数，只需注意到，若 $m = x_1^2 + x_2^2 + x_3^2 + x_4^2$，$n = y_1^2 + y_2^2 + y_3^2 + y_4^2$，则有

$$mn = (x_1 y_1 + x_2 y_2 + x_3 y_3 + x_4 y_4)^2 + (x_1 y_2 - x_2 y_1 + x_3 y_4 - x_4 y_3)^2$$
$$+ (x_1 y_3 - x_3 y_1 + x_4 y_2 - x_2 y_4)^2 + (x_1 y_4 - x_4 y_1 + x_2 y_3 - x_3 y_2)^2.$$

拉格朗日、欧拉和高斯堪称十全十美的数学家，他们一方面能洞察自然数的奇妙性质，另一方面又能对浩瀚太空中的星球指指点点.

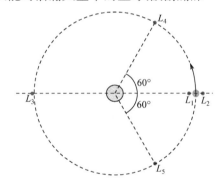

拉格朗日点，其中较稳定的 L_4，L_5 分别与太阳、月球构成全等三角形

若把 $\delta(n)$ 扩充成为 $\Delta(n) = \{n = a+b, ab = c^2\}$，则 $\Delta(n) \geqslant \delta(n)$. 1966 年，Beiler 证明了，若 n 为奇数，$n = n_1 n_2$，n_1, n_2 分别表示 n 的 $\equiv 1(\bmod 4)$ 和 $\equiv 3(\bmod 4)$ 的全体素因子的乘积，则

$$\Delta(n) = \frac{1}{2}\left\{\sum_{d|n_1} 2^{\omega(d)} - 1\right\},$$

其中 $\omega(d)$ 表示 d 的不同素因子个数，它也是一个可乘函数. 作者和沈忠燕、陈德溢[1]，

---

[1] 参见 The number of representations for $n = a+b$ with $ab = tc^2$ or $\binom{c}{2}$.

证明了更一般的情形, 同时得到, 对于偶数 $n=2^{\alpha}n_1n_2$ ($\alpha \geqslant 1$, n_1, n_2 的意义同上), 证明了

$$\Delta(n)=\sum_{d|n_1}2^{\omega(d)}.$$

这里需要指出, 1mod4 素数之所以能够表示为两个整数的平方和, 例如 $13=2^2+3^2=(2+3\sqrt{-1})(2-3\sqrt{-1})$, 是因为在二次域 $\mathbf{Q}(\sqrt{-1})$ 中此类素数可分解为两个素元的乘积, 而 3mod4 素数本身就是 $\mathbf{Q}(\sqrt{-1})$ 的素元. 一般地, 二次数域中的素数分解问题, 以及二次数域里整数环中的唯一素理想分解问题, 属于类域论 (class field theory) 的研究范畴, 这是由费尔马的命题和 4.3 节介绍的高斯二次互反律问题引出的一个代数数论分支.

除了式 (μ), 我们还考虑了方程

$$\begin{cases} n=a+b, \\ ab=\binom{c}{2} \end{cases} \qquad (\nu)$$

的可解性. 我们的结果是: 式 (ν) 有正整数解当且仅当 $2n^2+1$ 是合数.

事实上, 上述方程有解当且仅当 $2n^2+1$ 有另一种形式表示成 $2x^2+y^2$, $y \geqslant 3$ ($\Rightarrow$ 取 $x=a-b, y=2c-1$; $\Leftarrow y$ 奇, n 和 x 同奇偶, 取 $a=\dfrac{n+x}{2}$, $b=\dfrac{n-x}{2}$, $c=\dfrac{y+1}{2}$). 故若记 $T=2n^2+1$, 则式 (ν) 的解数为 T 表示成 $2x^2+y^2$ (x, y 为正整数) 形式的个数减 1, 由 mass formula[1], 注意到这里要求 x 和 y 是正整数, 故 $T=\dfrac{1}{2}\sum_{d|2n^2+1}\left(\dfrac{-2}{d}\right)$, 此处 ( ) 是克罗内克符号(定义参见 4.4 节), 当 d 为大于 1 的奇数时等同于雅可比符号. 因此, 式 (ν) 无解当且仅当 $\sum_{d|2n^2+1}\left(\dfrac{-2}{d}\right)=2$.

若 $d=p_1^{\alpha_1}p_2^{\alpha_2}\cdots p_k^{\alpha_k}|2n^2+1$, 则有 $p_i|2n^2+1$, 此处 $p_i(1 \leqslant i \leqslant k)$ 是奇素数. 故而 $p_i \nmid n$, 存在 n' 使得 $nn' \equiv 1 \pmod{p_i}$. 因此, 由 $2n^2+1 \equiv 0 \pmod{p_i}$ 可得 $2+(n')^2 \equiv 0 \pmod{p_i}$, $\left(\dfrac{-2}{p_i}\right)=1$. 再由雅可比(克罗内克)符号定义知, $\left(\dfrac{-2}{d}\right)=1$. 从而式 (ν) 无解当且仅当 $\sum_{d|2n^2+1}1=2$, 即 $2n^2+1$ 为素数.

类似地, 我们可得方程(1752 年, 欧拉在写给哥德巴赫的信中问及: n^2+1

---

[1]参见 J. P. Cook, The Mass Formula for Binary Quadratic Forms, Theorem 5.2, Preprint.

型素数是否有无穷多？）

$$\begin{cases} n = a + 2b, \\ ab = \begin{pmatrix} c \\ 2 \end{pmatrix} \end{cases}$$

有正整数解的充要条件为 $n^2 + 1$ 是合数.

对于把 2 换成奇素数 p, 类似的结果并不总是成立. 但对于 $p = 3, 5, 11$ 和 29 时仍成立, 即方程

$$\begin{cases} n = a + pb, \\ ab = \begin{pmatrix} c \\ 2 \end{pmatrix} \end{cases}$$

有正整数解(a 可取 0)的充要条件为 $2n^2 + p$ 是合数.

不仅如此, 作者有以下两个猜测:

猜想 1　$\{$素数 $p \big| 2n^2 + p$ 均为素数, $0 \leqslant n \leqslant p - 1\} = \{3, 5, 11, 29\}$.

猜想 2　$\{$素数 $p \big|$ 不存在素数 $q < p$, 使得 $q \big| 2n^2 + p$, n 为自然数$\} = \{3, 5, 11, 29\}$.

此外, 我们还推测, 形如 $2n^2 + 29$ 的素数集合等于形如 $2(29 + \Delta)^2 + 29$ 的数的最小因子集合, 形如 $2n^2 + 29$ 的数的素因子集合等于形如 $2(29i + \Delta / i)^2 + 29$ 的数的因子集合. 这里 Δ 取遍所有非负三角形数, i 是任意正整数, Δ 是 i 的倍数.

最近, 作者和钟豪[①]把方程 (v) 进一步拓广为

$$\begin{cases} n = a + b, \\ ab = tp(m, c), \end{cases}$$

其中 t 为正整数, $p(m, c) = \dfrac{c}{2}\{(m - 2)c - (m - c)\}$ 为第 c 个 m 角形数.

设 $r_{m,t}(n)$ 表示上述方程的解数, 我们证明的结果中包括

$$r_{3,1}(n) = [\{d(2n^2 + 1) - 1\} / 2],$$

$$r_{5,1}(n) = [\{d(6n^2 + 1) - 1\} / 2],$$

$$r_{7,1}(n) = [\{d_{\{3\}}(10n^2 + 9) - 1\} / 2],$$

$$r_{3,2}(n) = d(n^2 + 1) / 2 - 1,$$

$$r_{8,2}(n) = [\{d_{\{2\}}(3n^2 + 8) - 1\} / 2],$$

---

① 参见 On the number of representations of $n = a + b$ with ab a multiple of a polygonal number.

由此即得(P 表示所有数 p 的集合，$9P$ 表示所有形如 $9p$ 的数的集合)

$$r_{3,1}(n) = 0 \Leftrightarrow 2n^2 + 1 \in P,$$

$$r_{5,1}(n) = 0 \Leftrightarrow 6n^2 + 1 \in P,$$

$$r_{7,1}(n) = 0 \Leftrightarrow 10n^2 + 9 \in P \cup 9P,$$

$$r_{3,2}(n) = 0 \Leftrightarrow n^2 + 1 \in P,$$

$$r_{8,2}(n) = 0 \Leftrightarrow 3n^2 + 8 \in P \cup 4P \cup 8P.$$

1978 年，波兰裔美国数学家伊万涅茨(Iwaniec, 1947—　)证明了，存在无穷多个整数 n，使得不可约二项式 $an^2 + bn + c$ 至多有两个素因子，其中 $a>0, c$ 为奇数[①]. 由此可知，当 $(m, t) = (3,1), (5,1)$ 或 $(7,1)$ 时，存在无穷多个 n，满足 $r_{m,t}(n) \leq 1$.

最后，我们想问类似于式 4.12 的更多自变量的问题，例如

$$\begin{cases} n = a + b + c, \\ abc = \dbinom{d}{3}. \end{cases}$$

我们猜测，当 $n \neq 1, 2, 4, 7, 11$ 时，上述方程必有正整数解.

备注 1　2017 年，秦厚荣[②]证明了田野的下列猜想:

设正整数 $m \equiv 1 \pmod 4$，$\dbinom{m}{7} = 1$，即 $m \equiv 1, 2$ 或 $4 \pmod 7$，则一定存在整数 x, y, z，满足

$$m = x^2 + 7y^2 + 49z^2.$$

此前，秦厚荣与杜彬还曾证明[③]每个模 8 余 1 的素数均可表示成若干对正整数的 4 次幂和的乘积或商. 他们的证明是可构造性的，例如，$17 = 2^4 + 1, 41 = \dfrac{3^4 + 1}{1 + 1}, 73 = \dfrac{7^4 + 3^4}{(2^4 + 1)(1 + 1)}$，$22153 = \dfrac{(55^4 + 56^4)(3^4 + 14^4)(3^4 + 7^4)}{(9^4 + 22^4)(1 + 10^4)(1 + 2^4)(1 + 1)}$.

备注 2　2019 年，孙智伟[④]提出了下列猜想(已验证至 10^{10}): 对任意正整数 $n>1$，存在非负整数 w, x, y, z，使得

---

① 参见 Inventiones Mathematicae, 1978, 47(2): 171-188.

② 参见 Representation integers by positive ternary quadratic forms, Math. Res. Lett., 2017, 24(2): 535-548.

③ 参见 Journal of Pure and Applied Algebra, 2012, 216: 1637-1645.

④ 来源于网址: oeis.org/A308734.

$$n = w^2 + x^2 + y^2 + z^2,$$

其中 $y = 2^c 3^d, z = 2^c 5^d$, 这个猜想是拉格朗日 4 平方数定理的加强版. 孙智伟教授还承诺为此猜想的证明提供 2500 美元的奖金.

4.3 二次互反律

为了对一般的 a, 能够计算勒让德符号 $\left(\dfrac{a}{p}\right)$, 我们需要建立所谓的二次互反律, 高斯称其为 "算术的宝石". 我们将给出两个不同的证明.

定理 4.4 (高斯, 二次互反律) 若 p, q 都是奇素数, $(p, q) = 1$, 则

$$\left(\frac{q}{p}\right) = (-1)^{\frac{p-1}{2}\frac{q-1}{2}}\left(\frac{p}{q}\right).$$

证 显然, 要证明定理 4.4, 只需证明下式, 即

$$\left(\frac{p}{q}\right)\left(\frac{q}{p}\right) = (-1)^{\frac{p-1}{2}\frac{q-1}{2}}. \tag{4.10}$$

由定理 4.3, 并注意到 p, q 均为奇数, 我们有

$$\left(\frac{q}{p}\right) = (-1)^{\prod\limits_{1 \le k \le \frac{p-1}{2}}\left[\frac{qk}{p}\right]}, \quad \left(\frac{p}{q}\right) = (-1)^{\prod\limits_{1 \le k \le \frac{q-1}{2}}\left[\frac{pk}{q}\right]},$$

因此, 要证明式 (4.10), 只需要证明

$$\prod_{1 \le k \le \frac{p-1}{2}}\left[\frac{qk}{p}\right] + \prod_{1 \le k \le \frac{q-1}{2}}\left[\frac{pk}{q}\right] = \frac{p-1}{2}\frac{q-1}{2}. \tag{4.11}$$

不妨设 $p > q$, 我们用两种方法证明式 (4.11).

几何方法 由下页图可见, 除去 OA 和 OC 上的整点以外, 矩形 $OABC$ 所含整点 (即横纵坐标均为整数) 的个数是 $\dfrac{p-1}{2}\dfrac{q-1}{2}$. 另一方面, 由于 $(p, q) = 1$, 直线 OK 不含整点 (除去 O 点), 故它把矩形 $OABC$ 所含的整点分成两部分, 一部分在 OK 上方, 另一部分在 OK 下方. 再由函数 $[x]$ 的定义可知, 这两部分整点的个数分别是

$$\sum_{k=1}^{\frac{q-1}{2}}\left[\frac{pk}{q}\right], \quad \sum_{k=1}^{\frac{p-1}{2}}\left[\frac{qk}{p}\right],$$

故而式(4.11)成立. 定理 4.4 得证.

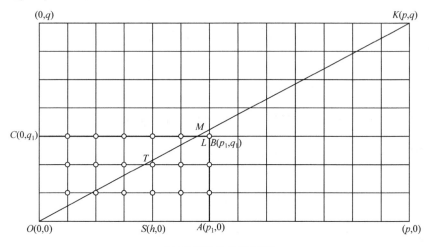

二次互反律的几何证明

代数方法　令二元函数 $f(x,y)=qx-py$，当 x 和 y 分别取 $1,2,\cdots,\dfrac{p-1}{2}$ 和

$1,2,\cdots,\dfrac{q-1}{2}$ 时，$f(x,y)$ 共取 $\dfrac{p-1}{2}\dfrac{q-1}{2}$ 个值，且没有两个值相等. 因为否则的话，

$$f(x,y)=f(x',y'),$$

即

$$(x-x')q=(y-y')p.$$

可得 $p\,|\,(x-x'), q\,|\,(y-y')$，从而 $x=x', y=y'$. 下面用另一种方法计算 $f(x,y)$ 的取

值，即它取正值和负值的个数. 对于每一固定 $1\leqslant x\leqslant\dfrac{p-1}{2}$，$f(x,y)>0$ 当且仅当

$y<\dfrac{qx}{p}$ 或 $y\leqslant\left[\dfrac{qx}{p}\right]$. 因此，全体正值的个数为 $\displaystyle\sum_{k=1}^{\frac{p-1}{2}}\left[\frac{qk}{p}\right]$. 同理可得，$f(x,y)$ 取负

值的个数为 $\displaystyle\sum_{k=1}^{\frac{q-1}{2}}\left[\frac{pk}{q}\right]$. 这就证明了式(4.11). 定理 4.4 得证.

　　由定理 4.3、定理 4.4 和勒让德符号的其他性质，给出了实际计算 $\left(\dfrac{a}{p}\right)$ 值的有

效方法, 由此我们可以判断同余式(4.2)是否有解. 举例如下:

例 4.3　设 $p=421$, $q=383$, 计算 $\left(\dfrac{383}{421}\right)$.

解　利用二次互反律以及勒让德符号的其他性质, 可得

$$\left(\frac{383}{421}\right)=\left(\frac{421}{383}\right)(-1)^{\frac{382\times420}{4}}=\left(\frac{38}{383}\right)=\left(\frac{2}{383}\right)\left(\frac{19}{383}\right)$$

$$=\left(\frac{19}{383}\right)=\left(\frac{383}{19}\right)(-1)^{\frac{18\times382}{4}}=-\left(\frac{383}{19}\right)=-\left(\frac{3}{19}\right)$$

$$=-\left(\frac{19}{3}\right)(-1)^{\frac{2\times18}{4}}=\left(\frac{19}{3}\right)=\left(\frac{1}{3}\right)=1.$$

故而 383 是模 421 的二次剩余.

例 4.4　当 $p\equiv\pm1(\mathrm{mod}12)$ 时, 3 为模 p 的二次剩余; 而当 $p\equiv\pm5(\mathrm{mod}12)$ 时, 3 为模 p 的二次非剩余.

📖 n 角形数与费尔马

4.2 节的拉格朗日定理说的是, 任何正整数均可表示为 4 个整数的平方和. 这个问题出自费尔马. 他在丢番图的著作《数论》空白处写下的第 18 条评注构成下面这个定理.

定理 (费尔马多角形数定理)　当 $n\geqslant3$ 时, 所有自然数均可表示成不超过 n 个 n 角形数之和.

这里的 n 角形数(n-gonal number)是下页图所描绘的正 n 角形数的黑点的个数.

形数是指有形状的数, 毕达哥拉斯学派研究数的概念时, 喜欢把数描绘成沙滩上的小石子. 小石子能构成不同的几何图形, 于是就产生了一系列的形数. 例如, 1, 3, 6, 10, …为三角形数, 此即二项式系数

$$\binom{m+1}{2}=\frac{m(m+1)}{2}, \quad m\geqslant1.$$

四角形数 1, 4, 9, 16, …为平方数, n 角形数的一般式为

$$\frac{m}{2}\{(n-2)m-(n-4)\}, \quad m\geqslant1.$$

费尔马在评注里提到, 上述命题显示了数论的神秘和深刻, 他还说自己打算为此写一本书, 却没有动笔. 一个世纪以后, 当欧拉读到这个评注时颇为激动, 同

时也为费尔马没有留下任何证明而遗憾. 可以说, 是费尔马把这个古老的数学游戏提升成为问题. 从那以后, 欧拉成为费尔马在数论领域的继承人, 他对费尔马的诸多断言都进行了论证, 包括同余理论的费尔马-欧拉定理, 但对上述关于 n 角形数的

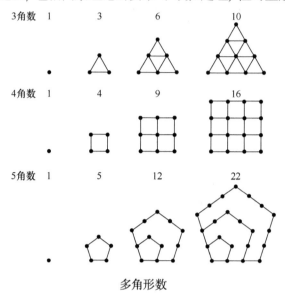

多角形数

问题却未能给出答案. 后来(1770 年), 拉格朗日在欧拉工作的基础上证明了 $n=4$ 的情形, $n=3$ 的证明是由高斯给出的(1796 年), 一般情形则是由法国数学家柯西(Cauchy, 1789—1857)在 1813 年证明的.

对于 $n=3$ 这个少年之作, 高斯在笔记本上写下它的时候, 在旁边注上 "Eureka" (找到了)! 那是阿基米德发现浮体定律时说过的话, 由此可见高斯自己十分看重. 他通过 4.2 节的结论, 即形如 $8n+3$ 形的整数可以表示成三个整数的平方和来证. 假设 $8n+3 = a^2 + b^2 + c^2$, 易知 a, b 和 c 必全为奇数, 令 $a = 2x-1$, $b = 2y-1$, $c = 2z-1$, 由代数恒等式

$$\frac{(2x-1)^2 + (2y-1)^2 + (2z-1)^2 - 3}{8} = \frac{x(x-1)}{2} + \frac{y(y-1)}{2} + \frac{z(z-1)}{2},$$

即得

$$n = \frac{x(x-1)}{2} + \frac{y(y-1)}{2} + \frac{z(z-1)}{2} = \binom{x}{2} + \binom{y}{2} + \binom{z}{2}.$$

对于 $n=4$ 的情形, 1828 年, 德国数学家雅可比(Jacobi, 1804—1851)给出了一个新的强有力的证明. 对于任意的非负整数 n, 假设它能表示成 4 个 4 角形数平方数之和的表示法次数为 $a(n)$, 雅可比还求出了 $a(n)$, 他的方法利用了

$$\sum_{n=0}^{\infty} a(n) \mathrm{e}^{2\pi inz}$$

是自守形式这个事实. 关于自守形式, 我们会在 6.4 节介绍.

值得一提的是, 孙智伟猜测[①], 除了 216, 每个自然数或为素数, 或为三角形数, 或为一个素数和一个三角形数之和. 不超过 x 的三角形数的个数为 $O(\sqrt{x})$, 比较 1.5 节猜想 C, 那里的真形素数个数更为稀少, 阶为 $C\sqrt{x/\log x}$, 其中 $C = 2 + 2\sqrt{2}$.

备注　形数中除了 n 角形数, 还有三维的 n 面体数. 其中, 四面体数是形如 $\sum\limits_{k=1}^{n} \dfrac{k(k+1)}{2}$ 的数, 例如 1, 4, 10, 20, 35, 56, $\cdots$; 而八面体数是形如 $\dfrac{n(2n^2+1)}{3}$ 的数, 例如, 1, 6, 19, 44, 85, 146, $\cdots$.

德国数学家雅可比像, 他死于天花时年仅 46 岁

1850 年, 英国数学家波洛克(Pollock, 1783—1870)提出了有关四面体数和八面体数的波洛克猜想, 至今未有证明. 与稍早的同胞威尔逊一样, 波洛克也是律师和政治家, 并被封爵.

猜想 1　每个正整数是最多 5 个四面体数之和.

猜想 2　每个正整数是最多 7 个八面体数之和.

4.4　雅可比符号

因为二次互反律的引进, 勒让德方法的计算得以实现, 但这样的计算必须知道整数的标准分解式, 后者并不存在一般的方法. 因此, 勒让德符号仍存在一定的缺憾. 雅可比看到了这一点, 他也是行列式(determinant)一词的命名人, 他把勒让德符号 $\left(\dfrac{a}{p}\right)$ 中的奇素数 p 改为一般的正奇数, 即作出了以下定义.

定义 4.3　雅可比符号 $\left(\dfrac{a}{m}\right)$ (读作 a 对模 m 的雅可比符号)是一个对于任何大

① 参见 Journal of Combinatorics and Number Theory, 2009, 1: 65-78.

于 1 的奇数 m 定义在所有整数 a 上的函数, 它的取值为

$$\left(\frac{a}{m}\right)=\left(\frac{a}{p_1}\right)\left(\frac{a}{p_2}\right)\cdots\left(\frac{a}{p_r}\right),$$

其中 $m=p_1 p_2 \cdots p_r$, p_i 是素数, $\left(\dfrac{a}{p_i}\right)$ 是 a 对模 p_i 的勒让德符号.

下面我们给出雅可比符号的性质. 首先, 对任意的 $a \equiv a_1 (\bmod m)$, 均有

$$\left(\frac{a}{m}\right)=\left(\frac{a_1}{m}\right).$$

这是因为由 $a \equiv a_1 (\bmod m)$ 可得 $a \equiv a_1 (\bmod p_i), 1 \leqslant i \leqslant r$. 故由定义知

$$\left(\frac{a}{m}\right)=\left(\frac{a}{p_1}\right)\left(\frac{a}{p_2}\right)\cdots\left(\frac{a}{p_r}\right)=\left(\frac{a_1}{p_1}\right)\left(\frac{a_1}{p_2}\right)\cdots\left(\frac{a_1}{p_r}\right)=\left(\frac{a_1}{m}\right).$$

其次,

$$\left(\frac{1}{m}\right)=1, \quad \left(\frac{-1}{m}\right)=(-1)^{\frac{m-1}{2}}.$$

上面第 2 个式子可由定义 4.3 和下面的引理 4.2 推得, 即

$$\left(\frac{-1}{m}\right)=\prod_{i=1}^{r}\left(\frac{-1}{p_i}\right)=(-1)^{\sum_{i=1}^{r}\frac{p_i-1}{2}}=(-1)^{\frac{m-1}{2}}.$$

同样, 易证

$$\left(\frac{a_1 a_2 \cdots a_n}{m}\right)=\left(\frac{a_1}{m}\right)\left(\frac{a_2}{m}\right)\cdots\left(\frac{a_n}{m}\right). \tag{4.12}$$

特别地, 如果 $(b, m)=1$, 则

$$\left(\frac{ab^2}{m}\right)=\left(\frac{a}{m}\right).$$

这是因为由雅可比符号定义和勒让德符号性质, 我们有

$$\left(\frac{a_1 a_2 \cdots a_n}{m}\right)=\prod_{i=1}^{n}\left(\frac{a_1 a_2 \cdots a_n}{p_i}\right)=\prod_{i=1}^{n}\prod_{j=1}^{r}\left(\frac{a_j}{p_i}\right)$$

$$=\prod_{j=1}^{n}\prod_{i=1}^{r}\left(\frac{a_j}{p_i}\right)=\prod_{j=1}^{n}\left(\frac{a_j}{m}\right).$$

为得到 $\left(\dfrac{-1}{m}\right)$ 和 $\left(\dfrac{2}{m}\right)$ 的计算公式和雅可比符号的二次互反律, 我们需要下面的引理.

引理 4.2 设 $a_1, a_2, \cdots, a_n$ 均为奇数, 则

$$\frac{a_1 a_2 \ldots a_n - 1}{2} \equiv \sum_{i=1}^{n} \frac{a_i - 1}{2} (\mathrm{mod}\, 2),$$

$$\frac{(a_1 a_2 \ldots a_n)^2 - 1}{8} \equiv \sum_{i=1}^{n} \frac{a_i^2 - 1}{8} (\mathrm{mod}\, 8).$$

我们可以对 n 用归纳法来证明，也可以用下面的方法，只需注意到

$$\frac{a_1 a_2 \cdots a_n - 1}{2} = \frac{\left(1 + 2\dfrac{a_1 - 1}{2}\right)\left(1 + 2\dfrac{a_2 - 1}{2}\right)\cdots\left(1 + 2\dfrac{a_n - 1}{2}\right) - 1}{2}$$

$$= \sum_{i=1}^{n} \frac{a_i - 1}{2} + 2N_1,$$

$$\frac{a_1^2 a_2^2 \cdots a_n^2 - 1}{8} = \frac{\left(1 + 8\dfrac{a_1^2 - 1}{8}\right)\left(1 + 8\dfrac{a_2^2 - 1}{8}\right)\cdots\left(1 + 8\dfrac{a_n^2 - 1}{8}\right) - 1}{8}$$

$$= \sum_{i=1}^{n} \frac{a_i^2 - 1}{8} + 2N_2.$$

由上述引理即可知

$$\left(\frac{2}{m}\right) = \prod_{i=1}^{r} \left(\frac{2}{p_i}\right) = (-1)^{\sum\limits_{i=1}^{r} \frac{p_i^2 - 1}{8}} = (-1)^{\frac{m^2 - 1}{8}}.$$

最后，我们要证明雅可比符号也满足二次互反律，即对于任何大于 1 的不同的奇素数 m, n，有

$$\left(\frac{n}{m}\right) = (-1)^{\frac{m-1}{2}\frac{n-1}{2}} \left(\frac{m}{n}\right). \tag{4.13}$$

事实上，若 $(m,n) \neq 1$，则 $\left(\dfrac{n}{m}\right) = \left(\dfrac{m}{n}\right) = 0$．若 $(m,n) = 1$，假设 $n = q_1 q_2 \cdots q_s$，则由定义 4.3、式(4.12)和勒让德符号的二次互反律，可得

$$\left(\frac{n}{m}\right) = \prod_{i=1}^{r}\left(\frac{n}{p_i}\right) = \prod_{i=1}^{r}\prod_{j=1}^{s}\left(\frac{q_j}{p_i}\right)$$

$$= \prod_{i=1}^{r}\prod_{j=1}^{s}(-1)^{\frac{p_i - 1}{2}\frac{q_j - 1}{2}}\left(\frac{p_i}{q_j}\right)$$

$$= (-1)^{\sum\limits_{i=1}^{r}\sum\limits_{j=1}^{s}\frac{p_i - 1}{2}\frac{q_j - 1}{2}} \prod_{i=1}^{r}\prod_{j=1}^{s}\left(\frac{p_i}{q_j}\right).$$

由引理

$$\sum_{i=1}^{r}\sum_{j=1}^{s}\frac{p_i-1}{2}\frac{q_j-1}{2}=\left(\sum_{i=1}^{r}\frac{p_i-1}{2}\right)\left(\sum_{j=1}^{s}\frac{q_j-1}{2}\right)$$

$$=\left(\frac{m-1}{2}+2N_1\right)\left(\frac{n-1}{2}+2N_2\right)=\frac{m-1}{2}\frac{n-1}{2}+2N,$$

故有

$$\left(\frac{n}{m}\right)=(-1)^{\frac{m-1}{2}\frac{n-1}{2}}\prod_{i=1}^{r}\prod_{j=1}^{s}\left(\frac{p_i}{q_j}\right)=(-1)^{\frac{m-1}{2}\frac{n-1}{2}}\left(\frac{m}{n}\right).$$

即得式(4.13).

值得注意的是, 雅可比符号虽说是勒让德符号的推广, 但却无法用以判断相应的二次同余式是否有解. 例如, 一方面, 雅可比符号

$$\left(\frac{2}{9}\right)=\left(\frac{2}{3}\right)^2=1;$$

另一方面, $x^2\equiv 2(\mathrm{mod}\,9)$ 却无解. 因此, 我们可以这样理解, 雅可比符号是在勒让德符号的实际运算过程中使用的一种计算手段.

最后, 我们介绍克罗内克符号, 是由德国数学家、格奥尔格·康托尔集合论的批评者克罗内克(Kronecker, 1823—1891)定义的, 它是雅可比符号的进一步推广, 在二次型理论中很有用.

定义 4.4 设 $m=up_1^{\alpha_1}p_2^{\alpha_2}\cdots p_k^{\alpha_k}$ 是非零整数, $u=\pm 1, a$ 是整数, 克罗内克符号 $\left(\dfrac{a}{m}\right)$ (读作 a 对 m 的克罗内克符号)取值为

德国数学家克罗内克像

$$\left(\frac{a}{m}\right)=\left(\frac{a}{u}\right)\prod_{i=1}^{k}\left(\frac{a}{p_i}\right)^{\alpha_i};$$

对奇素数 p_i, $\left(\dfrac{a}{p_i}\right)$ 定义为勒让德符号,

$$\left(\frac{a}{1}\right)=1,\quad \left(\frac{a}{-1}\right)=\begin{cases}1, & a<0,\\ -1, & a\geqslant 0,\end{cases}$$

$$\left(\frac{a}{0}\right)=\begin{cases}1, & a=\pm 1,\\ 0, & \text{其他的}a,\end{cases}\quad \left(\frac{a}{2}\right)=\begin{cases}0, & a\text{是偶数},\\ 1, & a\equiv \pm 1(\mathrm{mod}\,8),\\ -1, & a\equiv \pm 3(\mathrm{mod}\,8).\end{cases}$$

📖 阿达马矩阵和猜想

1893 年, 在证明素数定理三年以前, 阿达马提出了这样一个问题: 设 A 是 n 阶实数方阵, 它的元素 a_{ij} 满足 $-1 \leqslant a_{ij} \leqslant 1$, 那么 A 的行列式的最大值是多少? 他本人给出了答案.

定理 (阿达马) 设 A 是 n 阶实数方阵, 它的元素 a_{ij} 满足 $-1 \leqslant a_{ij} \leqslant 1$, 那么 $|\det A| \leqslant \left(\sqrt{n}\right)^n$, 且等号成立当且仅当 $a_{ij} = \pm 1$, 且各行(列)之间两两正交.

由此可以定义所谓的阿达马矩阵.

定义 设 A 是 n 阶方阵, 它的元素 $a_{ij} = \pm 1$, 且各行之间两两正交, 则称 A 为 n 阶阿达马矩阵.

阿达马活到了 99 岁, 比英国人罗素还长寿 50 多天, 他最得意的弟子无疑是韦伊. 阿达马曾于 1936 年两次来华, 到过上海、北京和杭州等地, 在清华大学讲学两个多月, 也曾到访上海交通大学和浙江大学. 阿达马矩阵问题是组合数学中非常有名的一个问题. 易知 $HH^{\mathrm{T}} = nI_n$, $\det H = \pm \left(\sqrt{n}\right)^n$. 进一步, 阿达马的阶只能取 $1, 2$ 或 4 的倍数, 其中 2 阶和 4 阶的阿达马矩阵的例子有

$$\begin{bmatrix} 1 & 1 \\ -1 & 1 \end{bmatrix}, \begin{bmatrix} 1 & 1 & 1 & 1 \\ -1 & 1 & -1 & 1 \\ -1 & -1 & 1 & 1 \\ -1 & 1 & 1 & -1 \end{bmatrix}.$$

阿达马猜想 对任意 4 的倍数 n, 存在 n 阶阿达马矩阵.

其实, 这个问题由来已久. 1867 年, 西尔维斯特便找到构造阿达马矩阵的方法, 设 H 是 n 阶阿达马矩阵, 则

$$\begin{bmatrix} H & H \\ H & -H \end{bmatrix}$$

是 $2n$ 阶阿达马矩阵. 由此可以构造任意 $2^k (2 \geqslant k)$ 阶的阿达马矩阵. 1933 年, 英国数学家佩利(Paley, 1907—1933)利用二次剩余理论发现了一种更有效的构造方法.

定理 设 p 是形如 $4k+3$ 形的素数, R 和 N 分别表示模 p 的二次剩余和二次非剩余集合, 定义 p 阶方阵 B, 其元素 b_{ij} 取 1 若 $j-i \in R$, 取 -1 若 $j-i \in N$. 令 A 表

示这样的 $p+1$ 阶方阵, 它的第 1 行和第 1 列所有元素取 1, 其右下角的 p 阶子矩阵取 B, 则 A 为 $p+1$ 阶阿达马矩阵.

班夫镇雪地上的佩利墓, 墓碑呈方形

这个定理不难用二次剩余理论和勒让德符号证明, 用类似的方法, 佩利还构造出 $2(q+1)$ 阶阿达马矩阵, 这里 q 为任意 $4k+1$ 形的素数. 可以说, 他对阿达马矩阵存在性理论贡献最大. 遗憾的是, 同年他在加拿大阿尔伯塔省班夫镇滑雪时遭遇雪崩身亡, 年仅 26 岁. 当时他在海拔近 3000 米高的落基山脉上独自滑雪, 比他海拔低的同伴亲眼目睹了这一幕.

迄今为止, 未证实存在的阶数最小的阿达马矩阵是 668 阶. 阶数小于 2000 中未证实存在的阿达马矩阵还有 12 种, 它们的阶数分别为 716, 892, 1004, 1132, 1244, 1388, 1436, 1676, 1772, 1916, 1948, 1964.

矩形可看作正方形数, 即四角形数, 那么我们可否定义其他形数呢? 比如三角形数、五角形数、六角形数的矩阵, 赋之予运算法则, 找出阿达马矩阵的定义和相应的问题呢?

4.5 合数模同余

以上各节讨论了奇素数模同余式有解的条件, 本节将讨论合数模同余式

$$x^2 \equiv a(\mathrm{mod}\, m), \quad (a,m)=1 \tag{4.14}$$

有解的条件及解的个数问题.

由算术基本定理知, m 可写成标准因子分解式 $m = 2^\alpha p_1^{\alpha_1} \cdots p_k^{\alpha_k}$. 再由定理 3.4 知式(4.14)有解当且同余式组

$$x^2 \equiv a(\mathrm{mod}\, 2^\alpha), \quad x^2 \equiv a(\mathrm{mod}\, p_i^{\alpha_i}), \quad 1 \leqslant i \leqslant k \tag{4.15}$$

有解, 且在有解的情况下, 式(4.14)的解数是式(4.15)中各式解数的乘积. 因此, 我们首先来讨论同余式

$$x^2 \equiv a(\mathrm{mod}\, p^\alpha), \quad (a,p)=1, \quad \alpha \geqslant 1. \tag{4.16}$$

定理 4.5 式(4.16)有解的充要条件是 $\left(\dfrac{a}{p}\right)=1$, 且在有解时其解数恰为 2.

证　若 $\left(\dfrac{a}{p}\right)=-1$，则同余式 $x^2 \equiv a(\bmod p)$ 无解，故必要性得证. 下证充分性，若

$\left(\dfrac{a}{p}\right)=1$，则由定理 4.1 知，上述素数模同余式恰有两个解. 设 $x \equiv x_1(\bmod p)$ 是其中的

一个解，易知 $(x_1,p)=1$，故而 $(2x_1,p)=1$. 若令 $f(x)=x^2-a$，则 $p \nmid 2f'(x_1)$，由 4.2

节定理 3.5 知，从中恰好可得式(4.16)的一个解. 因此，$x^2 \equiv a(\bmod p)$ 的两个解恰好

给出式(4.16)的两个解. 定理 4.5 得证.

现在我们来讨论同余式

$$x^2 \equiv a(\bmod 2^{\alpha}), \quad (2,a)=1, \quad \alpha \geqslant 1 \tag{4.17}$$

的解. 显而易见，当 $\alpha=1$ 时式(4.17)一定有解，且解数为 1. 下面，我们给出 $\alpha>1$

时的结论，证明从略.

定理 4.6　设 $\alpha>1$，则式(4.17)有解的充要条件是(i)当 $\alpha=2$ 时，$a \equiv 1(\bmod 4)$；
(ii)当 $\alpha \geqslant 3$ 时，$a \equiv 1(\bmod 8)$. 若上述条件成立，则式(4.17)的解数为 $2(\alpha=2)$ 和
$4(\alpha \geqslant 3)$.

由定理 4.5, 定理 4.6 和 3.2 节定理 3.4, 我们即得

定理 4.7　同余式

$$x^2 \equiv a(\bmod m), \quad m=2^{\alpha} p_1^{\alpha_1} \cdots p_k^{\alpha_k}, \quad (a,m)=1$$

有解的充要条件是 $\left(\dfrac{a}{p_i}\right)=1, 1 \leqslant i \leqslant k$；当 $\alpha=2$ 时，$a \equiv 1(\bmod 4)$，当 $\alpha \geqslant 3$ 时，

$a \equiv 1(\bmod 8)$. 若上述条件满足，则其解数为 $2^k(\alpha=0,1)$, $2^{k+1}(\alpha=2)$, $2^{k+2}(\alpha \geqslant 3)$.

最后，我们给出相邻二次剩余和二次非剩余的一个有趣性质. 设 p 为素数，$\mathbf{Z}_p^*$

表示模 p 的简化剩余系，R 和 N 分别为模 p 的二次剩余和二次非剩余集合，定义

$$\begin{aligned}
RR &= \{a \in \mathbf{Z}_p^* \big| a \in R, a+1 \in R\}, \\
RN &= \{a \in \mathbf{Z}_p^* \big| a \in R, a+1 \in N\}, \\
NR &= \{a \in \mathbf{Z}_p^* \big| a \in N, a+1 \in R\}, \\
NN &= \{a \in \mathbf{Z}_p^* \big| a \in N, a+1 \in N\}.
\end{aligned} \tag{4.18}$$

例 4.5　设 p=13，则 R={1, 3, 4, 9, 10, 12}，N={2, 5, 6, 7, 8, 11}，故而 RR={3,9}，
RN={1,4,10}，NR={2,8,11}，NN={5,6,7}.

我们观察到，只要 $a \neq p-1$，均有

$$\left\{\left(\frac{a}{p}\right)+1\right\}\left\{\left(\frac{a+1}{p}\right)+1\right\}=\begin{cases}4, & a\in RR, \\ 0, & a\notin RR.\end{cases}$$

因此

$$|RR|=\frac{1}{4}\sum_{a=1}^{p-2}\left\{\left(\frac{a}{p}\right)+1\right\}\left\{\left(\frac{a+1}{p}\right)+1\right\}. \tag{4.19}$$

由此公式并利用符号计算机软件(MAPLE)可以算得, 当 $p=1999$ 时, $|RR|=499$. 我们可以证明, 式(4.18)中的 4 个集合的元素个数均接近于集合 Z_p^* 个数 $p-1$ 的四分之一. 以下, 以$|RR|$为例.

定理 4.8　*设 p 为奇素数, 则*

$$|RR|=\frac{p-4-\left(\dfrac{-1}{p}\right)}{4}.$$

证　由式(4.19)和勒让德符号的基本性质, 可得

$$\begin{aligned}|RR|&=\frac{1}{4}\left\{\sum_{a=1}^{p-2}\left(\frac{a}{p}\right)\left(\frac{a+1}{p}\right)+\sum_{a=1}^{p-2}\left(\frac{a}{p}\right)+\sum_{a=1}^{p-2}\left(\frac{a+1}{p}\right)+\sum_{a=1}^{p-2}1\right\}\\&=\frac{1}{4}\left\{\sum_{a=1}^{p-2}\left(\frac{1+a^{-1}}{p}\right)-\left(\frac{-1}{p}\right)+p-3\right\}.\end{aligned} \tag{4.20}$$

此处 a^{-1} 表示 a 的逆元素, 即满足 $aa^{-1}\equiv 1(\mathrm{mod}\,p)$. 当 a 取遍 $\mathbf{Z}_p^*\setminus\{-1\}$ 时, a^{-1} 也一样. 故而, $1+a^{-1}$ 取遍 $\mathbf{Z}_p^*\setminus\{1\}$, 从而把

$$\sum_{a=1}^{p-2}\left(\frac{1+a^{-1}}{p}\right)=-\left(\frac{1}{p}\right)=-1$$

代入式(4.20), 即得定理 4.8.

推论　*设 p 是奇素数, 则*

$$|RN|=\frac{p-\left(\dfrac{-1}{p}\right)}{4}.$$

备注　众所周知

$$\sum_{a\in N}a-\sum_{b\in Q}b=\begin{cases}0, & p\equiv 1(\mathrm{mod}\,4), \\ ph(-p), & p\equiv 3(\mathrm{mod}\,4),\end{cases}$$

由 4.2 节的狄利克雷类数公式可得

$$\sum_{a\in N} a^2 - \sum_{b\in Q} b^2 = p^2 h(-p), \quad p \equiv 3(\bmod\, 4),$$

以及

$$\sum_{a\in N} a^2 \equiv \sum_{b\in Q} b^2 (\bmod\, 4p), \quad p \equiv 5(\bmod\, 8);$$

$$\sum_{a\in N} a^2 \equiv \sum_{a\in Q} b^2 (\bmod\, 8p), \quad p \equiv 1(\bmod\, 8).$$

📖 正十七边形作图法

1796 年, 19 岁的高斯发现了用圆规和直尺作正 17 边形的方法, 这是自古希腊以来第一个取得这方面突破的成就, 他也从此在数学和哲学(语言学)这两个专业的摇摆中选定了一项. 为了简便起见, 我们把高斯的方法用在正五边形的作图上.

高斯纪念碑基座上的正十七角星(作者摄于不伦瑞克)

首先, 设 $z = e^{2\pi i/5}$, z 是 1 的 5 次单位根, 且不为 1, 因此

$$z^4 + z^3 + z^2 + z + 1 = 0.$$

因为 2 是模 5 的原根, 故而

$$z^{2^0} + z^{2^1} + z^{2^2} + z^{2^3} + 1 = 0.$$

令 $\alpha = z + z^4, \beta = z^2 + z^3$, 则 $\alpha + \beta = \alpha\beta = -1$. 由韦达定理, α, β 满足

$$x^2 + x - 1 = 0,$$

所以

$$\alpha, \beta = \frac{-1 \pm \sqrt{5}}{2},$$

代入上式, 得 $z + z^4 = \dfrac{-1+\sqrt{5}}{2}$. 再由 $z \cdot z^4 = z^5 = 1$, 可知 z 满足

$$z^2 - \left(\dfrac{-1+\sqrt{5}}{2}\right)z + 1 = 0,$$

从而

$$z = \dfrac{1}{2}\left\{\dfrac{-1+\sqrt{5}}{2} \pm \sqrt{\left(\dfrac{-1+\sqrt{5}}{2}\right)^2 - 4}\right\} = \dfrac{-1+\sqrt{5}}{4} \pm \dfrac{\sqrt{10+2\sqrt{5}}}{4}\mathrm{i}.$$

检测复平面, 知应取正号, 即

$$z = \dfrac{-1+\sqrt{5}}{4} + \dfrac{\sqrt{10+2\sqrt{5}}}{4}\mathrm{i},$$

其中

$$\cos\dfrac{2\pi}{5} = \dfrac{-1+\sqrt{5}}{4},$$

从而正五边形的边长为

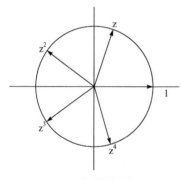

正五边形作图法

$$s_5 = \sqrt{\left(1 - \dfrac{-1+\sqrt{5}}{4}\right)^2 + \left(\dfrac{\sqrt{10+2\sqrt{5}}}{4}\right)^2}$$

$$= \dfrac{\sqrt{10-2\sqrt{5}}}{2}.$$

由于四则运算和平方根运算均可通过直尺和圆规进行, 故而 z 点, 进而整个正五边形的所有顶点均可通过直尺和圆规即欧几里得作图法来进行.

同理, 我们可用欧几里得作图法绘制正十七边形, 只需要利用 3 是模 17 的原根. 高斯计算出了,

$$\cos\dfrac{2\pi}{17} = -\dfrac{1}{16} + \dfrac{1}{16}\sqrt{17} + \dfrac{1}{16}\sqrt{34-2\sqrt{17}}$$

$$+ \dfrac{1}{8}\sqrt{17+3\sqrt{17} - \sqrt{34-2\sqrt{17}} - 2\sqrt{34+2\sqrt{17}}}.$$

更一般地, 高斯指出, 任何正 n 边形可作图当且仅当

$$n = 2^a p_1 \cdots p_k,$$

这里 $a \geqslant 0, k \geqslant 0, p_i$ 是不同的费尔马素数. 值得一提的是, 高斯本人只证明了充分性.

习　题　4

1. 设 p 为奇素数, 证明: 方程 $x^2 \equiv a \pmod{p}$ 的解数是 $1 + \left(\dfrac{a}{p} \right)$; 又若 $p \nmid a$, 则方程

$ax^2 + bx + c \equiv 0 \pmod{p}$ 的解数是 $1 + \left(\dfrac{b^2 - 4ac}{p} \right)$.

2. 设 $p = 4n + 3 (n > 1)$ 和 $q = 2p + 1$ 都是素数, 证明: 梅森数 M_p 不是素数.

3. 设 n 是任意正整数, 证明: 形如 $4n + 1$ 的素数有无穷多个.

4. 设 n 是任意正整数, 证明: 形如 $8n + 3$ 的素数有无穷多个.

5. 已知 563 是素数, 判断同余方程 $x^2 \equiv 429 \pmod{563}$ 是否有解.

6. 利用雅可比符号的性质判断上述第 5 题的同余方程是否有解?

7. 设 $(x, y) = 1$, 试求 $x^2 - 3y^2$ 的奇素数因子的一般形式.

8. 设 p, q 是两个不同的奇素数, 且 $p = q + 4a$, 证明: $\left(\dfrac{a}{p} \right) = \left(\dfrac{a}{q} \right)$.

9. 解同余方程 $x^2 \equiv 59 \pmod{125}$.

10. 设 p 为奇素数, 证明:

$$|NR| = |NN| = \frac{p - 2 + \left(\dfrac{-1}{p} \right)}{4}.$$

11. 设 p 是奇素数, 证明: 模 p 的平方剩余数的个数是 $\dfrac{p - 1}{2}$; 并问当 $l \geqslant 3$ 时, 模 2^l 的平方剩余类有几个?

12. 设 p 是任意奇素数, 证明: 同余式

$$1 + x^2 + y^2 \equiv 0 \pmod{p}$$

有满足 $0 \leqslant x, y < \dfrac{p}{2}$ 的解.

习题4参考解答

n 次 剩 余

5.1 指数的定义

前面我们讨论了二次同余式, 得到了判断同余式

$$x^2 \equiv a(\bmod m), \quad (a,m) = 1$$

是否有解的方法. 现在我们将进一步讨论

$$x^n \equiv a(\bmod m), \quad (a,m) = 1 \tag{5.1}$$

有解的条件. 为此, 我们需要引进指数、原根和指标等概念, 它们都建立在一次同余式理论的基础之上, 而与二次剩余并无关联.

由欧拉定理可知, 若 $(a,m) = 1$, $m > 1$, 则 $a^{\phi(m)} \equiv 1(\bmod m)$. 也就是说, 存在正整数 γ 满足 $a^{\gamma} \equiv 1(\bmod m)$. 例如, 同余式

$$a^4 \equiv 1(\bmod 8)$$

对 $a = 1, 3, 5, 7$ 成立. 可是, 上述同余式当指数 4 换成更小的 2 以后,

$$a^2 \equiv 1(\bmod 8)$$

对 $a = 1, 3, 5, 7$ 仍成立. 因此, 我们引入下列定义.

定义 5.1 若 $m > 1$, $(a,m) = 1$, 则使得同余式

高斯《算术探索》(常译为《算术研究》)的一个

中文版封面(2011)

$$a^{\gamma} \equiv 1(\bmod m)$$

成立的最小正整数 γ 称为 a 对模 m 的指数(order). 进一步, 若 a 对模 m 的指数是 $\phi(m)$, 则称 a 为模 m 的一个原根(primitive root).

例 5.1　2 对模 5 的指数是 4, 对模 7 的指数是 3, 对模 9 的指数是 6. 因此, 2 是模 5、模 9 的原根, 但不是模 7 的原根.

对任意正整数 $m>1$, 模 m 是否有原根存在; 在存在的情况下, 模 m 又有多少个原根呢? 这是我们最想要知道的两个问题. 为此, 我们需要建立指数的若干性质.

定理 5.1　若 a 对模 m 的指数为 δ, 则 $a^0(=1),a^1,\cdots,a^{\delta-1}$ 对模 m 两两不同余.

证　用反证法. 假定有两个整数 k,l 满足

$$a^l \equiv a^k (\bmod m), \quad 0 \leqslant l, k < \delta,$$

不妨设 $l>k$, 因为 $(a,m)=1$, 故得 $a^{l-k} \equiv 1(\bmod m)$, $0<l-k<\delta$, 这与 δ 是模 m 的指数矛盾. 定理 5.1 得证.

定理 5.2　设 a 对模 m 的指数是 δ, 则 $a^\gamma \equiv a^{\gamma_1}(\bmod m)$ 成立的充分必要条件是 $\gamma \equiv \gamma_1(\bmod \delta)$. 特别地, $a^\gamma \equiv 1(\bmod m)$ 成立的充分必要条件是 $\delta | \gamma$.

推论　若 a 对模 m 的指数是 δ, 则 $\delta | \phi(m)$.

定理 5.3　若 x 对模 m 的指数是 $ab, a>0, b>0$, 则 x^a 对模 m 的指数是 b.

证　首先, 因为 $(x, m)=1$, 故 $(x^a, m)=1$, x^a 对模 m 的原根存在, 设为 δ, 则 $(x^a)^x \equiv 1(\bmod m)$. 由定理 5.2 知, $ab|a\delta$, 故而 $b|\delta$.

另一方面, ab 是 x 对模 m 的指数, 因此, $(x^a)^b \equiv 1(\bmod m)$, 故 $\delta|b$. 又因 b, δ 均为正整数, 故 $b=\delta$. 定理 5.3 获证.

定理 5.4　若 x 和 y 对模 m 的指数分别是 a 和 b, 且 $(a, b)=1$, 则 xy 对模 m 的指数是 ab.

证　因为 $(x, m)=1, (y, m)=1$, 故 $(xy, m)=1$, 因此 xy 对模 m 的指数存在. 设为 δ, 即 $(xy)^\delta \equiv 1(\bmod m)$, 因此可得

$$1 \equiv (xy)^{b\delta} \equiv x^{b\delta} y^{b\delta} \equiv x^{b\delta}(\bmod m).$$

由定理 5.2, $a|b\delta$, 又 $(a, b)=1$, 故 $a|\delta$. 同理可得, $b|\delta$. 故而, $ab|\delta$.

另一方面, $(xy)^{ab} = (x^a)^b(y^b)^a \equiv 1(\bmod m)$. 由定理 5.2 知, $\delta|ab$. 又因 ab, δ

均为正整数, 故 $\delta = ab$. 定理 5.4 获证.

显然, 定理 5.4 的结果可以推广到任意多个整数的情形.

例 5.2　设 $F_n = 2^{2^n} + 1$ 是第 n 个费尔马数, 则 2 对模 F_n 的指数是 2^{n+1}; 若 p 是 F_n 的素因子, 则 2 对模 p 的指数也是 2^{n+1}.

例 5.3　设 $a>1$, p 是奇素数, 则 $a^p \pm 1$ 的奇素数因子或为 $a \pm 1$ 的素因子, 或为形如 $2px+1$ 的素数.

例 5.4　设 a 对模 m 的指数是 δ, 则 a^x 对模 m 的指数是 $\dfrac{\delta}{(x,\delta)}$. 特别地, 若 $m = p$ 是奇素数, $\delta < p-1$, 则 $a^\gamma (1 \leqslant \gamma \leqslant \delta)$ 都不是模 p 的原根.

有了定理 5.2 的推论, 我们自然要问, 是否对每个 $\phi(m)$ 的因数 δ, 均有整数 a 以 δ 为指数? 答案是否定的. 举一个例子, 设 $m = 15$, $\phi(m)=8$. 容易验证, 对所有与 m 互素的整数 a, 均有 $a^4 \equiv 1 (\mathrm{mod}\, 15)$, 也即没有 a 以 8 为指数. 另一方面, 5.3 节我们又将证明, 若模 m 有原根, 则对于 m 的任意因数 δ, 必存在整数 a 以 δ 为原根.

埃及分数

有一则故事, 说的是一位富有的酋长, 临终时宣布把 11 辆豪华汽车赠送给自己的 3 个女儿. 他要求把二分之一送给长女, 四分之一送给老二, 六分之一送给小女. 问题出现了, 如何在不砸碎汽车的情况下, 将汽车严格按酋长的遗嘱分给他的 3 个女儿呢? 最后, 一位汽车经销商帮了忙, 才解决了难题. 他提供了一辆汽车, 这样一来, 一共有 12 辆, 3 个女儿按遗嘱分别开走 6 辆、3 辆和 2 辆. 结果, 当她们把汽车开走之后, 还剩下一辆, 自然归还经销商所有. 也就是说, 他既做了人情, 又没有任何付出.

这则典故实际上提出了这样一个数学问题, 如何把有理数 $\dfrac{n}{n+1}$ 分解成 3 个单位分数之和或埃及分数(Egyptian fraction)之和, 即

$$\frac{n}{n+1} = \frac{1}{x} + \frac{1}{y} + \frac{1}{z}.$$

上述有关汽车的分配问题相当于 $n = 11$ 的求解. 答案之一正是 $(x,y,z)=(2,4,6)$.

一般的埃及分数问题是指, 如何将一个有理数表示为若干单位分数之和. 也就是说, 给定正整数 m, n, 求解

$$\frac{m}{n} = \frac{1}{x_1} + \frac{1}{x_2} + \cdots + \frac{1}{x_k}. \qquad (A)$$

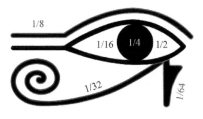

埃及分数: 神灵的眼睛

结论是肯定的, 问题产生于一些指定的特殊值上.

若取 $1 \leqslant m \leqslant 3$, $k=3$, 易知式(A)对任意正整数 n 恒有正整数解.

若取 $m = 4$, $k=3$, 1948 年, 爱多士和德国出生的美国数学家、爱因斯坦的助手斯特劳斯(Straus, 1922—1983)猜测, 对于任何 $n>1$, 方程

$$\frac{4}{n} = \frac{1}{x} + \frac{1}{y} + \frac{1}{z}$$

恒有正整数解.

当 $n \equiv 2 \pmod 3$ 时, 猜想正确, 这是因为

$$\frac{4}{n} = \frac{1}{n} + \frac{1}{\frac{n-2}{3}+1} + \frac{1}{n\left(\frac{n-2}{3}+1\right)}$$

美国出生的英国数学家莫德尔(Mordell, 1888—1972)证明了, 当 $n \not\equiv 1 \pmod{24}$ 时, 猜想成立. 迄今为止, 人们已验算当 $n \leqslant 10^{14}$ 时猜想正确. 1982 年, Xunqian Yang 证明[1], 当 $n, n+1, n+4$ 或 $4n+1$ 有因子 d, $d \equiv 3 \pmod 4$, 猜想是正确的. 这是因为

$$\frac{4}{n} = \begin{cases} \dfrac{1}{nk(k+1)} + \dfrac{1}{n(k+1)} + \dfrac{1}{kv}, & n = (4k-1)v, \\[2mm] \dfrac{1}{nk} + \dfrac{1}{nkv} + \dfrac{1}{kv}, & n+1 = (4k-1)v, \\[2mm] \dfrac{1}{nk} + \dfrac{1}{nk(kv-1)} + \dfrac{1}{kv-1}, & n+4 = (4k-1)v, \\[2mm] \dfrac{1}{nk} + \dfrac{1}{k(kv-n)} + \dfrac{1}{n(kv-n)}, & 4n+1 = (4k-1)v. \end{cases}$$

由此可证猜想对几乎所有的 n 成立. 迄今为止, 人们已验证当 $n \leqslant 10^{14}$ 时猜想正确.

又若取 $m = 5$, $k = 3$, 1956 年, 波兰数学家谢尔品斯基(Sierpiński, 1882—1969)猜测, 对于任何 $n>1$, 方程

---

① 参见 Proc. AMS, 1982, 85(4): 496-498.

$$\frac{5}{n} = \frac{1}{x} + \frac{1}{y} + \frac{1}{z}$$

恒有正整数解.

　　1966 年, 斯图尔特(Stewart, 1915—1994)证明了, 当 $m \not\equiv 1 \pmod{278468}$时, 猜想成立. 同时, 他验算当$n \leqslant 10^9$ 时猜想正确.

　　上述这两个猜想至今未获得证明或否定. 还有一个问题悬而未决, 是由爱多士和格雷厄姆提出来的. 在式(A)中取 $m = n = 1$, 令 $x_1 < x_2 < \cdots < x_k$. 对于任意给定的正整数 k, 确定 x_k 可能的最小值. 假设这个最小值为 $m(k)$, 已知的结果有

$$m(3) = 6, \, m(4) = 12, \, m(12) = 30, \quad 1 = \frac{1}{2} + \frac{1}{3} + \frac{1}{6}, \quad 1 = \frac{1}{2} + \frac{1}{4} + \frac{1}{6} + \frac{1}{12},$$

$$1 = \frac{1}{6} + \frac{1}{7} + \frac{1}{8} + \frac{1}{9} + \frac{1}{10} + \frac{1}{14} + \frac{1}{15} + \frac{1}{18} + \frac{1}{20} + \frac{1}{24} + \frac{1}{28} + \frac{1}{30}.$$

但一般的结果尚无人知晓. 爱多士还问, 是否存在正常数 c, 使得 $m(k) \leqslant ck$?

5.2　原根的存在性

　　任给一个模 m, 原根不一定都存在. 高斯在《算术研究》中指出, 欧拉和瑞士-德国数学家兰伯特(Lambert, 1728—1777)都已经知道原根. 兰伯特最负盛名的工作是证明了 π 的无理性, 他同时还是物理学家、天文学家和哲学家, 今天德国仍有一家叫兰伯特的出版社. 兰伯特的名著《新工具法》影响了大哲学家康德(Kant, 1724—1804), 后者曾想把最重要的学术著作《纯粹理性批判》(1781

德国数学家兰伯特像, 他的思想影响了同胞哲学家康德

年)题献给兰伯特, 结果因为延期出版和兰伯特的早逝未成.

　　高斯第一个给出了原根的存在性证明, 现在我们要给出原根存在的充分必要条件. 为节省篇幅, 我们只给出部分结果的证明.

　　定理 5.5　若 p 是奇素数, 则模 p 的原根必定存在.

　　证　在模 p 的简化剩余系 1, 2, $\cdots$, $p-1$ 里, 每一个数对模 p 都有它的指数. 从这 $p-1$ 个指数中取出所有不同的, 记为 $\delta_1, \delta_2, \cdots, \delta_r$. 令 $\lambda = [\delta_1, \delta_2, \cdots, \delta_r]$. 我们只需证明(i)存在 g, 它对模 p 的指数是 λ; (ii)$\lambda = p-1$.

(i) 设 $\lambda = q_1^{\alpha_1} q_2^{\alpha_2} \cdots q_s^{\alpha_s}$ 是其标准因子分解式, 则对每个 $1 \le t \le s$, 一定存在某一 δ 使得 $\delta = aq_t^{\alpha_t}$. 由此知有一整数 $x, 1 \le x \le p-1$, 它对模 p 的指数是 δ. 由定理 5.3 知, $x_t = x^a$ 对 p 的指数是 $q_t^{\alpha_t}$. 令 $g = x_1 x_2 \cdots x_s$, 则由定理 5.4, g 对模 p 的指数是 λ.

(ii) 显而易见, 同余式 $x^\lambda \equiv 1 \pmod{p}$ 至少有 $p-1$ 个解: $1, 2, \cdots, p-1$. 由拉格朗日定理知, $p-1 \le \lambda$. 另一方面, 由定理 5.2 推论知 $\delta_s \mid (p-1), 1 \le s \le p-1$, 故 $\lambda \mid (p-1)$. 从而, $\lambda = p-1$. 定理 5.5 获证.

以下定理可由原根的定义、定理 5.5 和欧拉定理推得, 其证明也是构造性的.

定理 5.6 设 g 是模 p 的一个原根, 则存在一个整数 t, 使得由等式 $(g + pt)^{p-1} = 1 + pu$ 所确定的 u 不被 p 整除, 且相应的 $g + pt$ 便是任意模 $p^\alpha (\alpha \ge 1)$ 的一个原根.

定理 5.7 设 $\alpha \ge 1, g$ 是模 p^α 的原根, 则 g 和 $g + p^\alpha$ 中的奇数是模 $2p^\alpha$ 的原根.

定理 5.8 模 m 原根存在的充分必要条件是 m 等于 $2, 4, p^\alpha$ 或 $2p^\alpha$, 其中 p 为奇素数.

特别地, 1 是模 2 的原根, 3 是模 4 的原根. 对于其他有原根的模 m, 我们有以下判定原根的准则.

定理 5.9 设 $m > 1$, $\phi(m)$ 的所有不同素因子为 $q_1, q_2, \cdots, q_s$, $(g, m) = 1$, 则 g 为模 m 一个原根的充分必要条件是

$$g^{\frac{\phi(m)}{q_i}} \not\equiv 1 \pmod{m}, \quad 1 \le i \le s. \tag{5.2}$$

证 先证必要性. 若 g 是模 m 的原根, 则 g 对模 m 的指数为 $\phi(m)$. 可是, $0 < \dfrac{\phi(m)}{q_i} < \phi(m)$, 故式 (5.2) 成立.

再证充分性. 设式 (5.2) 成立, g 对模 m 的指数为 δ, 我们用反证法证明 $\delta = \phi(m)$. 倘若 $\delta < \phi(m)$, 由定理 5.2 的推论知 $\delta \mid \phi(m)$. 因此 $\dfrac{\phi(m)}{\delta} > 1$, 故存在 $q_i \left| \dfrac{\phi(m)}{\delta} \right.$. 设 $\dfrac{\phi(m)}{\delta} = q_i u$, 即 $\dfrac{\phi(m)}{q_i} = \delta u$. 因而 $g^{\frac{\phi(m)}{q_i}} = (g^\delta)^u \equiv 1 \pmod{m}$, 与式 (5.2) 矛盾. 故而 $\delta = \phi(m)$, 即 g 是模 m 的一个原根. 定理 5.9 获证.

例 5.5 设 $m=41$，则 $\phi(m)=\phi(41)=2^3 5$，$q_1=2, q_2=5$，因而 $\dfrac{\phi(m)}{q_1}=20$，$\dfrac{\phi(m)}{q_2}=8$，故 g 是模 41 的原根的充分必要条件是

$$g^8 \not\equiv 1 \,(\mathrm{mod}\ 41), \quad g^{20} \not\equiv 1 \,(\mathrm{mod}\ 41), \quad (g,41)=1$$

经逐一验证, 6 是模 41 的最小原根.

再来考虑 $m=41^2=1681$，利用定理 5.6 的方法可以求得 $t=0$ 时 $41 \nmid u$，故 $g=6$ 也为 1681 的原根. 再由定理 5.7 可求得 $6+41^2=1687$ 是模 $2 \times 41^2 = 3362$ 的原根.

最后, 我们来求模 41 的所有原根. 因为 2 对模 41 的指数是 20, 利用例 5.3, 我们可以从 1, 2, …, 40 中去掉 2, 4, 8, 16, 32, 23, 5, 10, 20, 40, 39, 37, 33, 25, 9, 18, 36, 31, 21, 1 这 20 个整数. 又因为 3 对模 41 的指数是 8, 因此又可去掉 3, 9, 27, 40, 38, 32, 14, 1, 这里 1, 9, 32, 40 已经去掉. 故由定理 5.12, 余下的 16 个整数恰好是模 41 的全部原根, 即 6, 7, 11, 12, 13, 15, 17, 19, 22, 24, 26, 28, 29, 30, 34, 35.

在 2.5 节, 我们已经介绍了公开密钥体制中的 RSA 方法, 主要利用了大衍求一术、欧拉定理和整数分解因子的难度. 除此以外, 另一种安全可靠的方法是所谓的离散对数, 这种公开密钥体制以及所谓的数字签名方案用到了原根的性质和理论. 具体来说, 对于大原根 g，假设 $h=g^x$，从 h 求 x. 到目前为止, 这仍是一个很难解决的问题. 因此, 具有很强的保密性.

📖 阿廷猜想

1927 年, 奥地利-亚美尼亚数学家阿廷(Artin, 1898—1962)向德国数学家赫塞 (Hasse, 1898—1979)提出了这样一个问题: 对任意整数 $a \neq -1$，且不为平方数, 均存在无穷多个素数之模以 a 为原根. 进一步, 设 $a=a_0 b^2, a_0>1$ 且无平方因子, $S(a)$ 为所有以 a 为原根的素数之模 p 的集合, 阿廷猜测:

(1) $S(a)$ 有一个正的密度, 特别地, 它是一个无穷集合.

(2) 若 a 非完全方幂, 且 $a_0 \not\equiv 1\,(\mathrm{mod}\ 4)$，则 $S(a)$ 的密度常数(阿廷常数)为

$$C_{\mathrm{Artin}} = \prod_p \left(1 - \frac{1}{p(p-1)}\right) = 0.3739558136\cdots,$$

这里 p 取遍所有素数. 对其他情形, 密度常数是阿廷常数的有理数倍.

举一个例子, 若 $a=2$，则

$$S(2)=\{3,5,11,13,19,29,37,53,59,61,67,83,101,107,131,139,149,163,173,179,181,$$
$$197,211,227,269,293,317,347,349,373,379,389,419,421,443,461,467,491,\cdots\}$$

不超过 500 的素数有 95 个, 以 2 为原根的有 38 个, 其比例 $\frac{38}{95} = \frac{2}{5} = 0.4$ 接近阿廷常数.

许多数论学家对阿廷猜想作了努力, 1967 年, 英国数学家胡利(Hooley, 1928—　)在某种形式的广义黎曼假设下证明了阿廷猜想. 无条件的最好结果是英国数学家希思-布朗(Heath-Brown, 1952 —　) 在 1986 年得到的, 他证明了, 在 3,5,7 这三个素数中至多有两个素数使得阿廷猜想不成立. 因此, 还有一个拥有无穷多个素数模以它为原根. 遗憾的是, 希思-布朗的证明不是构造性的. 至今我们不能确定哪怕一个整数 a, 以模 a 为原根的素数有无穷多个. 此前两年, 印度数学家古塔普(Gupta)和默蒂 (Murty, 1953—　) 证明了, 存在无穷多个 a, 以 a 为原根的素数有无穷多个.

阿廷(左)与赫塞

另一方面, 爱多士曾提出一个公开问题: 当素数 p 充分大时, 是否必有素数 $q < p$ 存在, q 是 p 的原根.

最后, 还有所谓的最小原根问题. 设 g_p 是模 p 的最小原根, Fridlander(1949) 和 Salie(1950)证明了: 存在常数 $C_1 > 0$, 使得 $g_p > C_1 \log p$; 而 Burgess(1962)则证明了, 对任意 $\varepsilon > 0$, 存在常数 C_2, 使得 $g_p < C_2 p^{\frac{1}{4}+\varepsilon}$; Shoup(1992)证明了, 在广义黎曼假设下, 存在常数 C_3, 使得 $g_p < C_3 \log^6 p$.

5.3　n 次 剩 余

为了研究 n 次同余方程(5.1), 我们需要引进指标的概念. 本节限定模 $m = p^{\alpha}$ 或 $2p^{\alpha}$, 即有原根存在的情形, g 是模 m 的一个原根. 我们要求出有解存在的条件和解数, 并顺便给出模 m 的原根个数. 在给出指标的定义前, 我们需要以下性质.

性质 5.1　若 γ 通过模 $\phi(m)$ 的最小非负完全剩余系, 则 g^{γ} 通过模 m 的一个简化剩余系.

这一性质可以通过原根和简化系的定义直接推得.

定义 5.2　设 a 是一个整数, 若对模 m 的一个原根 g, 存在非负整数 γ 使得

$$a \equiv g^{\gamma} \pmod{m},$$

则称 γ 为以 g 为底的 a 对模 m 的一个指标(index).

显然, a 的指标不仅与模 m 有关, 也与原根 g 的选取有关. 例如, 2 和 3 都是模 5 的原根, 3 是以 2 为底的 3 对模 5 的指标, 而 1 是以 3 为底的 3 对模 5 的指标. 任何与模 m 互素的整数 a, 对模 m 的任何原根 g 来说, 指标总是存在的; 而对任何不与模 m 互素的整数 a, 对模 m 的任何原根 g 来说, 指标均不存在. 由定理 5.2 和相关性质容易证得下面结论.

性质 5.2 存在以 g 为原根的 a 对模 m 的指标 γ, $0 \leqslant \gamma < \phi(m)$, 记为 $\mathrm{ind}_g a$ 或 $\mathrm{ind}\, a$. 设 γ' 为 a 对模 m 的任何指标, 则有 $\gamma' \equiv \gamma \pmod{\phi(m)}$.

性质 5.3 若 $a_1, a_2, \cdots, a_n$ 是 n 个与 m 互素的整数, 则

$$\mathrm{ind}(a_1 a_2 \cdots a_n) \equiv \mathrm{ind}\, a_1 + \mathrm{ind}\, a_2 + \cdots + \mathrm{ind}\, a_n \pmod{\phi(m)},$$

特别地, $\mathrm{ind}\, a^n \equiv n\, \mathrm{ind}\, a \pmod{\phi(m)}$.

性质 5.4 设 g, h 是模 m 的两个原根, 证明:

(i) $\mathrm{ind}_h g \cdot \mathrm{ind}_g h \equiv 1 \pmod{\phi(m)}$;

(ii) $\mathrm{ind}_g h \cdot \mathrm{ind}_h a \equiv \mathrm{ind}_g a \pmod{\phi(m)}$.

例 5.6 做模 41 的两个指标表, 以 6 为原根, 通过实际计算可得

模 41 指标表

	0	1	2	3	4	5	6	7	8	9
0		0	26	15	12	22	1	39	38	30
1	8	3	27	31	25	37	24	33	16	9
2	34	14	29	36	13	4	17	5	11	7
3	23	28	10	18	19	21	2	32	35	6
4	20									

模 41 反指标表

	0	1	2	3	4	5	6	7	8	9
0	1	6	36	11	25	27	39	29	10	19
1	32	28	4	24	21	3	18	26	33	34
2	40	35	5	30	16	14	2	12	31	22
3	9	13	37	17	20	38	23	15	8	7

其中, 第一个表是用来查指标, 第二个表是由指标查对应的数. 从第一个表

可查得 33 的指标是 18, 从第二个表可查得, 指标 18 对应的数是 33. 两者皆有 $\mathrm{ind}_6 33 = 18$. 现在, 我们利用指标来研究 n 次剩余方程(5.1)的求解. 为此, 我们先引进 n 次剩余和 n 次非剩余的概念.

定义 5.3　设 m 是正整数, 若同余式(5.1)有解, 则 a 称为模 m 的一个 n 次剩余. 不然的话, 则 a 称为模 m 的 n 次非剩余.

定理 5.10　若 $(n, \phi(m)) = d, (a, m) = 1$, 则式(5.1)有解, 即 a 是模 m 的 n 次剩余的充分必要条件是 $d \mid \mathrm{ind}\, a$, 且在有解的情况下, 解数是 d; 在模 m 的一个简化剩余系中, n 次剩余的个数是 $\dfrac{\phi(m)}{d}$.

证　容易验证, 式(5.1)与下列同余式

$$n\, \mathrm{ind}\, x \equiv \mathrm{ind}\, a\, (\mathrm{mod}\, \phi(m)) \tag{5.3}$$

等价. 由 3.1 节定理 3.1 知, 式(5.3)有解 $X = \mathrm{ind}\, x$ 当且仅当 $d \mid \mathrm{ind}\, a$, 且在有解的情况下, 解数是 d. 进而, 模 m 的 n 次剩余是序列 $0, 1, 2, \cdots, \phi(m) - 1$ 中 d 的倍数个数, 也即 $\dfrac{\phi(m)}{d}$. 定理 5.10 获证.

推论　a 是模 m 的 n 次剩余的充分必要条件是

$$a^{\frac{\phi(m)}{d}} \equiv 1 (\mathrm{mod}\, m), \quad d = (n, \phi(m)).$$

例 5.7　解同余式

$$x^8 \equiv \pm 16 (\mathrm{mod}\, 41). \tag{5.4}$$

因为 $n = 8$, $\phi(41) = 40$, $d = (8, 40) = 8$, $\mathrm{ind}\, 16 = 24$, $8 \mid 24$, 故由定理 5.10 及其证明知当符号取正值时, 式(5.4)有 8 个解, 且其解为

$$8\, \mathrm{ind}\, x \equiv 24\ (\mathrm{mod}\ 40),$$

即

$$\mathrm{ind}\, x \equiv 3 (\mathrm{mod}\ 5)$$

的解, 即 $\mathrm{ind}\, x \equiv 3, 8, 13, 18, 23, 28, 33, 38 (\mathrm{mod}\ 40)$, 查第二表即得 $x \equiv 8, 10, 11, 17, 24, 30, 31, 33 (\mathrm{mod}\ 41)$. 而当取负值时, $\mathrm{ind}\, (-16) = \mathrm{ind}\, 25 = 4$, $8 \nmid 4$, 故式(5.4)无解.

定理 5.11　若$(a, m)=1$，则 a 对 m 的指数 $\delta = \dfrac{\phi(m)}{(\mathrm{ind}\, a, \phi(m))}$．特别地，$a$ 是模 m 的原根的充分必要条件是 $(\mathrm{ind}\, a, \phi(m))=1$．

证　由 $a^{\delta} \equiv 1 (\mathrm{mod}\, m)$ 和性质 5.3 知 $\delta\, \mathrm{ind}\, a \equiv 0 (\mathrm{mod}\, \phi(m))$．注意到 $\delta | \phi(m)$，故而 $\mathrm{ind}\, a \equiv 0 \left(\mathrm{mod}\, \dfrac{\phi(m)}{\delta} \right)$，$\dfrac{\phi(m)}{\delta}$ 是 $\mathrm{ind}\, a$ 和 $\phi(m)$ 的公因子，$\dfrac{\phi(m)}{\delta} | (\mathrm{ind}\, a, \phi(m))$，即

$$\frac{\phi(m)}{(\mathrm{ind}\, a, \phi(m))} \bigg| \delta.$$

又若令 $d = (\mathrm{ind}\, a, \phi(m))$，则

$$\frac{\phi(m)}{d} \mathrm{ind}\, a \equiv 0 (\mathrm{mod}\, \phi(m)),$$

故而 $a^{\frac{\phi(m)}{d}} \equiv 0 (\mathrm{mod}\, \phi(m))$，由 δ 的定义即得

$$\delta \bigg| \frac{\phi(m)}{d} = \frac{\phi(m)}{(\mathrm{ind}\, a, \phi(m))},$$

从而

$$\delta = \frac{\phi(m)}{(\mathrm{ind}\, a,\ \phi(m))}.$$

定理 5.11 获证．

定理 5.12　在模 m 的简化剩余系中，指数是 δ 的整数个数是 $\phi(\delta)$．特别地，原根的个数是 $\phi(\phi(m))$．

证　由定理 5.11，模 m 的简化剩余系中，指数是 δ 的整数个数等于满足条件

$$(\mathrm{ind}\, a, \phi(m)) = \frac{\phi(m)}{\delta}$$

的 a 的个数．这等价于满足条件

$$(u, \phi(m)) = \frac{\phi(m)}{\delta}, \quad 0 \leqslant u < \phi(m)$$

的整数 u 的个数．令 $u = \dfrac{\phi(m)}{\delta} v$，这又等价于满足

$$(v, \delta) = 1, \quad 0 < v < \delta,$$

此即 $\phi(\delta)$．定理 5.12 获证．

备注　由定理 5.12 的证明及 $a \equiv g^{\mathrm{ind}_g a} (\mathrm{mod}\, m)$ 可知，模 m 所有原根的集合为

$$\{g^{j}, 1 \leqslant j \leqslant \phi(m), (j, \phi(m))=1\}.$$

例 5.8 模 41 的简化剩余系中, 指数是 8 的数 a 满足条件 $(\text{ind}\,a, 40)=\dfrac{40}{8}=5$, 即 3, 14, 27, 38. 而原根是满足条件 $(\text{ind}\,a, 40)=1$ 的数 a, 共 $\phi(40)=16$ 个, 它们是 6, 7, 11, 12, 13, 15, 17, 19, 22, 24, 26, 28, 29, 30, 34, 35.

显而易见, 例 5.8 给出的求所有原根的方法优于例 5.5 的方法.

最后, 我们考虑高斯在《算术研究》中研究过的两个问题, 得到了更一般的结果, 即对固定的正整数模或素数幂模, 所有原根的和及乘积与模的关系.

定理 5.13 设模 m 有原根存在, 其原根的集合为 $\{g_1, g_2, \cdots, g_r \mid r = \phi(\phi(m))\}$, 则

$$\prod_{i=1}^{r} g_i \equiv (-1)^r \pmod{m}.$$

证 上式等价于

$$\prod_{i=1}^{r} g_i \equiv \begin{cases} -1 \pmod{m}, & m = 2,3,4,6; \\ 1 \pmod{m}, & \text{其他} \, m. \end{cases}$$

当 $m \leqslant 6$ 时, 可以直接验证. 当 $m > 6$ 时, r 必为偶数. 若 x 是模 m 的原根, 易知它的逆 $y(xy \equiv 1 \pmod{m})$ 也是模 m 的原根, 且 $y \not\equiv x \pmod{m}$. 故 $\{g_1, g_2, \cdots, g_r\}$ 的元素可按互逆关系两两配对, 从而其乘积模 m 余 1. 定理 5.13 获证.

推论(高斯) 对任意素数 $p \neq 3$, 它的所有原根之积模 p 同余于 1.

例 5.9 设 p 是素数, 则对任何正整数 k,

$$1^k + 2^k + \cdots + (p-1)^k \equiv \begin{cases} 0 \pmod{p}, & p-1 \nmid k; \\ -1 \pmod{p}, & p-1 \mid k. \end{cases}$$

例 5.10 设 p 是奇素数, 则

(1) $1^p + 2^p + \cdots + (p-1)^p \equiv 0 \pmod{p}$;

(2) 又若 m 是正整数, 且 $2^m \not\equiv 1 \pmod{p}$, $1^m + 2^m + \cdots + (p-1)^m \equiv 0 \pmod{p}$.

定理 5.14 设 p 是奇素数, $\{g_1, g_2, \cdots, g_r \mid r = \phi(\phi(p^\alpha))\}$ 是模 p^α 的原根集合, 则

$$\sum_{i=1}^{r} g_i \equiv \mu(p-1)\phi(p^{\alpha-1}) \pmod{p^\alpha}.$$

证 令 $n = \phi(p^\alpha)$, 设 g 是模 $p^\alpha (\alpha \geqslant 1)$ 的原根, 由定理 5.12 的说明并两次利用

$$\sum_{d \mid m} \mu(d) = \begin{cases} 1, & m = 1, \\ 0, & m > 1, \end{cases}$$

我们有

$$\sum_{i=1}^{r} g_i = \sum_{\substack{j=1 \\ (j,n)=1}}^{n} g^j = \sum_{j=1}^{n} g^j \sum_{d|(j,n)} \mu(d) = \sum_{d|n} \mu(d) \sum_{k=1}^{n/d} g^{kd}$$

$$= \sum_{d|n} \mu(d) g^d \frac{g^n - 1}{g^d - 1} = \sum_{d|n} \mu(d) \frac{g^n - 1}{g^d - 1} \tag{5.5}$$

$$\equiv \sum_{0 \leqslant i \leqslant 1} \mu(p^i(p-1)) \frac{g^n - 1}{g^{p^i(p-1)} - 1}$$

$$\equiv \mu(p-1) \left(\frac{g^n - 1}{g^{p-1} - 1} - \frac{g^n - 1}{g^{p(p-1)} - 1} \right) \pmod{p^\alpha}.$$

这是因为 g 是原根, 故对任意的 $i \geqslant 1$,

$$e \mid (p-1), \quad e < p-1, g^{p^i e} - 1 \equiv g^e - 1 \not\equiv 0 \pmod{p}.$$

现在我们要证明, 对任意大于 1 且与 p 互素的整数 a, $1 \leqslant i \leqslant \alpha$, 均有

$$\frac{a^{\phi(p^\alpha)} - 1}{a^{\phi(p^i)} - 1} \equiv p^{\alpha-i} \pmod{p^\alpha}. \tag{5.6}$$

对 α 用归纳法, 当 $\alpha = 1$ 时显然, 设 $\alpha \geqslant 1$ 时同余式成立, 即

$$a^{\phi(p^\alpha)} - 1 = (a^{\phi(p^i)} - 1)(p^{\alpha-i} + K_\alpha p^\alpha),$$

此处 K_α 及下面的 $K'_\alpha, K_{\alpha+1}$ 均为整数. 考虑 $\alpha+1$ 的情形, 由欧拉定理, $p^i \mid (a^{\phi(p^i)} - 1)$, 利用二项式系数展开, 我们有

$$a^{\phi(p^{\alpha+1})} = (a^{\phi(p^\alpha)})^p = \left[1 + (a^{\phi(p^i)} - 1)(p^{\alpha-i} + K_\alpha p^\alpha) \right]^p$$

$$= 1 + (a^{\phi(p^i)} - 1)(p^{\alpha+1-i} + K_\alpha p^{\alpha+1}) + (a^{\phi(p^i)} - 1)K'_\alpha p^{2\alpha+1-i}$$

$$= 1 + (a^{\phi(p^i)} - 1)(p^{\alpha+1-i} + K_{\alpha+1} p^{\alpha+1}).$$

故式(5.6)成立, 在式(5.6)中依次取 $a = g, i = 1,2$, 代入式(5.5), 即得

$$\sum_{i=1}^{r} g_i \equiv \mu(p-1)(p^{\alpha-1} - p^{\alpha-2}) = \mu(p-1)\phi(p^{\alpha-1}) \pmod{p^\alpha}.$$

定理 5.14 获证.

推论(高斯) 对任意素数 p, 它的所有原根之和模 p 同余于 $\mu(p-1)$.

比较原根存在性的定理 5.8 和 3.2 节的高斯定理, 我们发现它们有着十分相似的条件, 即模 2, 4, p^α 和 $2p^\alpha$ 与其他模的结论刚好相反. 一直以来, 我们想证明它们之间的相通性, 直到 2016 年, 才取得成功. 我们认为这在初等数论里, 有着特别重要的意义, 它贯通了原根指数、平方剩余与同余式理论. 下面我们利用定理

5.8, 给予高斯定理一个新的证明, 为此, 还需要下列两个引理.

引理 5.1 设 $m>1$, 模 m 不存在原根, 则对任意与 m 互素的整数 a, 均有

$$a^{\frac{\phi(m)}{2}} \equiv 1 \pmod{m}.$$

证 对于任意的 $p^\alpha \mid m$, 设 $m = p^\alpha m_1$, $m_1 > 2$, 显然 $\phi(m_1)$ 是偶数. 由欧拉定理,

$$a^{\frac{\phi(m)}{2}} = a^{\frac{\phi(p^\alpha m_1)}{2}} = (a^{\phi(p^\alpha)})^{\frac{\phi(m_1)}{2}} \equiv 1 \pmod{p^\alpha},$$

故而

$$a^{\frac{\phi(m)}{2}} \equiv 1 \pmod{m}.$$

引理 5.2 设 $m>1$, 一定存在整数 a, $(a,m)=1$, a 关于模 m 的指数为 δ, 使对于任意整数 x, $(x,m)=1$, 均有 $x^\delta \equiv 1 \pmod{m}$. 特别地, 若模 m 存在原根, 则 a 是原根之一.

证 仿照定理 5.5 的证明. 在模 m 的简化剩余系里, 每一个数对模 m 都有指数. 从这 $\phi(m)$ 个指数中取出所有不同的, 记为 $\delta_1, \delta_2, \cdots, \delta_r$. 令 $\delta = [\delta_1, \delta_2, \cdots, \delta_r]$, 设 $\delta = q_1^{\alpha_1} q_2^{\alpha_2} \cdots q_s^{\alpha_s}$ 是其标准因子分解式, 则对每个 $1 \leqslant t \leqslant s$, 一定存在某一 δ_i, 使得 $\delta_i = a q_t^{\alpha_t}$. 由此可知存在一整数 x, $(x,m)=1$, 它对模 m 的指数是 δ_i. 由定理 5.3, $x_t = x^a$ 对 m 的指数是 $q_t^{\alpha_t}$. 令 $X = x_1 x_2 \cdots x_s$, 则由定理 5.4, X 对模 m 的指数是 δ. 引理 5.2 得证.

高斯定理的新证明 首先, 假设模 m 存在原根 g. 若 $m=2$ 或 4, 可直接验证高斯定理成立. 设 $m=p^\alpha$ 或 $2p^\alpha$, p 为奇素数, 由定理 4.7, $x^2 \equiv 1 \pmod{m}$ 恰有两个解 $x \equiv \pm 1 \pmod{m}$, 因为 g 是原根, 故而 $g^{\frac{\phi(m)}{2}} \equiv -1 \pmod{m}$. 由此可得

$$\prod_{\substack{1 \leqslant i \leqslant m \\ (i,m)=1}} i = \prod_{j=1}^{\phi(m)} g^j = g^{\sum_{j=1}^{\phi(m)} j} = g^{\frac{\phi(m)(\phi(m)+1)}{2}} = \left(g^{\frac{\phi(m)}{2}}\right)^{\phi(m)+1}$$

$$\equiv (-1)^{\phi(m)+1} \equiv -1 \pmod{m}.$$

下设模 m 不存在原根. 对于引理 5.2 中的 a 和 δ, 令 $n = \dfrac{\phi(m)}{\delta}$, 则 n 是整数. 设 $A_0 = \{a^0 = 1, a, \cdots, a^{\delta-1}\}$. 显然, A_0 中的 δ 个元素在模 m 的简化系中且各不相同. 在剩余的元素中任取一个记作 b_1, 设 $A_1 = \{b_1, b_1 a, \cdots, b_1 a^{\delta-1}\}$, 则 A_1 中的 δ 个元素也在

模 m 的简化系中且各不相同. 由于 $a^\delta \equiv 1 (\text{mod } m)$, A_1 中的元素不同于 A_0 中的元素. 继续进行下去, 我们可以在模的简化系中取到 b_{n-1}, 设 $A_{n-1} = \{b_{n-1}, b_{n-1}a, \cdots, b_{n-1}a^{\delta-1}\}$, 则 A_{n-1} 中的 δ 个元素也在模 m 的简化系中且各不相同, 同时不同于 $A_0, A_1, \cdots, A_{n-2}$ 中的元素.

这样一来, 模 m 的简化系中所有元素均可由上述集合 $A_0, A_1, \cdots, A_{n-1}$ 中的元素表示, 利用引理 5.2 和引理 5.1(取 $b_0 = 1$), 则有

$$\prod_{\substack{1 \leq i \leq m \\ (i,m)=1}} i \equiv \prod_{i=0}^{n-1}\prod_{j=0}^{\delta-1} b_i a^j = \prod_{i=0}^{n-1} b_i^\delta \left(\prod_{j=0}^{\delta-1} a^j\right)^n$$

$$\equiv (a^{\sum_{j=0}^{\delta-1} j})^{\frac{\phi(m)}{\delta}} = (a^{\frac{\phi(m)}{2}})^{\delta-1} \equiv 1(\text{mod } m).$$

佩尔方程

佩尔方程(Pell's equation)在数论研究中十分重要, 许多丢番图方程均可转换为佩尔方程或准佩尔方程.

设 d 为正整数, 且不为完全平方, 形如

$$x^2 - dy^2 = 1 \tag{P1}$$

的丢番图方程被称为佩尔方程.

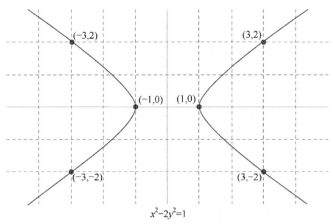

佩尔方程($d=2$)和它的 6 个整数解

佩尔(Pell,1611—1685)是 17 世纪英国数学家, 他对数学并没有特别的贡献, 这个方程之所以用他的名字命名, 完全是因为欧拉的一个记忆错误(后来以讹传

讹, 又有了佩尔数和佩尔素数). 原本是, 与佩尔同时代的另一位英国数学家(对数学也没有特别的贡献)在欧洲较早研究了此类方程, 向来谦逊的欧拉便在写作一部专著讨论此类方程时以佩尔命名了.

在印度, 第一个研究佩尔方程的是婆罗摩笈多, 他用一种巧智的方法给出了一类特殊的解法, 并称之为 "瓦格布拉蒂". 5 个世纪以后, 他的同胞婆什迦罗第二(1114—约 1185)对某些 *d* 给出了佩尔方程的一般解.

显然, $(x, y) = (\pm 1, 0)$ 是所有佩尔方程的平凡解. 费尔马猜测, 对每个 *d*, 一定存在非平凡解. 1768 年, 拉格朗日证明了佩尔方程一定有非平凡解. 以下定理是佩尔方程有解的基本结论.

定理 A　佩尔方程有无限多对整数解 (x, y). 设 (x_0, y_0) 是佩尔方程的正整数解, 且使 $x + y\sqrt{d}$ 取值最小 (基本解), 则全部解可由 $x + y\sqrt{d} = \pm(x_0 + y_0\sqrt{d})^n$ 给出, 其中 *n* 为任意整数.

设 *d* 为正整数, 且不为完全平方, 下列方程也被称为佩尔方程:

沉湎于计算的婆罗摩笈多

$$x^2 - dy^2 = -1. \tag{P2}$$

定理 B　假如佩尔方程(P2)有解, 设 (x_0', y_0') 是 (P2) 的正整数解, 且使 $x + y\sqrt{d}$ 取值最小(基本解), 则全部解可由

$$x + y\sqrt{d} = \pm(x_0', y_0'\sqrt{d})^{2n+1}$$

给出, 其中 *n* 为任意整数.

再设 *k, l* 为大于 1 的整数, $(k, l) = 1$, *kl* 非完全平方, 下列方程也被称为佩尔方程:

$$kx^2 - ly^2 = 1. \tag{P3}$$

定理 C　假如佩尔方程(P3)有解, 设 (x_0', y_0') 是 (P2) 的正整数解, 且使 $x + y\sqrt{d}$ 取值最小(基本解), 则全部解可由

$$x\sqrt{k} + y\sqrt{l} = (x_0\sqrt{k} + y_0\sqrt{l})^{2n+1}$$

给出, 其中 *n* 为任意正整数.

需要指出的是, 定理 A 的基本解和定理 B 的基本解满足关系式:

$$x_0 + y_0 d = (x_0' + y_0'\sqrt{d})^2.$$

佩尔方程的解通常有无穷多个, 当 $d=2$ 时, 解之比 $\dfrac{x}{y}$ 趋向 $\sqrt{2}$, 这类近似逼近在无理数计算和连分数中非常有用, 这可能是人们研究佩尔方程的起因. 说到连分数, 它也是数论研究的一个重要组成部分.

若用 $\dfrac{1}{a+}\dfrac{1}{b}$ 表示分数 $\dfrac{1}{a+\dfrac{1}{b}}$, 则分数 $a_0+\dfrac{1}{a_1+}\dfrac{1}{a_2+}\cdots\dfrac{1}{a_n}$ 称为连分数, 其中 a_0 是整数, 其余 a_i 是正整数, 记为 $[a_0,a_1,a_2,\cdots,a_n]$ (与最大公倍数同一个记号). 连分数也可以是无限的, 只要括号中的正整数个数无限. 例如,

$$1+\sqrt{5}=[3,4,4,4,\cdots].$$

每一个连分数都表示唯一的实数, 反之, 每一个实数基本上可唯一表示成一个连分数. 确切地说, 每一个无理数都可以唯一表成无限连分数, 而有理数恰好能够以两种方式表成有限连分数. 这是因为, 若 $a_n>1$, 则有

$$[a_0,a_1,a_2,\cdots,a_n]=[a_0,a_1,a_2,\cdots,a_n-1,1].$$

若一个无限连分数 $[a_0,a_1,\cdots,a_n,\cdots]$ 满足 $a_{s+i}=a_{s+kt+i},1\leqslant i\leqslant t,k\geqslant 0$, 其中 s,t 是固定的非负整数和正整数, 则称之为循环连分数, 记为 $[a_0,a_1,\cdots,a_s,\dot{a}_{s+1},\cdots,\dot{a}_{s+t}]$.

每一个循环连分数都是某一整系数二次不可约方程的实根, 反之亦然. 也就是说, 佩尔方程中的系数 d 可以表成循环连分数.

定理(费尔马-拉格朗日)　若 d 是一个非平方的正整数, 则佩尔方程有正整数解.

最后, 我们给出佩尔方程的一个应用例子, 这是我们在数论导引课和讨论班上做的.

例　不定方程 $x^3+y^3+z^3=x+y+z=3$ 仅有 4 组整数解, 即

$$(x,y,z)=(1,1,1),(4,4,-5),(4,-5,4),(-5,4,4).$$

又, 方程 $x^3+y^3+z^3+w^3=x+y+z+w=4$ 的解如何?

我们引入 3 元未知数的下列恒等式:

$$(x+y+z)^3=x^3+y^3+z^3+3(x+y)(y+z)(z+x). \tag{S}$$

将已知条件代入, 可得

$$(x+y)(y+z)(z+x)=8,$$

此即

$$(3-x)(3-y)(3-z)=8.$$

令 $x'=3-x, y'=3-y, z'=3-z$, 则有

$$x'y'z'=8, \quad x'+y'+z'=6.$$

不难求得有解 (2,2,2), (−1, −1,8), (−1,8, −1), (8, −1, −1), 由此即得原方程的解为 (1,1,1), (4,4, −5), (4, −5,4), (−5,4,4).

遗憾的是, 我们无法把方程(S)推广到 4 元的情形. 退一步, 式(S)有另一个较为复杂的变种, 即

$$(x+y+z)^3=(x^2+y^2+z^2)(x+y+z)+2\{(x+y)(y+z)(z+x)+xyz\}.$$

这个恒等式可以推广到下列 4 元的情形,

$$(x+y+z+w)^4=(x^3+y^3+z^3+w^3)(x+y+z+w)$$
$$+3\{(x+y+z)(x+y+w)(x+z+w)(y+z+w)-xyzw\}. \quad \text{(T)}$$

将已知条件代入, 可得

$$(x+y+z)(x+y+w)(x+z+w)(y+z+w)-xyzw=80.$$

令 $x'=4-x, y'=4-y, z'=4-z, w'=4-w$, 则有

$$\begin{cases} (4-x')(4-y')(4-z')(4-w')=c; \\ x'y'z'w'=80+c; \\ x'+y'+z'+w'=12. \end{cases}$$

取 $(x'y'z'w')=(0,0,3,9)$, 可 得 解 (4,4,1, −5); 取 $(x'y'z'w')=(6, -6,15, -3)$, 可 得 解 (−2,10, −11,7). 一般地, 取 $y'=-x'$, 令 $z'=6+\sqrt{u}$, $w'=6-\sqrt{u}$, 可得

$$\begin{cases} (16-x'^2)(4-u)=c, \\ -x'^2(36-u)=80+c, \end{cases}$$

两式相减, 即得 $u=2x'^2+9$, u 必须是平方数. 设 $u=v^2$, v 满足

$$v^2-2x'^2=9,$$

即

$$\left(\frac{v}{3}\right)^2-2\left(\frac{x'}{3}\right)^2=1.$$

此为佩尔方程, 存在无穷多组解. 但这些解也可能仅是所给方程组的部分解.

5.4　合数模的情形

5.3 节我们讨论了指标的基本性质及其在 n 次剩余方程中的应用. 可是, 指标的定义只限于有原根的模, 而大多数正整数是没有原根的. 因此, 我们有必要把指标的概念推广到指标组, 使得它对于任何大于 1 的正整数模均有意义.

首先我们注意到, 当 $\alpha \geqslant 3$ 时, 模 2^{α} 没有原根, 且任一与 2^{α} 互素的整数 a 均满足下列同余式

$$a^{2^{\alpha-2}} \equiv 1 \pmod{2^{\alpha}}. \tag{5.7}$$

接下来我们要问, 是否存在一个整数 a, 它对模 $2^{\alpha}(\alpha \geqslant 3)$ 的指数为 $2^{\alpha-2}$. 答案是肯定的, 此即下面的定理.

定理 5.15 设 $\alpha \geqslant 3$, 则 5 对模 2^{α} 的指数为 $2^{\alpha-2}$, 并且

$$\pm 5^0, \pm 5^1, \cdots, \pm 5^{2^{\alpha-2}-1} \tag{5.8}$$

构成模 2^{α} 的一个简化剩余系.

证 由式(5.7)及定理 5.2 知, 5 对模 2^{α} 的指数 $\delta \mid 2^{\alpha-2}$; 另一方面, 用数学归纳法不难验证, 当 $\alpha \geqslant 3$ 时, $5^{2^{\alpha-3}} \equiv 1+2^{\alpha-1} \pmod{2^{\alpha}}$. 故而, $\delta = 2^{\alpha-2}$. 由此, $5^0, 5^1, \cdots,$ $5^{2^{\alpha-2}-1}$ 和 $-5^0, -5^1, \cdots, -5^{2^{\alpha-2}-1}$ 各自关于模 2^{α} 两两不同余, 且这 $2^{\alpha-1}$ 个数均与模 2^{α} 互素. 不仅如此, 这两组数相互之间对模 2^{α} 也不同余. 事实上, 前者模 4 余 1, 后者模 4 余 3. 因此, 数组式(5.8)构成了模 2^{α} 的一个简化剩余系. 定理 5.15 获证.

需要指出的是, 用模 3 代替模 5, 定理 5.15 的结论照样成立, 只是证明略显麻烦而已.

推论 令

$$c_{-1} = \begin{cases} 1, & \alpha = 1, \\ 2, & \alpha \geqslant 2, \end{cases} \qquad c_0 = \begin{cases} 1, & \alpha = 1, \\ 2^{\alpha-2}, & \alpha \geqslant 2. \end{cases}$$

若 γ_{-1}, γ_0 分别通过模 c_{-1} 和模 c_0 的最小非负完全剩余系, 则 $(-1)^{\gamma_{-1}} 5^{\gamma_0}$ 通过模 2^{α} 的一个简化剩余系.

同余式

$$(-1)^{\gamma_{-1}} 5^{\gamma_0} \equiv (-1)^{\gamma'_{-1}} 5^{\gamma'_0} \pmod{2^{\alpha}}$$

成立的充分必要条件是

$$\gamma_{-1} \equiv \gamma'_{-1}(\mathrm{mod}\, c_{-1}), \quad \gamma_0 \equiv \gamma'_0(\mathrm{mod}\, c_0).$$

现在，我们可以引进模 2^{α} 指标组的概念.

定义 5.4　若

$$a \equiv (-1)^{\gamma_{-1}} 5^{\gamma_0}(\mathrm{mod}\, 2^{\alpha}),$$

则 γ_{-1}, γ_0 称为 a 对模 2^{α} 的一个指标组.

易知，任一与模 2^{α} 互素的数，都有唯一的一个指标组 γ_{-1}, γ_0 满足 $0 \leqslant \gamma_{-1} < c_{-1}, 0 \leqslant \gamma_0 < c_0$；另外，对模 2^{α} 有同一指标组的数的集合构成了一个与模 2^{α} 互素的剩余类. 利用定义 5.4，还可以直接推得下面结论.

定理 5.16　设 $a_1, a_2, \cdots, a_n$ 是 n 个与 2^{α} 互素的整数，$\gamma_{-1}(a_i), \gamma_0(a_i)(1 \leqslant i \leqslant n)$ 是 a_i 对模 2^{α} 的一个指标组，则 $\sum_{i=1}^{n} \gamma_{-1}(a_i), \sum_{i=1}^{n} \gamma_0(a_i)$ 是 $a_1 a_2 \cdots a_n$ 对模 2^{α} 的一个指标组.

下面，我们把指标组的定义推广到一般正整数上.

定义 5.5　设 $m = 2^{\alpha} p_1^{\alpha_1} \cdots p_k^{\alpha_k}$，$g_i$ 是模 $p_i^{\alpha_i}(1 \leqslant i \leqslant k)$ 的一个原根，$(a, m) = 1$. 若

$$a \equiv (-1)^{\gamma_{-1}} 5^{\gamma_0}(\mathrm{mod}\, 2^{\alpha}), \quad a \equiv g_i^{\gamma_i}(\mathrm{mod}\, p_i^{\alpha_i}), \quad 1 \leqslant i \leqslant k,$$

则称 $\gamma_{-1}, \gamma_0, \gamma_1, \cdots, \gamma_k$ 为 a 对模 m 的一个指标组.

由这个定义，我们不难推得与前述类似的性质：

性质 5.5　若 a 是任意与 m 互素的整数，则 a 有唯一一个指标组 $\gamma_{-1}, \gamma_0, \gamma_1, \cdots,$ γ_k 满足 $0 \leqslant \gamma_i < c_i, -1 \leqslant i \leqslant k$，其中 $c_i = \phi(p_i^{\alpha_i})(1 \leqslant i \leqslant k)$.

性质 5.6　对模 m 有同一指标组 $\gamma_{-1}, \gamma_0, \gamma_1, \cdots, \gamma_k$ 的整数集合构成了一个与模 m 互素的剩余类. (此性质的推导需要利用秦九韶定理)

性质 5.7　设 $a_1, a_2, \cdots, a_n$ 是 n 个与 m 互素的整数，$\gamma_{-1}(a_i), \gamma_0(a_i), \cdots, \gamma_k(a_i)$ $(1 \leqslant i \leqslant n)$ 是 a_i 对模 m 的一个指标组，则 $\sum_{i=1}^{n} \gamma_{-1}(a_i), \sum_{i=1}^{n} \gamma_0(a_i), \cdots, \sum_{i=1}^{n} \gamma_k(a_i)$ 是 $a_1 a_2 \cdots a_n$ 对模 m 的一个指标组.

丢番图数组

古希腊数学家丢番图不仅留下一部名著《算术》，也率先提出一个被后人称

为丢番图数组的问题. 丢番图发现, $\left\{\dfrac{1}{16}, \dfrac{33}{16}, \dfrac{17}{4}, \dfrac{105}{16}\right\}$ 这 4 个有理数满足这样的性质, 它们两两相乘后加 1 均为有理数的平方. 很久以后, 费尔马找到了第一组这样的正整数, 即 $\{1, 3, 8, 120\}$ 也满足这个性质. 事实上,

$$1 \times 3 + 1 = 2^2, \quad 1 \times 8 + 1 = 3^2, \quad 1 \times 120 + 1 = 11^2,$$
$$3 \times 8 + 1 = 5^2, \quad 3 \times 120 + 1 = 19^2, \quad 8 \times 120 + 1 = 31^2.$$

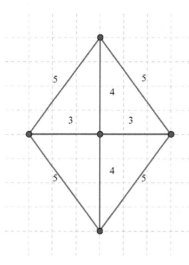

图论中的爱多士-丢番图图

定义 m 个正整数(正有理数)的集合 $\{a_1, a_2, \cdots, a_m\}$ 被称为 m 阶丢番图数组(有理数组), 若每一个 $a_i a_j + 1 (1 \leqslant i < j \leqslant m)$ 均为完全平方.

欧拉发现了无穷多组 4 阶丢番图整数组

$$\{a, \ b, \ a+b+2r, \ 4r(a+r)(b+r)\},$$

只要满足 $ab + 1 = r^2$. 例如, $r = 3$, $\{1, 8, 15, 528\}$, $\{2, 4, 12, 300\}$ 均为 4 阶丢番图数组. 同时, 欧拉还为费尔马的数组找到第 5 个数, 不过是一个有理数, 即 $\dfrac{777480}{8288641}$.

1999 年, 吉布斯(Gibbs)发现了第 1 组 6 阶的丢番图有理数组

$$\left\{\dfrac{11}{192}, \dfrac{35}{192}, \dfrac{155}{27}, \dfrac{512}{27}, \dfrac{1235}{48}, \dfrac{180873}{16}\right\}.$$

关于丢番图整数组, 有一个著名的猜想.

猜想 1 不存在 5 阶丢番图整数组.

1969 年, 英国数学家贝克(Baker,1939—2018)利用他创立的对数代数线性形式算法理论, 与他的老师达文波特(Davenport, 1907—1969)证明了, 若 $\{1, 3, 8, d\}$ 是丢番图整数组, 则必有 $d = 120$. 换句话说, 费尔马数组是无法扩充的. 1998 年, 克罗地亚数学家杜耶拉(Dujella, 1966—2012)将此改进为, $\{1, 3\}$ 有无穷多种方式扩充到 4 阶, 但却无法扩充到 5 阶. 目前最好的结果也是由杜耶拉得到的, 他在 2004 年证明了, 不存在 6 阶或 6 阶以上的丢番图整数组, 至多存在有限组 5 阶丢番图整数组.

贝克的《数论》与哈代的《一个数学家的自白》(作者摄于剑桥书店)

另一方面, 阿廷等人在 1979 年证明了, 每个 3 阶丢番图整数组可扩展为 4 阶. 他们的方法为: 设 $ab+1=r^2, ac+1=s^2, bc+1=t^2$, 令

$$d_+ = a + b + c + 2abc + 2rst,$$

则 $\{a,b,c,d_+\}$ 是丢番图整数组.

实际上, 杜耶拉提出了下列更强的猜想, 由此可直接导出猜想 1.

猜想 2 设 $\{a,b,c,d\}$ 是丢番图整数组, $d > \max\{a,b,c\}$, 则 $d = d_+$.

如果在定义中用 $ab+s$ 代替 $ab+1$, 其中 s 是整数, 并以 $P_s\{a_1,a_2,\cdots,a_m\}$ 记之, 则情况有所不同. 例如, 人们已发现 $P_9\{1,7,40,216\}$, $P_{-7}\{1,8,11,16\}$, $P_{256}\{1, 33, 105, 320, 18240\}$, $P_{2985984}\{99, 315, 9920, 32768, 44460, 19534284\}$. 此处的 s 和 m 是否有界? 这是人们想知道答案的问题.

而假如我们定义丢番图素数组 $\{a_1, a_2, \cdots, a_m\}$, 即让每一个 $a_i a_j + 1 (1 \leqslant i < j \leqslant m)$ 均为素数. 例如, $\{1, 2, 6, 18, 30, 270, 606\}$ 是 7 阶丢番图素数组, 一般地, 我们有以下猜想.

猜想 3 存在无穷多任意长的丢番图素数组.

这个猜想应比孪生素数猜想难, 但可由 3.5 节的 k 孪生素数猜想推出.

5.5 狄利克雷特征

本节我们利用已知的原根和指标性质, 给出解析数论中非常有用的特征函数 $\chi(a)$, 也称狄利克雷特征, 以德国数学家狄利克雷的名字命名. 狄利克雷特征也是一个完全可乘的函数. 我们沿用前面的符号, $\gamma_{-1}, \gamma_0, \gamma_1, \cdots, \gamma_k$ 为 a 对模 m 的一个指标组, 用 ρ_i 表示 $c_i(-1 \leqslant i \leqslant k)$ 次单位根, 它可能是复数.

狄利克雷之墓, 让人想起他发现的鸽笼原理(作者摄于哥廷根)

定义 5.6 任给一组 $\rho_{-1}, \rho_0, \rho_1, \cdots, \rho_k$, 则函数

$$\chi(a) = \begin{cases} \rho_{-1}^{\gamma_{-1}} \rho_0^{\gamma_0} \rho_1^{\gamma_1}, \cdots, \rho_k^{\gamma_k}, & (a,m)=1, \\ 0, & (a,m)>1, \end{cases}$$

称为模 m 的一个特征函数. 特别地, 若 $\rho_{-1} = \rho_0 = \rho_1 = \cdots = \rho_k = 1$, 则相应的特征函数称为模 m 的主特征函数.

易知, 对于任意大于 1 的正整数 m, 共有 $c_{-1}c_0c_1 \cdots a_k = \phi(m)$ 组单位根, 即模 m 至多有 $\phi(m)$ 个特征函数. 进一步, 我们有下面结论.

定理 5.17 模 m 有 $\phi(m)$ 个互不相同的特征根.

证 设 $\rho_{-1}, \rho_0, \rho_1, \cdots, \rho_k$ 和 $\rho'_{-1}, \rho'_0, \rho'_1, \cdots, \rho'_k$ 是两组不同的单位根, 与之对应的特征函数是 $\chi(a), \chi'(a)$. 不妨设 $-1 \leqslant j \leqslant k$, $\rho_j \neq \rho'_j$. 由性质 5.6 和特征函数的定义, 存在整数 a, 它对模 m 的指标组为 $\gamma_j = 1$, 其余的 $\gamma_i = 0$. 故而

$$\chi(a) = \rho_j, \quad \chi'(a) = \rho'_j, \quad \chi(a) \neq \chi'(a).$$

定理 5.18 设 $\chi(a)$ 是模 m 的特征函数, 则

$$\sum_{a=0}^{m-1} \chi(a) = \begin{cases} \phi(m), & \chi(a) \text{是主特征函数}, \\ 0, & \chi(a) \text{是非主特征函数}. \end{cases}$$

证 当 $\chi(a)$ 是主特征函数, 结论显然. 下设 $\chi(a)$ 是非主特征函数, 则存在 j,

$-1 \leqslant j \leqslant k$, $\rho_j \neq 1$, 但 $\rho_j^{c_j} = 1$, 即 $(\rho_j - 1)(\rho_j^{c_j-1} + \cdots + \rho + 1) = 0$. 因此 $\sum\limits_{\gamma_j=0}^{c_j-1} \rho_j^{\gamma_j} = 0$, 由定义 5.6 可得

$$\sum_{a=0}^{m-1} \chi(a) = \sum_{\gamma_{-1}=0}^{c_{-1}-1} \sum_{\gamma_0=0}^{c_0-1} \cdots \sum_{\gamma_k=0}^{c_k-1} \rho_{-1}^{\gamma_{-1}} \rho_0^{\gamma_0} \cdots \rho_k^{\gamma_k} = \prod_{j=-1}^{k} \sum_{\gamma_j=0}^{c_j-1} \rho_j^{\gamma_j} = 0.$$

定理 5.18 获证.

定理 5.19　设 a 是任意给定的整数, 则

$$\sum_{\chi \pmod m} \chi(a) = \begin{cases} \phi(m), & a \equiv 1 \pmod m, \\ 0, & a \not\equiv 1 \pmod m. \end{cases}$$

证　若 $a \equiv 1 \pmod m$, 则由定义 5.7 知 $\chi(a) = 1$, 因而结论成立. 若 $a \not\equiv 1 \pmod m$, 则当 $(a, m) > 1$ 时, $\chi(a) = 0$, 结论也成立; 而当 $(a, m) = 1$ 时, a 有一指标组 $\gamma_{-1}, \gamma_0, \gamma_1, \cdots, \gamma_k$. 由特征的定义,

$$\sum_{\chi} \chi(a) = \prod_{i=-1}^{k} \sum_{\rho_i} \rho_i^{\gamma_i},$$

这里 ρ_i 依次通过 $c_i (-1 \leqslant i \leqslant k)$ 次单位根.

由 $a \not\equiv 1 \pmod m$ 可得, a 对模 m 的指标组中有一 $\gamma_j > 0$, 于是 $c_j > 1$. 对此 c_j, 存在一个 c_j 次原单位根(即可以生成全部 c_j 单位根的单位根)ε, $\varepsilon^{\gamma_j} \neq 1$, 故而

$$\sum_{\rho_j} \rho_j^{\gamma_j} = \sum_{i=0}^{c_j-1} (\varepsilon^i)^{\gamma_j} = \frac{1 - (\varepsilon^{c_j})^{\gamma_j}}{1 - \varepsilon^{\gamma}} = 0,$$

$\chi(a) = 0$. 定理 5.19 获证.

最后, 我们要指出, 设 $\psi(a)$ 是任一定义在整数上的复数函数, 则 $\psi(a)$ 是模 m 的一个特征函数的充分必要条件是它满足下列性质:

(i)　$\psi(a) = 0$, 当 $(a, m) > 1$ 时;

(ii)　$\psi(a)$ 不恒为 0, 当 $(a, m) = 1$ 时;

(iii)　$\psi(a_1) \psi(a_2) = \psi(a_1 a_2)$;

(iv)　若 $a_1 \equiv a_2 \pmod m$, 则 $\psi(a_1) = \psi(a_2)$.

例 5.11　设 p 是奇素数, 则勒让德符号 $\left(\dfrac{a}{p} \right)$ 是模 p 的一个特征函数, 同样, 设 $a > 1$ 是奇数, 则雅可比符号 $\left(\dfrac{a}{m} \right)$ 是模 m 的一个特征函数.

与狄利克雷特征相应的狄利克雷 L 函数是指

$$L(s,\chi)=\sum_{n=1}^{\infty}\frac{\chi(n)}{n^s}.$$

它是所谓黎曼 ζ 函数

$$\zeta(s)=\sum_{n=1}^{\infty}\frac{1}{n^s},\quad s=\sigma+it,\quad \sigma>1$$

在全复平面的推广, 两者都在解析数论中起着非常重要的作用. 1837 年, 狄利克雷利用他创建的 L 函数理论, 证明了勒让德的下列猜想.

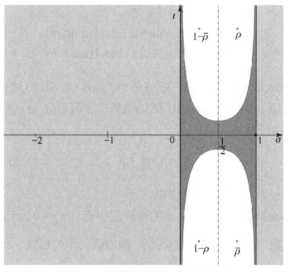

黎曼 zeta 函数零点分布的对称性

定理 5.20(狄利克雷) 设 a,b 是互素的正整数, 则在等差数列

$$an+b, n=0, 1, 2,\cdots$$

中, 存在无穷多个素数. 进一步, 记 $\pi_a(x)=\sum\limits_{\substack{p\leqslant x\\ p\equiv b(\bmod\ a)}}1$, 则

$$\pi_a(x)\sim\frac{\pi(x)}{\phi(a)}.$$

这个定理可以说是解析数论的开端, 后来狄利克雷函数的作用越来越大, 甚至把黎曼猜想(亦称黎曼假设)也做了完整的推广.

黎曼猜想(广义黎曼猜想) $\zeta(s)$ 函数($L(s,\chi)$ 函数)的所有非平凡零点均在直线 $\frac{1}{2}+\mathrm{i}t$ 上.

或许, 这是数学史上最伟大的猜想. 这个猜想的证明将导致一系列数论和函数论问题的解决. 举一个小例子, 任给正整数 m, 考虑丢番图方程

$$xy + yz + zx = m. \tag{5.9}$$

设 $E(x)$ 表示不超过 x 且使式(5.9)无解的 m 的正整数集合. 1994 年, 作者用筛法证明了[1]: 任给 $\varepsilon > 0$, 均有

$$E(x) = O\left(2^{-(1-\varepsilon)\ln x/\ln\ln x}\right).$$

在此基础上, 蔡天新, 焦荣政[2]和陈锡庚、乐茂华[3]独立证明了, 在广义黎曼假设条件下, 式(5.9)恒有解, 除非 $m \in \{1, 2, 4, 6, 10, 18, 22, 30, 42, 58, 70, 78, 102, 130, 190, 210, 330, 462\}$.

上述结论在无条件假设下是否成立, 这仍是我们期盼解决的问题.

说到黎曼猜想, 希尔伯特曾将它与哥德巴赫猜想、孪生素数猜想一同列入 23 个数学问题中的第 8 个, 后来成为 "千禧年七大难题" 之一. 不过, 当初希尔伯特的心中也不无矛盾. 一方面, 他在被人问及时说, 假如 500 年后复活的话, 他最想知道的是, 黎曼猜想是否已被证明? 另一方面, 他又认为某些数是否是超越数 (第 7 问题)似乎更难. 事实证明, 希尔伯特的后一个想法是错误的.

📖 三类特殊指数和

1808 年, 高斯定义了

$$S(m, n) = \sum_{k=0}^{n-1} e^{2\pi i k^2 m/n} = \sum_{k=0}^{n-1} e\left(\frac{k^2 m}{n}\right),$$

后来被称作高斯和. 显然, 当 $k_1 \equiv k_2 \pmod{n}$ 时, $e\left(\dfrac{k_1^2 m}{n}\right) = e\left(\dfrac{k_2^2 m}{n}\right)$, 故可记

$$S(m, n) = \sum_{k(n)} e\left(\frac{k^2 m}{n}\right).$$

下证 $S(m, n)$ 是 n 的可乘函数, 即当 $(n_1, n_2) = 1$ 时,

$$S(m, n_1 n_2) = S(mn_2, n_1)S(mn_1, n_2).$$

设 $k = n_2 k_1 + n_1 k_2$, 由 2.2 节定理 2.6, 当 k_1, k_2 分别通过模 n_1, n_2 的完全剩余系时, k

---

① 参见 Publ. Math. Debrecen, 1994, 44: 131-132.

② 参见 Chinese Science Bulletin, 1999, 44: 1093-1095.

③ 参见 Acta Math. Sinica, 1998, 41: 577-582.

通过模 n_1n_2 的完全剩余系. 且

$$mk^2 = m(n_2k_1 + n_1k_2)^2 \equiv mn_2^2k_1^2 + mn_1^2k_2^2 (\mathrm{mod}\, n_1n_2),$$

故有

$$
\begin{aligned}
S(mn_2, n_1)S(mn_1, n_2) &= \sum_{k_1(n_1)} e\left(\frac{k_1^2 mn_2}{n_1}\right) \sum_{k_2(n_2)} e\left(\frac{k_2^2 mn_1}{n_2}\right) \\
&= \sum_{\substack{k_1(n_1) \\ k_2(n_2)}} e\left(\frac{k_1^2 mn_2}{n_1} + \frac{k_2^2 mn_1}{n_2}\right) = \sum_{\substack{k_1(n_1) \\ k_2(n_2)}} e\left(\frac{m(k_1^2 n_2^2 + k_2^2 n_1^2)}{n_1 n_2}\right) \\
&= \sum_{k(n_1 n_2)} e\left(\frac{mk^2}{n_1 n_2}\right) = S(m, n_1 n_2).
\end{aligned}
$$

1918 年, 印度数学家拉马努金定义了下列和式(拉马努金和):

$$c_q(m) = \sum_{k'(q)} e\left(\frac{km}{q}\right),$$

其中 k 通过模 q 的简化剩余系. 拉马努金和也可表示成

$$c_q(m) = \sum_{\rho} \rho^m,$$

此处 ρ 通过单位元 1 的所有 q 次原根.

设 $(q_1, q_2) = 1$, 则有

$$c_{q_1 q_2}(m) = c_{q_1}(m) c_{q_2}(m).$$

这是因为利用 2.3 节定理 2.8, 可得

$$c_{q_1}(m) c_{q_2}(m) = \sum_{\substack{k_1(n_1) \\ k_2(n_2)}} e\left(m\left(\frac{k_1}{q_1} + \frac{k_2}{q_2}\right)\right) = \sum_{\substack{k_1(n_1) \\ k_2(n_2)}} e\left(\frac{m(k_1 q_2 + k_2 q_1)}{q_1 q_2}\right) = c_{q_1 q_2}(m).$$

1926 年, 荷兰数学家克卢斯特曼(Kloosterman, 1900—1968)定义了下列和式 (克卢斯特曼和)

$$K(a, b, n) = \sum_{k'(n)} e\left(\frac{ak + b\bar{k}}{n}\right),$$

其中 k 通过模 n 的简化剩余系, $\bar{k}k \equiv 1(\mathrm{mod}\, n)$. 不难证明, 当 $(n_1, n_2) = 1$ 时,

$$K(a, b_1, n_1) K(a, b_2, n_2) = K(a, b, n_1 n_2),$$

此处 $b = b_1 n_2^2 + b_2 n_1^2$.

这三个和式在数论研究中各自发挥了重要作用.

最后, 我们介绍拉马努金发现的关于分拆数的三个同余式. 记 $p(n)$ 为正整数 n 表示为正整数之和的方法个数, $p(1)=1$, $p(2)=2$, $p(3)=3$, $p(4)=5$, …, 其中 5 的 4 种表示法是

$$4 = 1+3 = 2+2 = 1+1+2 = 1+1+1+1,$$

$p(n)$ 称为分拆(partition)数或分拆函数, 关于分拆数问题构成了数论研究的一个分支. 容易证得, $p(n)$ 满足下列恒等式:

$$\sum_{n=0}^{\infty} p(n)x^n = \prod_{k=1}^{\infty}(1-x^k)^{-1}.$$

1918 年, 拉马努金和英国数学家哈代(Hardy, 1877—1947)证明了,

$$p(n) \sim \frac{1}{4\sqrt{3}n}e^{\pi\sqrt{2n/3}}.$$

1919 年前后, 拉马努金发现并证明了

$$p(5n + 4) \equiv 0(\bmod 5),$$
$$p(7n + 5) \equiv 0(\bmod 7),$$
$$p(11n + 6) \equiv 0(\bmod 11).$$

印度数学家拉马努金像

他同时声称, 对其他素数模没有类似于 $p(qn + b) \equiv 0(\bmod q)$ 的简洁同余式. 2003 年, 这个论断被 Ahlgren 和 Boylan 利用模形式的理论证实[①].

另一方面, 早在 20 世纪 60 年代, 美国数学家阿特金(Atkin, 1925—2008)就证明了

$$p(17303n + 237) \equiv 0(\bmod 13).$$

2000 年, 日裔美国数学家小野(Ono, 1968—)证明了, 对任意素数模均有类似的同余式. 例如,

$$p(4063467631n + 30064597) \equiv 0(\bmod 31).$$

次年, 他又与同事证明了, 只要模是与 6 互素的正整数, 类似的同余式一定存在.

最后, 考虑我们称之为平方分拆的问题, 若记 $p_2(n)$ 为 n 表示成正整数之和且其积为平方数的表法个数, $p_2(1) = p_2(2) = p_2(3) = 1$, $p_2(4) = p_2(5) = 3$, $p_2(6) = p_2(7) = 4$, 其中 6 的 4 种表示法为

① 参见 Inventiones Mathematicae, 2003, 153(3): 487-502.

$$3+3 = 4+1+1 = 2+2+1+1 = 1+1+1+1+1+1.$$

易证当 $n>7$ 时, $p_2(n)$ 单调上升. 令 $q_2(n) = p_2(n) - p_2(n-1)$, 可证 $q_2(n)$ 趋向无穷. 我们有以下两个问题:

(1) 当 $n>50$ 时, $q_2(n)$ 是否单调上升?

(2) $p_2(n)$ 是否有 $p(n)$ 那样的素数模同余式?

又若考虑这样的分拆数, 使其部分和互不相同. 这比起把正整数表示成不同正整数之和的分拆来, 条件更"苛刻". 例如, 6 的分拆只有三种: $6 = 5+1 = 4+2$, 而 $3+2+1$ 被排除在外, 因为 $3 = 2+1$. 再如, 考虑相异正整数的集合, 使其任何连续的部分和也相异. 给定 n, 求其最大数的最小值. 例如, $n=3$, $\{1,3,2\}$ 满足条件, 3 便是最小值.

这类新的分拆问题与下列所谓的 Golomb 尺规(ruler)有关, 考虑 n 个非负整数

$$a_1 < a_2 < \cdots < a_n,$$

其任意两数之差互异. 例如, $\{0\}$, $\{0,1\}$, $\{0,1,3\}$, $\{0,1,4,6\}$, $\{0,1,4,9,11\}$, $\{0,1,4,10,15,17\}$. 给定阶 n, 求满足上述条件最小的长度 $a_n - a_1$ 和相应的集合(有时不唯一). 到 2014 年 2 月, 已求得 27 阶的 Golomb 尺规长度为 553.

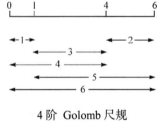

4 阶 Golomb 尺规

备注 1919 年, 拉马努金还发现并证明了其他的同余式, 包括 $p(25n+24) \equiv 0 \left(\bmod\, 5^2\right)$, $p(49n+47) \equiv 0 \left(\bmod\, 7^2\right)$, $p(121n+116) \equiv 0 \left(\bmod\, 11^2\right)$, 他同时也提出了若干猜想, 包括

$$p(125n+99) \equiv 0 (\bmod\, 5^3), \quad p(343n+243) \equiv 0 (\bmod\, 7^3).$$

前一个猜想于 1933 年被 Krecmar 证明, 后一个猜想后来被否定, 因为 $7^2 \mid p(243)$.

近来, 我们发现下列同余式也成立:

$$p(49n-7i-2) \equiv 0 \left(\bmod\, 7^2\right), \quad i = 0,1,2,4;$$

$$p(125n-25i-1) \equiv 0 \left(\bmod\, 5^3\right), \quad i = 0,1,2.$$

习　题　5

1. 设 p, $q = 2p+1$ 均为素数, 证明: 若 $p \equiv 1 (\bmod\, 4)$, 则 2 是模 q 的原根; 而若 $3 < p \equiv 3 (\bmod\, 4)$, 则至少有三个相邻的整数都是模 q 的原根, 请举一个实例.

2. 证明: 模 $m(>2)$ 的原根一定是二次非剩余. 反之, 不一定成立. 证明: 对一个素

数 p, 当且仅当它是费尔马素数时, 模 p 的原根才等价于模 p 的二次非剩余.

3. 证明: 每一个正有理数均可表为不同的单位分数之和, 即是下面调和级数

$$1+\frac{1}{2}+\cdots+\frac{1}{n}+\cdots$$

的有限多个互异项之和.

4. 试求一个 g, 使得它是模 5 的原根, 但不是模 25 的原根.

5. 设 p 是素数, 则对任何正整数 k,

$$1^k + 2^k + \cdots + (p-1)^k \equiv \begin{cases} 0 (\bmod p), & (p-1) \nmid k, \\ -1 (\bmod p), & (p-1) \mid k. \end{cases}$$

6. 设 p 是奇素数, 则

(1) $1^p + 2^p + \cdots + (p-1)^p \equiv 0 (\bmod p)$;

(2) 又若 m 是正整数, 且 $2^m \not\equiv 1 (\bmod p)$, $1^m + 2^m + \cdots + (p-1)^m \equiv 0 (\bmod p)$.

7. 构造模 23 的以 5 为原根的指标表.

8. 试用指标表解同余式 $x^{15} \equiv 14 (\bmod 41)$.

9. 列出模 2^5 的指标表.

10. 设 p 是素数, 证明: 同余方程 $x^8 \equiv 16 (\bmod p)$ 一定有解.

11. 确定同余式 $x^4 \equiv 61 (\bmod 117)$ 的解的个数.

12. 计算模 3 和模 5 的特征函数 $\chi(a)$.

习题5参考解答

整数幂模同余

6.1　贝努利数和多项式

前面我们给出了一些素数模或整数模的著名同余式, 属于前者的有费尔马小定理、威尔逊定理、拉格朗日定理、卢卡斯定理, 属于后者的有欧拉定理、高斯定理、秦九韶定理等. 现在我们要先来讨论若干素数幂模的同余式, 它们大多与单位分数(整数的倒数)或二(多)项式系数有关, 这些同余式既美妙又深刻, 尚未出现在一般的初等数论教科书甚或数论专著中, 有些还是 21 世纪新获得的结果. 为此, 我们先来介绍贝努利数和贝努利多项式.

最初, 贝努利数和贝努利多项式的出现是为了计算下列和式的一般式:
$$S_k(n) = 1^k + 2^k + \cdots + (n-1)^k.$$
早在 5 世纪, 印度数学家阿耶波多即得到 $k = 1, 2$ 和 3 时上述和式的表达式. 众所周知,
$$S_1(n) = \frac{(n-1)n}{2},$$
$$S_2(n) = \frac{(n-1)n(2n-1)}{6},$$
$$S_3(n) = S_1^2(n) = \frac{(n-1)^2 n^2}{4}.$$
为了得到更高幂次的求和公式, 我们需要引进贝努利数和贝努利多项式的定义.

定义 6.1　设 x 是复数, 满足下列方程的多项式 $B_n(x)$ 称为第 n 个贝努利多项式,
$$\frac{z e^{xz}}{e^z - 1} = \sum_{n=0}^{\infty} \frac{B_n(x)}{n!} z^n, \quad |z| < 2\pi. \tag{6.1}$$
特别地, $B_n(0) = B_n$ 被称为第 n 个贝努利数.

有关贝努利数的工作是由瑞士数学家雅各比·贝努利(Jacob Beinoulli,1654—1705)和日本数学家关孝和(Seki Takakazu, 1642—1708)独立完成的, 并先后在其身后(1713 年和 1712 年)发表.

瑞士数学家雅各布·贝努利像

日本数学家关孝和像

举例如下:

$$B_0 = 1, \quad B_1 = -\frac{1}{2}, \quad B_2 = \frac{1}{6}, \quad B_{2n+1} = 0(n \geqslant 1), \quad B_4 = -\frac{1}{30}, \quad B_6 = \frac{1}{42},$$

$$B_8 = -\frac{1}{30}, \quad B_{10} = \frac{5}{66}, \quad B_{12} = -\frac{691}{2730}, \quad B_{14} = \frac{7}{6}, \quad B_{16} = -\frac{3617}{510},$$

$$B_{18} = \frac{43867}{798}, \quad B_{20} = -\frac{174611}{330}, \quad B_{22} = \frac{854513}{138}, \quad B_{24} = -\frac{236364091}{2730},$$

$$B_{26} = \frac{8553103}{6}, \quad B_{28} = -\frac{23749461029}{870}, \quad B_{30} = \frac{8615841276005}{14322}, \cdots.$$

一般地, B_n 满足以下递推公式:

$$B_n = \sum_{k=0}^{n} \binom{n}{k} B_k,$$

其中 B_n 的分母为 $\prod_{(p-1)|n} p$. 而前 5 个贝努利多项式为

$$B_0(x) = 1, \quad B_1(x) = x - \frac{1}{2}, \quad B_2(x) = x^2 - x + \frac{1}{6},$$

$$B_3(x) = x^3 - \frac{3}{2}x^2 + \frac{1}{2}x, \quad B_4(x) = x^4 - 2x^3 + x^2 - \frac{1}{30}.$$

由定义 6.1, 通过幂级数展开式的乘积, 再比较式(6.1)两端 z^n 的系数, 可以得到以下连接贝努利数和贝努利多项式的一个定理.

定理 6.1 对任意非负整数 n, 恒有

$$B_n(x) = \sum_{k=0}^{n} \binom{n}{k} B_k x^{n-k}.$$

而在贝努利多项式自身之间, 也有以下关系式.

定理 6.2 对任意非负整数 n, 恒有

$$B_{n+1}(x+1) - B_{n+1}(x) = (n+1)x^n,$$

进一步, 当 $n \geqslant 1$ 时, 恒有

$$B_{n+1}(0) = B_{n+1}(1).$$

证 把下列恒等式两端依次展开成 z 的幂级数

$$z \frac{\mathrm{e}^{(x+1)z}}{\mathrm{e}^z - 1} - z \frac{\mathrm{e}^{xz}}{\mathrm{e}^z - 1} = z\mathrm{e}^{xz},$$

可得

$$\sum_{n=0}^{\infty} \frac{B_n(x+1) - B_n(x)}{n!} z^n = \sum_{n=0}^{\infty} \frac{x^n}{n!} z^{n+1},$$

比较两边 z^{n+1} 的系数即得定理 6.2.

推论 设 m, n 是任意正整数, 则

$$1^n + 2^n + \cdots + (m-1)^n = \frac{B_{n+1}(m) - B_{n+1}}{n+1}$$

$$= \frac{1}{n+1} \sum_{k=0}^{n} \binom{n+1}{k} B_k m^{n-k+1}.$$

设复数 s 的实部 $\sigma > 1$, 黎曼 ζ 函数和赫尔维茨(Hurwitz) ζ 函数分别定义如下

$$\zeta(s) = \sum_{n=1}^{\infty} \frac{1}{n^s}, \quad \zeta(s,a) = \sum_{n=0}^{\infty} \frac{1}{(n+a)^s},$$

其中 a 为任意复数, 这两个函数都在半平面 $\sigma > 1$ 解析并可延拓到整个平面. 它们在实轴整数点上的值与贝努利数和贝努利多项式密切相关, 通过 ζ 函数的函数方程, 我们可以得到以下关系式:

$$\zeta(-n) = -\frac{B_{n+1}}{n+1}, \quad \zeta(2k) = (-1)^{k+1} \frac{(2\pi)^{2k} B_{2k}}{2(2k)!}, \quad \zeta(-n,a) = -\frac{B_{n+1}(a)}{n+1}, \quad (6.2)$$

特别地

$$\zeta(0,a) = -B_1(a) = \frac{1}{2} - a, \quad \zeta(0) = \zeta(0,1) = -\frac{1}{2}.$$

由式(6.2)及 ζ 函数在实轴的负奇数点为零和正偶数点为正可知,

$$B_{2n+1}=\zeta(-2n)=0(n\geqslant 1), \qquad (-1)^{k+1}B_{2k}>0.$$

另一方面, 由 $\zeta(2k)\to 1(k\to\infty)$ 可知 $|B_{2k}|\to\infty(k\to\infty)$. 事实上, 当 $k\to\infty$ 时,

$$(-1)^{k+1}B_{2k}\sim\frac{2(2k)!}{(2\pi)^{2k}}.$$

可是, 对于 ζ 函数在正奇数点的取值, 我们没有负奇数点那样的公式. 1979 年, 希腊裔法国数学家阿佩利(Apery, 1916—1994)证明了, $\zeta(3)$ 是无理数. 但我们不知道, $\zeta(2k+1)(k\geqslant 2)$ 究竟是有理数, 还是无理数. 不过, 2003 年, 俄国数学家 Wadim Zudilin 证明了, $\zeta(5),\zeta(7),\zeta(9),\zeta(11)$ 中至少有一个是无理数.

ζ 函数有许多推广, 从一元到多元, 包括 Mordell-Tornheim ζ 函数和威藤 ζ 函数. 下面我们介绍一种多重 ζ 函数, 这是在 1742 年, 欧拉首先定义的($k=2$),

$$\zeta(s_1,s_2,\cdots,s_k)=\sum_{n_1>n_2>\cdots>n_k>0}\frac{1}{n_1^{s_1}n_2^{s_2}\cdots n_k^{s_k}},$$

后来扎吉尔将其推广到一般 k, 故也称为欧拉-扎吉尔 ζ 函数.

欧拉得到了一个漂亮的结果:

$$\zeta(2,1)=\zeta(3).$$

更一般地, 对于任意的正整数 s,

$$\zeta(s,1)=\frac{1}{2}s\zeta(s+1)-\frac{1}{2}\sum_{s=2}^{s-1}\zeta(k)\ \zeta(s-k+1).$$

2006 年, Gangl, Kanelo 和 Zagier 证明了

$$\sum_{\substack{a+b=n\\a,b\geqslant 1}}\zeta(2a,2b)=\frac{3}{4}\zeta(2n),\quad n>1;\qquad \sum_{\substack{a+b=n\\a,b\geqslant 1}}\zeta(2a-1,2b-1)=\frac{1}{4}\zeta(2n),\quad n>1.$$

2012 年, 作者和沈忠燕[①]证明了

$$\sum_{\substack{a+b+c=n\\a,b,c\geqslant 1}}\zeta(2a,2b,2c)=\frac{5}{8}\zeta(2n)-\frac{1}{4}\zeta(2)\zeta(2n-2),\quad n>2;$$

$$\sum_{\substack{a+b+c+d=n\\a,b,c,d\geqslant 1}}\zeta(2a,2b,2c,2d)=\frac{35}{64}\zeta(2n)-\frac{5}{16}\zeta(2)\zeta(2n-2),\quad n>3.$$

在英国数学家怀尔斯(1953—　)证明费尔马大定理以前, 贝努利数和相关的同余式在这个问题的研究中一直起重要作用. 例如, 数学家们发现, 若

---

① 参见 Journal of Number Theory,2012, 132: 314-323.

$$x^p + y^p + z^p = 0, \quad p \nmid xyz$$

有解, 则 p 必整除 $B_{p-3}, B_{p-5}, B_{p-7}, B_{p-9}$ 中的每一个. 这是验证费尔马大定理第一情形成立的有效手段.

📖 库默尔同余式

1840 年, 高斯的学生、德国数学家冯·施陶特(von Staudt, 1798—1867)和自学成才的丹麦数学家克劳森(Clausen, 1801—1885)证明了以下定理.

定理(冯·施陶特-克劳森)　设 $n=1$ 或任何偶数, 则

$$-B_n \equiv \sum_{(p-1)\mid n} \frac{1}{p} \pmod{1},$$

即 $B_n + \sum_{(p-1)\mid n} \dfrac{1}{p}$ 是整数, 其中 B_n 为第 n 个贝努利数.

当 $n=1$ 时, 只有 $p=2$ 满足 $(p-1)\mid 1$, 而 $B_1 = -\dfrac{1}{2}$. 当 $n=2$ 时, 只有 $p=2$ 或 3 满足 $(p-1)\mid 2$, $\dfrac{1}{2}+\dfrac{1}{3}=\dfrac{5}{6}$, 而 $B_2 = \dfrac{1}{6}$. 当 $n=4$ 时, 只有 2, 3 或 5 满足 $(p-1)\mid 4$, $\dfrac{1}{2}+\dfrac{1}{3}+\dfrac{1}{5}=\dfrac{31}{30}$, 而 $B_4 = -\dfrac{1}{30}$.

推论　若 $n=1$ 或偶数, p 为素数, 则有

$$pB_k \equiv \begin{cases} -1 \pmod{p} & p-1 \mid k, \\ 0 \pmod{p} & p-1 \nmid k. \end{cases}$$

冯·施陶特-克劳森定理的证明依赖于下列引理.

引理　对于任意非负整数 k, 均有

$$\sum_{m=1}^{p-1} m^k \equiv \begin{cases} 1, & (p-1)\mid k, \\ 0, & (p-1)\nmid k. \end{cases}$$

证　若 $(p-1)\mid k$, 则由费尔马小定理易知引理成立. 若 $(p-1)\nmid k$, 设 g 是模 p 的一个原根, 由定理 5.2 知 $g^k \not\equiv 1 \pmod{p}$. 又由 $(g,p)=1$ 及定理 2.7 知, $g, 2g, \cdots,$ $(p-1)g$ 通过模 p 的简化剩余系, 故

$$\sum_{m=1}^{p-1} (gm)^k \equiv \sum_{m=1}^{p-1} m^k \pmod{p},$$

即

$$(g^k - 1)\sum_{m=1}^{p-1} m^k \equiv 0 \pmod{p},$$

从而

$$\sum_{m=1}^{p-1} m^k \equiv 0 \pmod{p}.$$

引理得证.

下面两个定理分别出自德国数学家拉多(Rado, 1906—1989)和库默尔(Kummer, 1810—1893), 以前者名字命名的还有组合数学中的爱多士-柯-拉多定理, 库默尔虽说在高中教书十年(克罗内克是他的学生), 任教大学之初的研究领域又是弹道学, 却是代数数论的主要奠基人, 他的博士生中包括集合论的创始人康托尔, 他的夫人与数学家狄利克雷的夫人、音乐家门德尔松的夫人是表姐妹.

德国数学家库默尔像

定理(拉多)　设 q 是形如 $3n+1$ 的素数, 则

$$B_{2q} \equiv \frac{1}{6} \pmod{1}. \tag{R}$$

因为满足 $(p-1)\mid 2q$ 的素因子 p 只可能是 2, 3, $q+1$ 和 $2q+1$, 但 $q+1$ 是偶数, $2q+1$ 被 3 整除, 故只有 2 和 3. 利用冯·施陶特-克劳森定理, 可得拉多定理.

定理(库默尔)　设 p 是奇素数, a 和 b 是正整数, 满足 $a \equiv b \not\equiv 0 \pmod{p-1}$, 则

$$\frac{B_a}{a} \equiv \frac{B_b}{b} \pmod{p},$$

其中 $\dfrac{1}{a}$ 表示整数 a' 使 $a'a \equiv 1 \pmod{p}$, B_n 为第 n 个贝努利数.

备注 1　拉多定理可以推广为: 设 $q_i (1 \leqslant i \leqslant r)$ 均为 $3n+1$ 形的素数, 则有

$$B_{2q_1 \cdots q_r} \equiv \frac{1}{6} \pmod{1},$$

另外, 对任意正整数 k, 若 $q = (2k+1)n + k$ 是素数, 式(R)仍然成立.

备注 2　在库默尔定理条件下, 假如 $a \equiv b \equiv 0 \pmod{p-1}$, 则有

$$\frac{B_a}{a} - \frac{B_b}{b} \equiv \left(\frac{1}{a} - \frac{1}{b} \right)\left(1 - \frac{1}{p} \right) \pmod{p},$$

此即

$$p\left\{\beta_{a(p-1)} - \beta_{b(p-1)}\right\} \equiv \frac{1}{a} - \frac{1}{b} \pmod{p^2}.$$

备注 3 分式 $\beta_n = \dfrac{B_n}{n}$ 被称为被除的贝努利数(divided Bernoulli number), 作者和杨鹏、钟豪① 证明了, 对任意素数 p,

$$p\sum_{k=1}^{p-1}\frac{B_k}{k} \equiv (-1)^{p-1}(p^2), \quad x\sum_{k=1}^{p-1}\frac{B_{2k}}{k} \equiv (-1)^{p-1}(2x+3) \pmod{p^2}.$$

6.2 荷斯泰荷姆定理

从本节开始, 很多同余式都与二项式系数 $\dbinom{m}{n}$ 有关. 我们发现, 有时候它可以把同余式从素数(整数)模提升到素数(整数)幂模的功能.

从威尔逊定理(1770)出发, 不难得到等价的二项式系数的一个同余式, 即对任意的正整数 n 和素数 p,

$$\binom{np-1}{p-1} \equiv 1 \pmod{p}.$$

1819 年, 英国数学家、享有"计算机之父"美誉的巴比奇(Babbage, 1792—1871)证明了, 对任何素数 $p \geqslant 3$,

$$\binom{2p-1}{p-1} \equiv 1 \pmod{p^2}.$$

它的一个推广形式为: 对任何正整数 $a \geqslant b$ 和素数 $p \geqslant 3$,

$$\binom{ap}{bp} \equiv \binom{a}{b} \pmod{p^2}. \tag{6.3}$$

当 $a=2, b=1$ 时, 上式等价于巴比奇同余式.

下面我们用二项式系数展开的方法, 给出一个简洁的证明.

显然 $\dbinom{ap}{bp}$ 是 $(1+x)^{ap}$ 展开式中 x^{bp} 的系数. 由于

$$(1+x)^p = 1 + x^p + \sum_{k=1}^{p-1}\binom{p}{k}x^k = 1 + x^p + pf(x),$$

---

① 参见 On several sums of divided Bernoulli numbers, preprint.

其中 $f(x)$ 是整系数多项式, 我们有

$$(1+x)^{ap} = \left(1+x^p+pf(x)\right)^a \equiv (1+x^p)^a + a(1+x^p)^{a-1}pf(x) \pmod{p^2},$$

但同余式右边等于

$$(1+x^p)^a + a(1+x^p)^{a-1}\left((1+x)^p -1-x^p\right) = (1-a)(1+x^p)^a + a(1+x^p)^{a-1}(1+x)^p,$$

上式中 x^{bp} 的系数为

$$(1-a)\binom{a}{b} + a\left(\binom{a-1}{b}+\binom{a-1}{b-1}\right) = \binom{a}{b},$$

这里利用了二项式系数的和性质, 故而式(6.3)成立.

1862 年, 英国数学家荷斯泰荷姆(Wolstenholme, 1829—1891)将巴贝奇同余式作了改正, 得到了以他名字命名的定理.

定理 6.3 (荷斯泰荷姆)　对任何素数 $p \geqslant 5$,

$$\binom{2p-1}{p-1} \equiv 1 (\bmod\ p^3). \tag{6.4}$$

有一个尚未证实的猜测, 荷斯泰荷姆同余式成立当且仅当 p 是素数, 即式(6.4)是判别素数的一个准则. 而对于整数模或整数平方模, 均已找到非素数的反例满足式(6.4), 它们分别是 $n = 29 \times 937$ 和 16843^2.

英国数学家荷斯泰荷姆像

另外, 若模 p^3 改成模 p^4, 式(6.4)仍成立, 则这样的 p 称为荷斯泰荷姆素数. 迄今为止, 人们只发现 16843 和 2124679 这两个荷斯泰荷姆素数, 搜寻范围已扩至 $p \leqslant 10^9$.

现在我们利用抽屉原理, 考虑把 $2p$ 个物件分成两半, 从中取 p 个(每一组至少取一个), 则其方法数有两种计算法, 相比较之可得

$$\binom{2p}{p} - 2 = \sum_{\substack{i+j=p \\ i,j>0}} \binom{p}{i}\binom{p}{j}.$$

由此不难证得

$$\binom{2p}{p} - 2 \equiv 0 (\bmod\ p^3), \quad p \geqslant 5,$$

此乃式(6.4)的等价形式.

有一次在数论讨论班上, 陈德溢推广了这个方法, 他提出把 $4p, 6p$ 个物件 4,

6 等分, 从中各取 p 个, 则分别可得

$$2\binom{3p}{p} - 9\binom{2p}{p} + 12 \equiv 0 \pmod{p^5}, \quad p \geqslant 7;$$

$$3\binom{4p}{p} - 20\binom{3p}{p} + 54\binom{2p}{p} - 60 \equiv 0 \pmod{p^7}, \quad p \geqslant 11.$$

值得一提的是, 荷斯泰荷姆早年就读于剑桥大学圣约翰学院, 与著名女作家弗吉尼亚·吴尔夫的父亲成为终生好友. 在荷斯泰荷姆去世将近 30 年以后, 吴尔夫出版了代表作《到灯塔去》, 以自己的父母亲为男女主人公原型, 而荷斯泰荷姆也成为书中一个角色的原型.

1898 年, 英国数学家格莱舍(Glaisher, 1848—1928)证明了, 对任何正整数 n 和素数 $p \geqslant 5$,

$$\binom{np-1}{p-1} \equiv 1 \pmod{p^3}.$$

1952 年, 挪威数学家荣格伦(Ljunggren, 1905—1973)进一步做了推广, 他证明了, 对任意整数 $u > v > 0$, p 为素数,

$$\binom{up}{vp} \equiv \binom{u}{v} \pmod{p^3}. \tag{6.5}$$

另一方面, 荷斯泰荷姆本人早就发现, 定理 6.3 可表示成下列调和数列的形式, 即对任何素数 $p \geqslant 5$,

$$\sum_{i=1}^{p-1} \frac{1}{i} \equiv 0 \pmod{p^2}, \qquad \sum_{i=1}^{p-1} \frac{1}{i^2} \equiv 0 \pmod{p}. \tag{6.6}$$

这里我们要指出有理数的同余意义, 即

$$\frac{a}{b} \equiv \frac{c}{d} \pmod{m}$$

当且仅当 $(bd, m)=1$, $ad-bc \equiv 0 \pmod{m}$.

式(6.6)的第一个同余式也被称为荷斯泰荷姆定理. 两个同名定理之间可以转化, 下面我们给出一个初等证明. 设

$$(x-1)(x-2)\cdots(x-(p-1)) = x^{p-1} - s_1 x^{p-2} + \cdots - s_{p-2} x + (p-1)!, \tag{6.7}$$

其中 $s_j (1 \leqslant j \leqslant p-2)$ 均为整数, $s_{p-2} = \sum_{i=1}^{p-1} \frac{(p-1)!}{i}$. 由定理 3.10 和威尔逊定理可知, $p | s_j$. 在式(6.7)中令 $x = p$, 则有

$$p^{p-1} - s_1 p^{p-2} + \cdots - p s_{p-2} = 0.$$

因为 $p>3$, 对上式取模 p^3, 可得 $s_{p-2}\equiv 0(\bmod p^2)$, 此即式(6.6)的第一个同余式.

式(6.6)的第二个同余式可以通过下列方法证明. 对任意 $1<i<p-1$, 存在唯一对应的 j, $j\neq i$, $1<j<p-1$, 使得 $ij\equiv 1(\bmod p)$. 故而

$$\sum_{i=1}^{p-1}\frac{1}{i^2}\equiv 1+\sum_{\substack{1<i\neq j<p-1\\ij\equiv 1(\bmod p)}}\frac{i^2+j^2}{i^2 j^2}+(p-1)^2$$

$$\equiv\sum_{i=1}^{p-1}i^2\equiv 0(\bmod p).$$

式(6.6)的一个最常见的推广是

$$\sum_{i=1}^{p-1}\frac{1}{i}\equiv B_{p-3}p^2(\bmod p^3),\quad \sum_{i=1}^{p-1}\frac{1}{i^2}\equiv\frac{2p}{3}B_{p-3}(\bmod p^2).$$

另一方面, 早在 1888 年, 英国数学家 Leudesdorf 便已证明:

$$\sum_{\substack{i=1\\(i,n)=1}}^{n-1}\frac{1}{i}\equiv 0(\bmod n^2),\quad (6,n)=1.$$

值得一提的是, 我们曾考虑二项式系数的乘积展开, 例如

$$\binom{36}{2}=\binom{3}{2}\binom{21}{2}=\binom{4}{2}\binom{15}{2},\quad \binom{1225}{2}=\binom{15}{2}\binom{120}{2}=\binom{21}{2}\binom{85}{2},$$

其中 $36=6^2=\binom{9}{2}$. 一般地, 作者和陈德溢证明了[1]:

设 $r>1$ 是三角平方数(既是三角形数又是平方数), 则 $\binom{r}{2}$ 可以两种方式表示成两个大于 1 的三角形数之积; 存在无穷多个正整数, 可以三种方式表示成两个形如 n^2-1 的正整数之积. 例如,

$$40320=(3^2-1)(71^2-1)=(5^2-1)(41^2-1)=(7^2-1)(29^2-1),$$
$$47980800=(3^2-1)(2449^2-1)=(29^2-1)(239^2-1)=(41^2-1)(169^2-1).$$

同时, 我们还有以下猜想(已验证至 $\binom{n}{2}$, $n\leqslant 3\times 10^5$):

猜想　不存在三角形数, 能以三种或三种以上方式表示成两个大于 1 的三角形数之积.

---

[1] 参见 Rocky Mountain J. Math., 2013, 43(1): 75-81.

椭圆曲线

除了有关平方数的猜想以外, 费尔马的评注里还有一些立方数的猜想. 例如, 他断言: 除 1 以外的三角形数均非立方数. 这个断言相当于丢番图方程

$$\frac{1}{2}y(y-1) = x^3$$

无正整数解. 将此方程改写成

$$(2y-1)^2 = (2x)^3 + 1,$$

再将 $2y-1$ 换成 y, $2x$ 换成 x, 上式就变成了曲线

$$E: y^2 = x^3 + ax + b$$

的特殊形式, 其中 $a, b \in \mathbf{Q}$, 右端的三次式没有重根(重根的排除是为了消除曲线的奇点), 即判别式 $4a^3 + 27b^2 \neq 0$. 上述方程被称为有理数域 $\mathbf{Q}$ 上的椭圆曲线 (elliptic curve), 这并非因为方程代表的曲线是椭圆, 而是因为计算椭圆的周长问题与此方程有关.

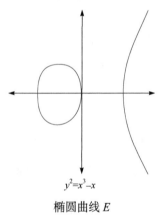

$y^2 = x^3 - x$

椭圆曲线 E

虽然在费尔马的时代, 尚未有椭圆曲线的思想, 但他是第一个考察椭圆曲线非常多的数论学家. 事实上, 了解椭圆曲线的整点或有理点是费尔马最感兴趣的问题之一. 依照西格尔(Siegel)定理, 椭圆曲线上至多有有限多个整数点. 一般来说, 椭圆曲线上的有理点可以是无穷多个, 也可以是有限个, 但莫德尔-韦依定理断言: 椭圆曲线上有理点构成的群是有限生成的. 在丢番图《算术》空白处费尔马断言并证明了椭圆曲线

$$y^2 = x^3 - x \qquad\qquad \text{(B)}$$

只有 3 个有理点, 即(0,0),(1,0)和(-1,0).

费尔马的证明思路利用了所谓的无穷递降法: 对于有理数 a, 设其既约分式为 $\frac{m}{n}$, 定义其高为 $H(a) = \max(|m|,|n|)$. 假设式(B)含有 $(0,0)$, $(\pm1,0)$ 以外的有理点, 选取其中高度最小者, 记为 (x_0, y_0). 证明的思路是构造一个不同于 $(0,0)$, $(\pm1,0)$, 而其坐标高度比 (x_1, y_1) 还小的有理解, 从而导出矛盾.

上述有关式(6.7)的有理点的结论可以直接证明 $n=4$ 时费尔马大定理成立. 事实上, 若方程

$$x^4 + y^4 = z^4$$

有正整数解(x, y, z), 将 y^4 移项并在两端同乘以 $\dfrac{z^2}{y^6}$, 即有

$$\left(\frac{x^2 z}{y^3}\right)^2 = \left(\frac{z^2}{y^2}\right)^3 - \frac{z^2}{y^2},$$

故存在满足方程(B)的 $y \neq 0$ 的有理解, 矛盾.

　　椭圆曲线是亏格为 1 的代数曲线, 这也是它通常有无穷多个有理点的原因. 著名的莫德尔猜想(1922)说的是, 任何有理数域上亏格大于 1 的代数曲线(包含费尔马曲线)只有有限多个有理点. 1983 年, 这个猜想被德国数学家法廷斯(Faltings, 1954—)推广到任意数域上并予以证明, 他因此获得了 1986 年菲尔兹奖.

　　椭圆曲线有秩数, 这是一个重要的不变量. 设 $E(\mathbf{Q})$ 表示椭圆曲线 E 上的全部有理点加上一个无穷远点, 在其上引入加法运算使其成为交换群(无穷远点为零元素), 莫德尔于 1922 年证明这个群是有限生成的, 从而有直和分解

$$E(\mathbf{Q}) = E(\mathbf{Q})_f \oplus E(\mathbf{Q})_t,$$

其中 $E(\mathbf{Q})_t$ 是 $E(\mathbf{Q})$ 中有限阶元素构成的有限子群, $E(\mathbf{Q})_f$ 是自由生成群. $E(\mathbf{Q})_f$ 的秩(生成元的个数)就是椭圆曲线 E 的秩, 记为 $r(E)$. $r(E)$ 为非负整数, 且 $r(E) = 0$ 当且仅当 E 只有有限多个有理数解.

　　1955 年, 两位日本数学家谷山丰(Yutaka Taniyama, 1927—1958)和志村五郎(Goro Shimura, 1930—2019)提出了著名的谷山-志村猜想: 每一条有理椭圆曲线均为模曲线. 假如费尔马大定理不成立, 即有素数 p 和正整数组(a,b,c)满足 $a^p + b^p = c^p$. 1986 年, 美国数学家黎贝(Ribet)证明了法国数学家塞尔(Serre)在十年前提出的猜想, 即: 弗莱(Frey)椭圆曲线 $y^2 = x(x - a^p)(x + b^p)$ 不是模曲线. 这个结论与谷山-志村猜想是相矛盾的, 换句话说, 黎贝证明了, 由谷山-志村猜想可以推出费尔马大定理成立. 1995 年, 英国数学家怀尔斯证明了谷山-志村猜想, 从而证明了费尔马大定理.

　　最后, 我们介绍椭圆曲线在丢番图方程中的一个应用. 1996 年, 波兰数学家辛策尔(Schinzel, 1937—)证明了, 方程

$$x + y + z = xyz = 6$$

有无穷多组正有理数解.

　　2011 年, 作者和张勇将此结果作了推广[①], 即证明了下面定理.

_____

① 参见 Mathematics of Computation, 2013, 81: 617-623.

定理 对任何整数 $n \geqslant 3$，方程

$$x_1 + x_2 + \cdots + x_n = x_1 x_2 \cdots x_n = 2n \tag{A}$$

有无穷多组正有理数解.

证明的思路是这样的：取 $x_1 = x_2 = \cdots = x_{n-3} = 1$，上式可转化为

$$\begin{cases} x_{n-2} + x_{n-1} + x_n = n+3; \\ x_{n-2} x_{n-1} x_n = 2n. \end{cases}$$

消去 x_n，并令 $u = \dfrac{x_{n-2}}{x_{n-1}}, v = \dfrac{1}{x_{n-1}}$，可得

$$u^2 + u - (n+3)uv + 2nv^3 = 0.$$

再令 $x = -72nv + 3(n+3)^2, y = 216n(2u+1-(n+3)v)$，即得椭圆曲线($n=4$ 时参见下图)

$$E_n : y^2 = x^3 + a_n x + b_n,$$

其中

$$a_n = -27(n+3)(n^3 + 9n^2 - 21n + 27),$$
$$b_n = 54n^6 + 972n^5 + 3402n^4 - 5832n^3 + 7290n^2 - 26244n + 39366.$$

易知有理点 $R = \left(3(n+3)^2 - 72n, 216n(n-2)\right)$ 在椭圆曲线 E_n 上，由群法则可得

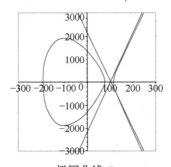

椭圆曲线 E_4

$$[2]R = \left(\frac{3(n^4 + 2n^3 + 13n^2 - 36n + 36)}{(n-2)^2}, -\frac{216(2n^3 - 6n^2 + 7n - 2)}{(n-2)^3} \right),$$

$$[3]R = \left(\frac{3(n^6 - 36n^4 + 126n^3 - 180n^2 + 108n - 15)}{(n^2 - 3n + 3)^2}, \right.$$

$$\left. \frac{108(n-1)(n-2)(7n^4 - 33n^3 + 67n^2 - 66n + 28)}{(n^2 - 3n + 3)^3} \right).$$

定理的证明还需要用到下面的结论.

定理(Nagell-Lutz) 设 Δ 是椭圆曲线的判别式, 则其上任意有限阶的有理点 (x, y) 必满足 x 和 y 是整数, 且或 $y = 0$, 或 $y \mid \Delta$.

定理(庞加莱-赫尔维兹) 若椭圆曲线有无穷多个有理点, 则在任意一个有理点的邻域内均存在无穷多个有理点.

利用 Nagell-Lutz 定理, 由点 [3]R 可知椭圆曲线 E_n 上有无穷多的有理点. 由前面的变换可得

$$x_{n-2} = \frac{y - 3xn - 9x + 9n^3 + 81n^2 + 27n + 243}{6(-x + 3n^2 + 18n + 27)},$$

$$x_{n-1} = \frac{72n}{3(n+3)^2 - x},$$

$$x_n = \frac{-y - 3xn - 9x + 9n^3 + 81n^2 + 27n + 243}{6(-x + 3n^2 + 18n + 27)}.$$

由于所得的解需为正有理数, 从而可得下面的条件

$$x < 3(n+3)^2, \quad |y| < -3xn - 9x + 9n^3 + 81n^2 + 27n + 243.$$

根据庞加莱-赫尔维兹定理, 只要找到一个合适上面条件的有理点就可以得到无穷多个有理点, 由计算可知点 [3]R 符合此条件, 从而可以找到无穷多的正有理数满足方程(A).

在我们的证明中, 解是可构造的. 例如, 式 (A) 的三个解 $(1, 4, 2, 1)$, $\left(1, \dfrac{49}{20}, \dfrac{128}{35}, \dfrac{25}{28}\right)$, $\left(1, \dfrac{103058}{24497}, \dfrac{34969}{29737}, \dfrac{68644}{42449}\right)$.

备注 当 $x_1, x_2, \cdots, x_{n-3}$ 取任意的正有理数时, 我们可以将方程(A)变成

$$\begin{cases} x_1 + x_2 + \cdots + x_n = a; \\ x_1 x_2 \cdots x_n = b \end{cases}$$

来研究, 这里 a, b 为给定的有理数, 用类似的方法可以得到更一般的结论.

椭圆曲线是代数几何最重要的研究对象之一, 在费尔马大定理的证明中也发挥了重要作用, 如前文所言, 费尔马是通过证明谷山-志村猜想才证明的费尔马大定理. 值得一提的是, 法国数学家安德烈·韦伊(Andre Weil,1906—1998)于 1967 年重提这一猜想并将其拓广, 故也称为谷山-志村-韦伊猜想.

除了上述猜想, 椭圆曲线还有一个著名的猜想, 即 BSD 猜想, 这是由两位英国数学家 Birch(1930—)和 Swinnerton-Dyer(1927—)于 1963 年至 1965 年间, 利用剑桥一台旧计算机进行大量数值计算后猜想出来的, 后来成为纽约克莱研究所提出的千禧年 "七大数学难题之一". 设 $L(E,s)$ 是椭圆曲线 E 上的 L 函数, $R(E)$ 表示在点 $s=1$ 处的零点阶数, 则 BSD 第一猜想是说: $r(E) = R(E)$. 1977 年, 科茨(Coates)和怀尔斯证明了: 若 $r(E) \geqslant 1$, 则 $R(E) \geqslant 1$; 1986 年, 格罗斯(Gross)和扎吉尔证明了: 若 $R(E) = 1$, 则 $r(E) \geqslant 1$.

6.3 拉赫曼同余式

本节先给出艾森斯坦的一个同余式, 再证明拉赫曼的一个漂亮深刻的同余式. 设 r, n 为任意互素的正整数, 欧拉商的定义如下:

$$q_r(n) = \frac{r^{\phi(n)} - 1}{n}.$$

对任意固定的 r, $q_r(n)$ 是完全可乘函数, 这是因为

$$(ab)^{p-1} = a^{p-1}b^{p-1} = (1 + pq_r(a))(1 + pq_r(b))$$
$$\equiv 1 + p(q_r(a) + q_r(b))(\mathrm{mod}\, p^2).$$

1850 年, 艾森斯坦证明了, 对任何奇素数 p,

$$\sum_{i=1}^{(p-1)/2} \frac{1}{i} \equiv -2q_2(p)(\mathrm{mod}\, p). \tag{6.8}$$

1938 年, E. 拉赫曼(俄国出生的美国女数学家, 与其丈夫 D. H. Lehmer 和公公 D. N. Lehmer 组成罕见的数论世家)利用贝努利多项式的有关性质将上式做了改进, 她证明了以下定理.

年轻时的拉赫曼　　　　　　年老时的拉赫曼(她活到了 100 周岁)

定理 6.4(拉赫曼) 对任何奇素数 p,

$$\sum_{i=1}^{(p-1)/2}\frac{1}{i}\equiv -2q_2(p)+pq_2^2(p)(\operatorname{mod} p^2). \tag{6.9}$$

为了证明式(6.8)和式(6.9), 我们各需要一个引理.

引理 6.1 设 $1\leqslant a\leqslant p-1$, 则 $\dfrac{a^p-a}{p}\equiv\displaystyle\sum_{j=1}^{p-1}\left[\dfrac{ja}{p}\right]\dfrac{1}{j}(\operatorname{mod} p)$.

证 设 $a\bar{a}\equiv 1(\operatorname{mod} p)$, 则

$$\begin{aligned}(a+pt)^{p-1}&\equiv a^{p-1}+p(p-1)ta^{p-2}\\&\equiv 1+pq_r(a)+p(p-1)ta^{p-1}\bar{a}\\&\equiv 1+p_rq(a)+p(p-1)t\bar{a}(1+pq_r(a))\\&\equiv 1+p(q_r(a)-t\bar{a})(\operatorname{mod} p^2),\end{aligned}$$

故有 $q_r(a+pt)\equiv q_r(a)-\bar{a}t(\operatorname{mod} p)$. 设 $aj=pq_j+r_j,1\leqslant r_j\leqslant p-1$, 则

$$q_r(aj)=q_r(r_j+pq_j)\equiv q_r(r_j)-\bar{r}_jq_j(\operatorname{mod} p).$$

再由 $q_r(a)$ 的可乘性, 可得

$$q_r(a)\equiv\sum_{j=1}^{p-1}q_r(j)-\sum_{j=1}^{p-1}q_r(aj)(\operatorname{mod} p).$$

当 j 取遍 p 的简化系, r_j 也一样. 综合上述两式, 可得

$$q_r(a)\equiv\sum_{j=1}^{p-1}\frac{q_j}{r_j}\equiv\sum_{j=1}^{p-1}\left[\frac{ja}{p}\right]\frac{1}{ja}(\operatorname{mod} p).$$

引理 6.1 获证.

特别地, 当 $a=2$ 时,

$$\frac{2^p-2}{p}\equiv\sum_{p/2<j<p}\frac{1}{j}(\operatorname{mod} p).$$

由荷斯泰荷姆定理, 即得

$$\sum_{j=1}^{(p-1)/2}\frac{1}{j}\equiv-\frac{2^p-2}{p}\equiv -2q_2(p)(\operatorname{mod} p).$$

引理 6.2 设 m 和 k 是正整数, $p>m$ 为素数, 则

$$\sum_{r=1}^{[p/m]}r^{2k-1}\equiv\frac{1}{2k}\left\{B_{2k}\left(\frac{s}{m}\right)-B_{2k}\right\}-\frac{p}{m}B_{2k-1}\left(\frac{s}{m}\right)(\operatorname{mod} p^3),$$

其中 $\{x\}$ 表示 x 的小数部分, s 是 p 模 m 的最小正剩余.

证 在定理 6.2 中取 $x = \dfrac{p-rm}{m}, r = 1, 2, \cdots, \left[\dfrac{p}{m}\right]$. 相加, 整理可得

$$\sum_{r=0}^{[p/m]} (p-rm)^n = \frac{m^n}{n+1}\left\{ B_{n+1}\left(\frac{p}{m}\right) - B_{n+1}\left(\frac{s}{m}\right) \right\}. \tag{6.10}$$

在定理 6.1 中取 $n = 2k$, $x = \dfrac{p}{m}$, p 是奇素数且大于 m, 则

$$B_{2k}\left(\frac{p}{m}\right) \equiv B_{2k} + \frac{p^2}{m^2}\binom{2k}{2} B_{2k-2} \pmod{p^3}. \tag{6.11}$$

这是因为 $B_{2k-1} = B_{2k-3} = 0$, 其他各项是 p^4 和贝努利数的乘积的倍数, 由冯-施陶特-克劳森定理, 至少含有因子 p^3. 进一步, B_{2k-2} 的分母中含有因子 p 当且仅当 $2k - 2 \equiv 0 \pmod{p-1}$. 因而

$$B_{2k}\left(\frac{p}{m}\right) \equiv B_{2k} \pmod{p^2}, \quad 2k - 2 \not\equiv 0 \pmod{p-1}. \tag{6.12}$$

同理, 在定理 6.1 中取 $n = 2k+1$, $x = \dfrac{p}{m}$, 可得

$$B_{2k+1}\left(\frac{p}{m}\right) \equiv p\frac{2k+1}{m} B_{2k} \pmod{p^3}, \quad 2k - 2 \not\equiv 0 \pmod{p-1}, \tag{6.13}$$

将式(6.12)、式(6.13)代入式(6.10), 可得

$$\sum_{r=1}^{[p/m]} (p-rm)^{2k-1} \equiv \frac{m^{2k-1}}{2k}\left\{ B_{2k} - B_{2k}\left(\frac{s}{m}\right) \right\} \pmod{p^2}, \tag{6.14}$$

$$\sum_{r=1}^{[p/m]} (p-rm)^{2k} \equiv \frac{m^{2k}}{2k+1}\left\{ \frac{2k+1}{m} pB_{2k} - B_{2k+1}\left(\frac{s}{m}\right) \right\} \pmod{p^3}, \tag{6.15}$$

这里 s 是 p 关于模 m 的最小正剩余, $2k - 2 \not\equiv 0 \pmod{p-1}$.

再考虑恒等同余式

$$\sum_{r=1}^{[p/m]} (p-rm)^n \equiv (-1)^n\left\{ m^n \sum_{r=1}^{[p/m]} r^n - pnm^{n-1}\sum_{r=1}^{[p/m]} r^{n-1} \right\} \pmod{p^2} \tag{6.16}$$

将式(6.16)与式(6.14)、式(6.15)相结合, 即得引理.

将式(6.11)而不是式(6.12)代入式(6.10), 并在式(6.15)中取 $m = 1$, 可得推论如下.

推论 设 p 是奇素数, k 是正整数, 且 $2k - 2 \not\equiv 0 \pmod{p-1}$, 则

$$\sum_{r=1}^{p-1} r^{2k+1} \equiv p^2\frac{2k+1}{2} B_{2k} \pmod{p^3},$$

$$\sum_{r=1}^{p-1} r^{2k} \equiv pB_{2k} \pmod{p^3}.$$

定理 6.4 的证明　设 $(a,p)=1$，$q_a(p)=\dfrac{a^{p-1}-1}{p}$ 是费尔马商，定义威尔逊商为

$$w_p = \frac{(p-1)!+1}{p},$$

它们都是正整数，且 $\displaystyle\sum_{a=1}^{p-1} q_a \equiv w_p (\mathrm{mod}\, p)$．利用这个同余式，对 $r^{p-1}=1+pq_r(p)$，让 r 从 1 到 $p-1$ 相加，可得

$$p-1+pw_p \equiv pB_{p-1}(\mathrm{mod}\, p^2),$$

进而

$$\frac{pB_{p-1}}{p-1} \equiv 1 + \frac{pw_p}{p-1} \equiv 1 - pw_p (\mathrm{mod}\, p^2). \qquad (6.17)$$

由引理 6.2，并利用贝努利多项式在 $x=\dfrac{1}{2}$ 点的取值，即

$$B_{2k}\left(\frac{1}{2}\right) = (1-2^{2k-1})\frac{B_{2k}}{2^{2k-1}}, \quad B_{2k-1}\left(\frac{1}{2}\right) = 0,$$

由此可得

$$\sum_{r=1}^{(p-1)/2} r^{2k-1} \equiv (1-2^{2k})\frac{B_{2k}}{2^{2k}k}(\mathrm{mod}\, p^2), \quad 2k-2 \not\equiv 0(\mathrm{mod}\, p-1).$$

在上式中取 $2k=p-1$，再利用式(6.16)，可得

$$\sum_{r=1}^{(p-1)/2} r^{p-2} \equiv -2q_2(p)(1-pw_p) + 2pq_2^2(p)(\mathrm{mod}\, p^2). \qquad (6.18)$$

由式(6.17)和艾森斯坦同余式，我们有

$$\sum_{r=1}^{(p-1)/2} \frac{q_r(p)}{r} \equiv 2q_2(p)w_p + q_2^2(p)(\mathrm{mod}\, p). \qquad (6.19)$$

将式(6.17)$-p\times$式(6.18)，即得式(6.9)．定理 6.4 得证.

除了式(6.9)以外，拉赫曼还用相似的方法得到了下列 4 个同余式.

定理 6.5(拉赫曼)　设 p 为奇素数，

$$\sum_{r=1}^{(p-1)/2} \frac{1}{p-2r} \equiv q_2(p) - \frac{pq_2^2(p)}{2}(\mathrm{mod}\, p^2), \quad p \geqslant 3;$$

$$\sum_{r=1}^{[p/3]} \frac{1}{p-3r} \equiv \frac{q_3(p)}{2} - \frac{pq_3^2(p)}{4}(\mathrm{mod}\, p^2), \quad p \geqslant 5;$$

$$\sum_{r=1}^{[p/4]} \frac{1}{p-4r} \equiv \frac{3q_2}{4} - \frac{3pq_2^2}{8} \pmod{p^2}, \quad p \geqslant 5;$$

$$\sum_{r=1}^{[p/6]} \frac{1}{p-6r} \equiv \frac{q_3(p)}{4} + \frac{q_2(p)}{3} - p\left(\frac{q_3^2(p)}{8} + \frac{q_2^2(p)}{6}\right) \pmod{p^2}, \quad p \geqslant 7.$$

利用上述同余式, 拉赫曼依次给出了判断费尔马大定理第一情形是否成立的 4 个准则. 即若对于素数 p, 存在费尔马大定理第一情形的解, 则对 $n = 2, 3, 4, 6$, 均有

$$\sum_{r=1}^{[p/n]} \frac{1}{r} \equiv 0 \pmod{p}.$$

必须指出, 在怀尔斯的证明公布以前, 有关费尔马大定理的论证的推进(指数 n 范围的扩大)主要依赖于此类同余式.

如所周知, 欧拉定理推广了费尔马小定理, 高斯定理推广了威尔逊定理, 两者都是把素数模推广到正整数模. 前者相隔了一百多年, 后者相隔了 30 多年. 如今已有许多素数模的同余式, 但整数幂模的同余式却十分稀罕. 现在我们将给出若干深邃而优美的整数幂模同余式, 如同爱尔兰数学家 Cosgrave 和加拿大数学家 Dilcher 撰文[1]指出的, 这是自 1906 年以来的第一次.

首先, 作者[2]把拉赫曼同余式从素数模推广到正整数模. 设 $\chi_n(r)$ 为模 n 的主特征, 即

$$\chi_n(r) = \begin{cases} 1, & (r,n) = 1, \\ 0, & (r,n) > 1, \end{cases}$$

则有

定理 6.6　设 $n > 1$ 为奇数, 我们有

$$\sum_{r=1}^{(n-1)/2} \frac{\chi_n(r)}{r} \equiv -2q_2(n) + nq_2^2(n) \pmod{n^2}. \tag{6.20}$$

当取 n 为素数 p 时, 式(6.20)即为拉赫曼同余式.

定理 6.6 可用初等方法来证明, 但比较繁杂和冗长, 这里打算利用一个已知的与特征和估计有关的恒等式, 给出一个非常简洁的证明. 首先, 我们介绍广义贝努利数和贝努利多项式. 设 χ 为模 n 的狄利克雷原特征, 定义广义贝努利数 $B_{k,\chi}$ 为满足下列恒等式的复数:

$$\sum_{a=1}^{n} \chi(a) \frac{ze^{az}}{e^{nz}-1} = \sum_{k=1}^{\infty} B_{k,\chi} \frac{z^k}{k!};$$

---

① 参见 Acta Arith., 2013,161: 42-67.

② 参见 Acta Arith., 2002,103: 313-320.

而广义贝努利多项式则定义如下

$$B_{n,\chi}(x) = \sum_{k=0}^{n} \binom{n}{k} B_{k,\chi} x^{n-k}.$$

我们有

$$\sum_{n=0}^{N-1} \chi(n) n^m = \frac{1}{m+1}(B_{m+1,\chi}(N) - B_{m+1,\chi}).$$

若模 M 的特征 χ 是由模 M 的一个因子的特征 χ_1 所派生的, 则

$$B_{s,\chi} = B_{s,\chi_1} \prod_{p|M}(1 - \chi_1(p) p^{s-1}). \tag{6.21}$$

引理 6.3[①]　设 χ 是模 M 的狄利克雷特征, N 是 M 的倍数, $r>1$ 是与 N 互素的整数, 则对于任意的非负整数 m, 我们有

$$(m+1)r^m \sum_{0<n<N/r} \chi(n) n^m = -B_{m+1,\chi} r^m + \frac{\overline{\chi}(r)}{\phi(r)} \sum_{\psi} \overline{\psi}(-N) B_{m+1,\chi\psi}(N),$$

其中右边的和式中 ψ 取遍模 r 的所有狄利克雷特征.

定理 6.6 的证明　令

$$S_r(n) = \sum_{0<i<n/r} \chi_n(i) i^{n\phi(n)-1},$$

由欧拉定理, 易知

$$\sum_{i=1}^{(n-1)/2} \frac{\chi_n(i)}{i} \equiv S_2(n) (\bmod\, n^2). \tag{6.22}$$

在引理 6.3 中, 取 $N = M = n$, $m = n\phi(n) - 1$, $\chi = \chi_n$, $r = 2$, 则模 r 只有一个特征 $\chi_{0,2}$, 利用式 (6.21), 可得

德国数学家扎吉尔像

$$S_2(n) = -\frac{B_{n\phi(n)}}{n\phi(n)} \prod_{p|n}(1 - p^{n\phi(n)-1}) + \frac{2^{1-n\phi(n)}}{n\phi(n)} B_{n\phi(n),\chi_{0,2n}}(n). \tag{6.23}$$

注意到 i 是奇数时, 除非 $n\phi(n) - i = 1$, 均有 $B_{n\phi(n)-i} = 0$, 此时必有 $i \geqslant 3$. 故而

$$\frac{2^{1-n\phi(n)}}{n\phi(n)} \sum_{i=1}^{n\phi(n)} \binom{n\phi(n)}{i} n^i B_{n\phi(n)-i} \prod_{p|2n}(1 - p^{n\phi(n)-i-1}) \equiv 0 (\bmod\, n^2). \tag{6.24}$$

将式 (6.22), 式 (6.24) 和冯·施陶特-克劳森定理应用于式 (6.23), 即得

① 参见 Szmidt-Urbanowicz-Zagier, Acta Arith., 1995, 71: 273-278.

$$S_2(n) \equiv \frac{(1-2^{n\phi(n)})}{n\phi(n)} B_{n\phi(n)} \prod_{p|n}(1-p^{n\phi(n)-1})(\bmod n^2). \tag{6.25}$$

最后, 由 $pB_{n\phi(n)} \equiv p-1(\bmod p^r), p^r \| n$, 可知

$$\frac{n}{\phi(n)} B_{n\phi(n)} \prod_{p|n}(1-p^{n\phi(n)-1}) \equiv 1(\bmod n^2). \tag{6.26}$$

由定义 $2^{\phi(n)} = nq_2(n)+1$, 式(6.22), 式(6.25)和式(6.26), 即得式(6.20). 定理 6.6 得证.

类似的方法可以作其他推广. 例如, 2007 年, 作者和付旭丹、周侠[1]把定理 6.5 的 4 个同余式推广到整数幂模上, 得到下面一个新的定理.

定理 6.7 设 n 为奇数, 则

$$\sum_{r=1}^{(n-1)/2} \frac{\chi_n(r)}{n-2r} \equiv q_2(n) - \frac{1}{2} nq_2^2(n)(\bmod n^2), \quad (3,n)=1,$$

$$\sum_{r=1}^{[n/3]} \frac{\chi_n(r)}{n-3r} \equiv \frac{1}{2} q_3(n) - \frac{1}{4} nq_3^2(n)(\bmod n^2), \quad (3,n)=1,$$

$$\sum_{r=1}^{[n/4]} \frac{\chi_n(r)}{n-4r} \equiv \frac{3}{4} q_2(n) - \frac{3}{8} nq_2^2(n)(\bmod n^2), \quad (3,n)=1,$$

$$\sum_{r=1}^{[n/6]} \frac{\chi_n(r)}{n-6r} \equiv \frac{1}{3} q_2(n) + \frac{1}{4} q_3(n) - \frac{1}{6} nq_2^2(n) - \frac{1}{8} nq_3^2(n)(\bmod n^2), \quad (15,n)=1.$$

备注 2009 年, 曹慧琴和潘灏[2]也得到了后面三个同余式. 另一方面, 一些同行新近的工作表明, 第 4 个同余式要求 $(3,n)=1$ 即可; 而第一和第三个同余式在 $3|n$ 时也可能成立, 当且仅当 n 有模 6 余 1 的素因子. 不然的话, 需将模 n^2 改为模 $n^2/3$.

值得一提的是, 在 1.2 节介绍镶嵌几何学的例子里, 能够填满整个平面的正多边形的边数也恰好是 3, 4 或 6. 这表明, 在几何学和数论中, 存在着某种共同的东西.

abc 猜想

在费尔马大定理被证明以后, 数论领域似乎缺少了一个原动力, 有人形容这

① 参见 Acta Arith.,2007, 130: 203-214.
② 参见 J. Number Theory, 2009, 129: 1813-1819.

是宰杀了一只会下金蛋的鸡. 幸好, 最近 20 多年来, 又有一个猜想越来越显示出其重要性, 这就是 abc 猜想. 它与 6.2 节提到的 BSD 猜想相互媲美, 堪称数论领域的两朵奇葩.

对任何自然数 n, 我们来定义它的根(radical). 根据算术基本定理, 每一个正整数均可唯一分解成素数因子的乘积, 根便是它的所有不同素因子的乘积, 记作 rad (n). 例如, 若 $n = 12 = 2^2 \times 3$, 则 $\mathrm{rad}(n) = 6$.

1985 年, 法国数学家俄厄斯特勒(Oesterlé, 1954—　)和英国数学家马瑟(Masser, 1948—　)各自独立地提出了以下猜想:

法国数学家俄厄斯特勒像　　　　英国数学家马瑟像

abc 猜想 I　任给 $\varepsilon > 0$, 仅存在有限多组互素的正整数组 (a, b, c), 满足 $a + b = c$, 使得

$$c > (\mathrm{rad}(abc))^{1+\varepsilon}.$$

它还有一个等价形式:

abc 猜想 II　任给 $\varepsilon > 0$, 存在正的常数 K_ε, 使对满足 $a + b = c$ 的互素的正整数 a, b, c, 恒有

$$c \leqslant K_\varepsilon (\mathrm{rad}(abc))^{1+\varepsilon}. \tag{A}$$

从形式上看, abc 猜想是整数环 **Z** 的加法和乘法运算在一定条件下的内在性质, 也就是整数的内在性质. 对于 $1 \leqslant a \leqslant b \leqslant 50$, 利用计算机可以检验, 不满足

$$c \leqslant \mathrm{rad}(abc)$$

的 abc 数组仅有 4 组, 即 $\{1, 8, 9; 6\}, \{5, 27, 32; 30\}, \{1, 48, 49; 42\}, \{32, 49, 81; 42\}$, 其中最后一个数是 abc 的根.

abc 猜想的一个弱形式是, 把不等式(A)左边换成 $(abc)^{\frac{1}{3}}$. 另一个更简洁的弱

形式是，对满足 $a+b=c$ 的互素的正整数 a,b,c，恒有

$$c \leqslant (\mathrm{rad}(abc))^2 . \tag{B}$$

若令 $q(a,b,c)=\dfrac{\ln c}{\ln(\mathrm{rad}(abc))}$，则有下面另一种形式的猜想.

abc 猜想 Ⅲ　任给 $\varepsilon>0$，只存在有限多组互素的正整数 (a,b,c)，使对满足 $a+b=c$ 的互素的正整数 a,b,c，恒有

$$q(a,b,c)>1+\varepsilon . \tag{C}$$

abc 猜想或其弱形式的解决可以导致数论中一批重要猜想的证明，同时，一些著名的定理和结果也成为这个猜想或其弱形式的推论. 后者包括罗斯(Roth)定理(1958 年菲尔兹奖)，贝克定理(1970 年菲尔兹奖)，莫德尔猜想(1974 年菲尔兹奖)，费尔马大定理(1998 年菲尔兹特别奖). 以下以费尔马大定理为例：反设对某个 $n \geqslant 3$，存在正整数 x,y,z，使得

$$x^n + y^n = z^n .$$

取 $a=x^n,b=y^n,c=z^n$，则由 abc 弱猜想式(B)，可知

$$z^n < (\mathrm{rad}(xyz)^n)^2 < (xyz)^2 < z^6 .$$

故而 n=3,4 或 5，后者可以通过初等的方法排除掉.

假如 abc 猜想成立，还可以得到下列费尔马-卡塔兰猜想，它是费尔马大定理的加强形式，是由法裔加拿大数学家达尔蒙和英国数学家格兰维尔[1]提出来的.

费尔马-卡塔兰猜想　只有有限多互素的三数组 $\{x^p,y^q,z^r\}$ 满足方程

$$x^p + y^q = z^r . \tag{F-C}$$

其中 p,q,r 是满足 $\dfrac{1}{p}+\dfrac{1}{q}+\dfrac{1}{r}<1$ 的正整数.

迄今为止，人们只发现 10 组(种)解，即 $1+2^3=3^2$，$2^5+7^2=3^4$，$13^2+7^3=2^9$，$2^7+17^3=71^2$，$3^5+11^4=122^2$，$33^8+1549034^2=15613^3$，$1414^3+2213459^2=65^7$，$9262^3+15312283^2=113^7$，$17^7+76271^3=21063928^2$，$43^8+96222^3=30042907^2$. 值得注意的是，每一组解都恰好含有一个平方项. 也就是说，还没有找到一组解，其每个指数都大于或等于 3.

在法廷斯证明了莫德尔猜想之后，我们知道，对于每一组给定的 p,q,r，式(F-C)只有有限多组解.

---

[1] 参见 Darmon, Granville, Bull. London Math. Soc., 1995, 27:513-543.

而假如 abc 猜想成立, 可以证明, 式(F-C)只有有限多个解, 即费尔马-卡塔兰猜想成立. 事实上, 不妨设 $p \leqslant q \leqslant r$, 若 $r \geqslant 8$, 则 $\dfrac{1}{p} + \dfrac{1}{q} + \dfrac{1}{r} \leqslant \dfrac{1}{2} + \dfrac{1}{3} + \dfrac{1}{8} = \dfrac{23}{24}$; 若 $r \leqslant 7$, 则 $\dfrac{1}{p} + \dfrac{1}{q} + \dfrac{1}{r}$ 只取有限个值, 其中最大的是 $\dfrac{1}{2} + \dfrac{1}{3} + \dfrac{1}{7} = \dfrac{41}{42} > \dfrac{23}{24}$. 因此恒有, $\dfrac{1}{p} + \dfrac{1}{q} + \dfrac{1}{r} \leqslant \dfrac{41}{42}$. 如果有互素的 $\{a,b,c\}$ 满足式(F-C), 则由 $x < z^{\frac{r}{p}}, y < z^{\frac{r}{q}}$, 可得

$$q(x^p, y^q, z^r) = \frac{\log z^r}{\log(\mathrm{rad}(x^p y^q z^r))} = \frac{r \log z}{\log(\mathrm{rad}(xyz))} > \frac{r \log z}{\log(z^{r/p+r/q+1})}$$

$$= \frac{r}{r/p + r/q + 1} = \frac{1}{1/p + 1/q + 1/r} \geqslant \frac{42}{41}.$$

故由 abc 猜想式(C)知, 式(F-C)只有有限多组解.

必须指出的是, 费尔马-卡塔兰猜想是费尔马大定理和下列所谓的卡塔兰猜想的综合. 1844 年, 卡塔兰提出了卡塔兰猜想.

定理(卡塔兰猜想)　除了 8 和 9, 不存在其他任何形如 $\{x^m, y^n\}$ 的相邻整数, 其中 m 和 n 是任意大于 1 的整数.

这个猜想最早源于 14 世纪法国数学家格尔松尼迪斯(Gersonides, 1288—1344), 他证明了在 x 和 y 限制于 2, 3 的情形下, 上述猜想正确. 据说, 格尔松尼迪斯的生父是一位名叫卡塔兰的犹太作家, 他是法国最早留名的数学家之

珠宝商的独子、数学家卡塔兰像

一. 1850 年, 法国数学家勒贝格(V. A. Lebesgue, 1791—1875, 早于实分析的奠基人 H. L. Lebesgue)证明了 $m = 2$, 即 m 是偶数的情形. 1932 年, 塞尔贝格证明了 $n = 4$ 的情形; 1962 年, 柯召证明了 $n = 2$ 即 n 为偶数的情形. 但是, 奇数的最好结果一直停留在 $m = n = 3$, 这是挪威数学家纳格尔(Nagell, 1895—1988)在 1921 得到的.

2002 年, 罗马尼亚数学家米哈伊列斯库(Mihailescu, 1955—　)利用分圆域和伽罗华模的理论, 终于证明了卡塔兰猜想, 因此此猜想也叫米哈伊列斯库定理. 有趣的是, 他的证明还用到了维夫瑞奇数对.

我们考虑到了卡塔兰方程的弱形式:

$$a - b = 1, a \text{ 和 } b \text{ 是满平方数}.$$

此处满平方数(square-full)是指这样的正整数, 若它被素数 p 整除, 则必被 p 的平方整除. 显而易见, 上述方程等价于

$$a-b=1, ab \text{ 是满平方数}.$$

作者与米哈伊列斯库在哥廷根共进午餐

利用佩尔方程的性质不难得到, 它有无穷多个解. 例如(8, 9), (288, 289), (675, 676)等. 可是, 通过计算我们却发现并猜测:

对任意正整数 s, 仅有一组正整数 $(a,b) = (2^{s+1}, 2^s)$, 满足 $a-b=2^s$, ab 是满立方数(cube-full).

当然, abc 猜想并非万能. 例如, 1988 年, 美国数学家西尔弗曼(Silverman, 1955—)证明了, 若 abc 猜想成立, 存在无穷多个素数 p, 使得 $2^{p-1} \not\equiv 1 \bmod p^2$. 也就是说, 存在无穷多个非维夫瑞奇素数, 但是否存在无穷多个维夫瑞奇素数, 仍是一个谜.

备注　2012 年 8 月, 日本数学家望月新一(Schinichi Mochizuki, 1969—)在京都大学网站上宣布并发布了 abc 猜想的证明. 2020 年 4 月, 京都大学宣称, 望月新一的证明即将正式发表.

6.4　莫利定理和雅克布斯坦定理

1892 年, 英国数学家马修斯(Mathews, 1861—1922)在他的《数论教程》里, 展示了一个同余式, 即对于素数 $p \geqslant 3$,

$$(-1)^{\frac{p-1}{2}}\binom{p-1}{(p-1)/2}\equiv 4^{p-1}(\bmod\ p^2).$$

三年以后, 即 1895 年, 英国出生的美国数学家莫利(Morley, 1860—1937)得到一个更为漂亮的同余式, 称为莫利定理. 莫利毕业于剑桥大学国王学院, 27 岁移居美国, 为新大陆培养了 50 多位数学博士, 可以说他为改变美国数学默默无闻的状态做出了卓越的贡献. 他的专业和主要成就是在代数和几何方面, 从莫利定理的证明也可以看出方法的不同. 值得一提的是, 莫利曾任美国数学会主席, 他的一个儿子也成了数学家, 另一个儿子做了《华盛顿邮报》的记者, 曾获普利策奖(1936), 这也是该报赢得的第一个普利策奖.

英裔美国数学家莫利像

定理 6.8(莫利) 对任意素数 $p\geqslant 5$,

$$(-1)^{\frac{p-1}{2}}\binom{p-1}{(p-1)/2}\equiv 4^{p-1}(\bmod\ p^3).$$

证 考虑三角函数 $\cos^{2n+1}x$ 的积分, 利用下列傅里叶级数展开式:

$$2^{2n}\cos^{2n+1}x=\cos(2n+1)x+(2n+1)\cos(2n-1)x$$
$$+\frac{(2n+1)\cdot 2n}{1\times 2}\cos(2n-3)x+\cdots+\frac{(2n+1)2n\cdots(n+2)}{n!}\cos x,$$

两端同时关于 x 从 0 到 $\dfrac{\pi}{2}$ 积分, 可得

$$2^{2n}\frac{2n(2n-2)\cdots 2}{(2n+1)(2n-1)\cdots 3}=(-1)^n\left\{\frac{1}{2n+1}-\frac{2n+1}{2n-1}+\frac{(2n+1)2n}{1\times 2(2n-3)}\right.$$
$$\left.-\cdots+(-1)^n\frac{(2n+1)2n\cdots(n+2)}{n!}\right\}.$$

设 $2n+1=p$ 是素数, 由上式可得

$$\frac{1}{p}\left\{4^{p-1}\binom{p-1}{(p-1)/2}-(-1)^{\frac{p-1}{2}}\right\}=(-1)^{\frac{p-1}{2}}p\left\{-\frac{1}{2n-1}\right.$$
$$\left.+\frac{2n}{1\times 2(2n-3)}-\cdots+(-1)^n\frac{2n\cdots(n+2)}{n!}\right\}$$

记上式右边括号里的和为 $\sum$, 易知

$$\sum \equiv \frac{1}{1^2} + \frac{1}{3^2} + \cdots + \frac{1}{(p-2)^2} \pmod{p},$$

我们只需证明右边的和式被 p 整除. 事实上,

$$\frac{1}{1^2} - \frac{1}{(2n)^2} + \frac{1}{2^2} - \frac{1}{(2n-1)^2} + \cdots + \frac{1}{n^2} - \frac{1}{(n+1)^2}$$

$$= \frac{(2n)^2 - 1}{1^2 (2n)^2} + \frac{(2n-1)^2 - 2^2}{2^2 (2n-1)^2} + \cdots + \frac{(n+1)^2 - n^2}{n^2 (n+1)^2} \equiv 0 \pmod{p}.$$

而由荷斯泰荷姆定理,

$$\frac{1}{1^2} + \frac{1}{(2n)^2} + \frac{1}{2^2} + \frac{1}{(2n-1)^2} + \cdots + \frac{1}{n^2} + \frac{1}{(n+1)^2} \equiv 0 \pmod{p},$$

故而

$$\frac{1}{1^2} + \frac{1}{2^2} + \cdots + \frac{1}{n^2} \equiv \frac{1}{(n+1)^2} + \cdots + \frac{1}{(2n-1)^2} + \frac{1}{(2n)^2} \equiv 0 \pmod{p},$$

从而

$$\frac{1}{2^2} + \frac{1}{4^2} + \cdots + \frac{1}{(2n)^2} \equiv 0 \pmod{p}.$$

再利用一次 (6.6), 即得 $\sum \equiv 0 \pmod{p}$. 定理 6.8 得证.

类似地, 我们可以证明, 对于素数 $p \geqslant 3$,

$$(-1)^{\left\lfloor \frac{p}{4} \right\rfloor} \binom{p-1}{[p/4]} \equiv 8^{p-1} \pmod{p^2}.$$

2002 年, 作者在同一篇文章里, 利用定理 6.6 将莫利定理完整地推广到整数幂模上.

定理 6.9 设 n 是奇数, 则

$$(-1)^{\phi(n)/2} \prod_{d \mid n} \binom{d-1}{(d-1)/2}^{\mu(n/d)} \equiv \begin{cases} 4^{\phi(n)} \pmod{n^3}, & 3 \nmid n, \\ 4^{\phi(n)} \pmod{n^3/3}, & 3 \mid n, \end{cases}$$

其中 $\phi(n)$ 和 $\mu(n)$ 分别为欧拉函数和默比乌斯函数.

为证明定理 6.9, 我们需要下列引理.

引理 6.4 设 $n > 1$ 是整数, 则

$$\sum_{i=1}^{n-1}\frac{\chi_n(i)}{i^2}\equiv\begin{cases}0(\bmod n), & 3\nmid n,\ n\neq 2^a,\\ 0(\bmod n/3), & 3\mid n,\\ 0(\bmod n/2), & n=2^a.\end{cases}$$

证 由欧拉定理, 可得

$$\sum_{i=1}^{n-1}\frac{\chi_n(i)}{i^2}\equiv\sum_{i=1}^{n-1}\chi_n(i)i^{\phi(n)-2}(\bmod n).$$

记上式右边的合式为 $T(n)$, 由引理 6.1, 我们有

$$T(n)=\frac{1}{\phi(n-1)}(B_{\phi(n)-1,\chi_n}(n)-B_{\phi(n)-1,\chi_n}).$$

再由冯·施陶特-克劳森定理, 可知

$$T(n)=\frac{1}{\phi(n-1)}\sum_{k=1}^{\phi(n)-2}\binom{\phi(n)-1}{k}B_{\phi(n)-1,\chi_n}n^k\equiv B_{\phi(n)-1-k,\chi_n}n(\bmod n).$$

又因为

$$B_{s,\chi_n}=\prod_{p\mid n}(1-p^{s-1})B_s,$$

代入上式, 再由冯·施陶特-克劳森定理, 我们可知, 对于 $p\mid n$, 只要 $(p-1)\nmid(\phi(n)-2)$, $B_{\phi(n)-2,\chi_n}$ 便是 p-integral. 而由 $p\mid n$, 可推出 $(p-1)\mid\phi(n)$, 故而 $(p-1)\mid 2$, $p=2$ 或 3. 引理 6.4 得证.

定理 6.9 的证明 设

$$A_n=\binom{n-1}{(n-1)/2},$$

则

$$A_n=\prod_{r=1}^{(n-1)/2}\frac{n-r}{r}=\prod_{d\mid n}\prod_{\substack{r=1\\(r,n)=d}}^{(n-1)/2}\frac{n-r}{r}=\prod_{d\mid n}T_{n/d}=\prod_{d\mid n}T_d,$$

其中

$$T_d=\prod_{\substack{r=1\\(r,d)=1}}^{(d-1)/2}\frac{d-r}{r}.$$

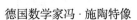

德国数学家冯·施陶特像

利用乘法的默比乌斯反转公式(3.4 节),

$$T_n=\prod_{d\mid n}A_d^{\mu(n/d)}=\prod_{d\mid n}\binom{d-1}{(d-1)/2}^{\mu(n/d)}.$$

另一方面,

$$T_n = \prod_{\substack{r=1 \\ (r,n)=1}}^{(n-1)/2} \frac{n-r}{r} = (-1)^{\phi(n)/2} \prod_{\substack{r=1 \\ (r,n)=1}}^{(n-1)/2} \left(1 - \frac{n}{r}\right)$$

$$= (-1)^{\phi(n)/2} \left\{ 1 - n \sum_{\substack{r=1 \\ (r,n)=1}}^{(n-1)/2} \frac{1}{r} + \frac{n^2}{2} \left(\left(\sum_{\substack{r=1 \\ (r,n)=1}}^{(n-1)/2} \frac{1}{r} \right)^2 - \sum_{\substack{r=1 \\ (r,n)=1}}^{(n-1)/2} \frac{1}{r^2} \right) \right\} \pmod{n^3}. \tag{6.27}$$

注意到

$$\sum_{\substack{r=1 \\ (r,n)=1}}^{(n-1)/2} \frac{1}{r^2} = \frac{1}{2} \sum_{\substack{r=1 \\ (r,n)=1}}^{(n-1)/2} \left\{ \frac{1}{r^2} + \frac{1}{(n-r)^2} \right\} \equiv \sum_{\substack{r=1 \\ (r,n)=1}}^{n-1} \frac{1}{r^2} \pmod{n}, \tag{6.28}$$

将定理 6.6、引理 6.4 和上式应用到式(6.27),当 $3 \nmid n$ 时,

$$\prod_{d|n} \binom{d-1}{(d-1)/2}^{\mu(n/d)} \equiv (-1)^{\phi(n)/2} (1 + nq_2(n))^2 \equiv (-1)^{\phi(n)/2} 4^{\phi(n)} \pmod{n^3}.$$

若 $3 | n$,则需再将模改成 $n^3/3$. 定理 6.9 得证.

推论　设 $p \geq 5$ 是素数,则对任何正整数 l,

$$(-1)^{(p-1)/2} \binom{p^l - 1}{(p^l - 1)/2} \bigg/ \binom{p^{l-1} - 1}{(p^{l-1} - 1)/2} \equiv 4^{\phi(p^l)} \pmod{p^{3l}},$$

$$(-1)^{(p-1)l/2} \binom{p^l - 1}{(p^l - 1)/2} \equiv 4^{p^{l-1}} \pmod{p^3}.$$

与此同时,作者还得到下列同余式.

定理 6.10　设 p, q 是不同的奇素数,则

$$\binom{pq - 1}{(pq - 1)/2} \equiv 4^{(p-1)(q-1)} \binom{p-1}{(p-1)/2} \binom{q-1}{(q-1)/2} \pmod{p^3 q^3}. \tag{6.29}$$

这一双素数形式的同余式让人想起高斯的二次互反律. 可由定理 6.6 直接推得, 只需特别验证 $p = 3, q > 3$ 的情形. 分两种情况, 若 $q \equiv 2 \pmod 3$, 则

$$\binom{q-1}{(q-1)/2} \equiv 0 \pmod 3.$$

注意到 $[(q-1)/3] - 2[(q-1)/6] = 1$, 因此式(6.29)成立. 又若 $q \equiv 1 \pmod 3$, 则由费尔马小定理,

$$\sum_{\substack{r=1\\(r,6q)=1}}^{3q-1}\frac{1}{r^3}\equiv\sum_{\substack{r=1\\(r,2q)=1}}^{3q-1}r\equiv\sum_{\substack{r=1\\2\nmid r}}^{3q-1}r-q=\frac{(3q-1)^2}{4}-q\equiv 0(\mathrm{mod}\,3).$$

上式将引理 6.4 中 $n=3q$ 的情形改进为

$$\sum_{r=1}^{3q-1}\frac{\chi_{3q}(r)}{r^2}\equiv 0(\mathrm{mod}\,3q),$$

由此及定理 6.9 的证明, 即得(6.29). 定理 6.10 得证.

3.4 节定理 3.16 的推论是定理 6.10 的推论.

1952 年, 德国数学家雅克布斯坦(Jacobsthal, 1882—1965)证明了定理 6.11.

定理 6.11 (雅克布斯坦)　对任何素数 $p\geqslant 5$,

$$\binom{up}{vp}\bigg/\binom{u}{v}\equiv 1(\mathrm{mod}\,p^3),$$

此处 $u>v>0$.

这个结果改进了荷斯泰荷姆定理, 也可以推出荣格伦的同余式. 事实上, 雅克布斯坦得到了更强的结果, 若 $q(q\geqslant 3)$ 是 p 能整除 $p^3ab(a-b)$ 的最高幂次, 则定理 6.11 中的模可以改进为 p^q.

雅克布斯坦还定义了有趣的雅各布斯坦数 J_n, 它是斐波那契数的变种:

$$J_0=0,\quad J_1=1,\quad J_n=J_{n-1}+2J_{n-2},$$

于是 J_n 为 0, 1, 1, 3, 5, 11, 21, 43, 85, 171, 341,$\cdots$.

现在, 我们利用定理 6.6, 将雅克布斯坦同余式推广到整数幂模上.

定理 6.12　设 n 是正整数, 则对于任何整数 $u>v>0$,

$$\prod_{d|n}\binom{ud}{vd}^{\mu(n/d)}\equiv\begin{cases}1(\mathrm{mod}\,n^3),&3\nmid n,n\neq 2^a,\\1(\mathrm{mod}\,n^3/3),&3|n,\\1(\mathrm{mod}\,n^3/2),&n=2^a,a\geqslant 2,\\1(\mathrm{mod}\,n^3/4),&n=2.\end{cases}$$

证　方法类似于定理 6.10 的证明. 设

$$D_n=\binom{un}{vn},$$

则

$$D_n = \frac{u}{v}\binom{un-1}{vn-1} = \frac{u}{v}\prod_{d|n}\prod_{\substack{r=1\\(r,n)=d}}^{vn-1}\frac{un-r}{r} = \frac{u}{v}\prod_{d|n}V_{n/d} = \frac{u}{v}\prod_{d|n}V_d,$$

其中

$$V_d = \prod_{\substack{r=1\\(r,d)=1}}^{vd-1}\frac{ud-r}{r}.$$

利用默比乌斯反转公式, 我们有

$$V_n = \prod_{d|n}D_d^{\mu(n/d)} = \prod_{d|n}\binom{ud}{vd}^{\mu(n/d)}.$$

另一方面,

$$V_n = \prod_{\substack{r=1\\(r,n)=1}}^{vn-1}\frac{un-r}{r} = (-1)^{v\phi(n)}\prod_{\substack{r=1\\(r,d)=1}}^{vd-1}\left(1-\frac{un}{r}\right)$$

$$\equiv (-1)^{v\phi(n)}\left\{1-un\sum_{\substack{r=1\\(r,n)=1}}^{vn-1}\frac{1}{r}+\frac{u^2n^2}{2}\left[\left(\sum_{\substack{r=1\\(r,n)=1}}^{vn-1}\frac{1}{r}\right)^2-\sum_{\substack{r=1\\(r,n)=1}}^{vn-1}\frac{1}{r^2}\right]\right\}\pmod{n^3}. \tag{6.30}$$

因为

$$\sum_{\substack{r=1\\(r,n)=1}}^{vn-1}\frac{1}{r} \equiv v\sum_{\substack{r=1\\(r,n)=1}}^{n-1}\frac{1}{r^2}\pmod{n},$$

故而

$$\sum_{\substack{r=1\\(r,n)=1}}^{vn-1}\frac{1}{r} = \sum_{i=0}^{v-1}\sum_{\substack{r=1\\(r,n)=1}}^{n-1}\frac{1}{r+in} = \sum_{i=0}^{v-1}\sum_{\substack{r=1\\(r,n)=1}}^{[n/2]}\left(\frac{1}{r+in}+\frac{1}{(i+1)n-r}\right)$$

$$\equiv -n\sum_{i=0}^{v-1}(2i+1)\sum_{\substack{r=1\\(r,n)=1}}^{[n/2]}\frac{1}{r^2} \equiv -v^2n\sum_{\substack{r=1\\(r,n)=1}}^{[n/2]}\frac{1}{r^2}\pmod{n^2}.$$

将上式和式(6.28)代入式(6.30), 即得

$$V_n \equiv (-1)^{v\phi(n)}\left\{1+\frac{uv(u-v)}{2}\sum_{\substack{r=1\\(r,n)=1}}^{n-1}\frac{1}{r^2}\right\}\pmod{n^3}. \tag{6.31}$$

注意到 $uv(u-v) \equiv 0\pmod{2}$, 将引理 6.4 应用于上式, 即得定理 6.12.

定理 6.13 设 $p,q \geqslant 5$ 是不同的素数, 则对任意整数 $u > v > 0$,

$$\binom{up}{vp}\binom{uq}{vq} \equiv \binom{u}{v}\binom{upq}{vpq}(\mathrm{mod}\, p^3 q^3).$$

定理 6.13 是定理 6.12 的推论, 只需验证 $p=3, q \equiv 2(\mathrm{mod}\,3)$ 的情形. 由式(6.31), 不妨假设 $3 \nmid uv(u-v)$.

若 $u \equiv 1(\mathrm{mod}\,3), v \equiv 2(\mathrm{mod}\,3)$, 则

$$3 \left| \binom{3u}{3v}, \right.$$

这是因为 $[3u/3^2]-[3v/3^2]-[3(u-v)3^2]=1$.

又若 $u \equiv 2(\mathrm{mod}\,3), v \equiv 1(\mathrm{mod}\,3)$, 则

$$3 \left| \binom{uq}{vq}, \right.$$

这是因为 $[uq/3]-[vq/3]-[(u-v)q/3]=1$. 故而定理 6.13 得证.

备注　2019 年, 作者和钟豪、陈小航[1]把定理 6.9 和定理 6.10 做了推广. 例如, 对任意正整数 k 和正奇数 n, 恒有

$$\prod_{d|n}\binom{kd-1}{(d-1)/2}^{\mu\left(\frac{n}{d}\right)} \equiv \begin{cases} (-1)^{\phi(n)/2}4^{k\phi(n)}(\mathrm{mod}\,n^3), & 3\nmid n, \\ (-1)^{\phi(n)/2}4^{k\phi(n)}(\mathrm{mod}\,n^3/3), & 3|n. \end{cases}$$

对任意正整数 n 和两个不同的奇素数 p, q, 恒有

$$\binom{kpq-1}{(pq-1)/2} \equiv 4^{k(p-1)(q-1)}\binom{kp-1}{\frac{p-1}{2}}\binom{kq-1}{\frac{q-1}{2}}(\mathrm{mod}\,p^3 q^3).$$

📖 自守形式和模形式

1770 年, 欧拉证明了下列五角形数恒等式(定理):

$$\prod_{n=1}^{\infty}(1-q)^n = \sum_{m=-\infty}^{\infty}(-1)^m q^{\frac{3m^2-m}{2}},$$

这里 $(3m^2-m)/2 = 1, 5, 12, \cdots$ 是五角形数, 这被认为是最早的自守形式.

1916 年, 拉马努金定义了

---

[1] 参见欧拉商的同余式及其应用Ⅲ, 数学学报, 2019, 62(4): 529-540.

$$\Delta(z) = q\prod_{n=1}^{\infty}(1-q^n)^{24} = \sum_{n=1}^{\infty}\tau(n)q^n,$$

其中 $q = \mathrm{e}^{2\pi i z}$，$z$ 位于上半平面 H，即 q 的绝对值小于 1，$\Delta(z)$ 的无限乘积及右边的傅里叶展开均绝对收敛. 与此同时，$\Delta(z)$ 还"保持性质不变"，也就是说

$$\Delta\left(\frac{az+b}{cz+d}\right) = (cz+d)^{12}\Delta(z),$$

对于所有的

$$\begin{pmatrix} a & b \\ c & d \end{pmatrix} \in SL_2(\mathbf{Z})$$

成立. 这里 $SL_2(\mathbf{Z})$ 是 $\mathbf{Z}$ 上的二阶特殊线性群，即满足 $a,b,c,d \in \mathbf{Z}, ad-bc=1$.

我们称 $\Delta(z)$ 是权为 12 的自守形式(automorphic form). 一般地，我们有

定义　设 k 为正整数，群 $SL_2(\mathbf{Z})$ 上的权为 k 的自守形式是指 H 上的一个复值函数 $f: H \to \mathbf{C}$，满足

(1) f 是 H 上的半纯函数(除了极点以外解析);

(2) 对任意的 $z \in H, \begin{pmatrix} a & b \\ c & d \end{pmatrix} \in SL_2(\mathbf{Z})$，均有 $f\left(\frac{az+b}{cz+d}\right) = (cz+d)^k f(z)$;

(3) f 在 $i\infty$ 亚纯，即 $f = \displaystyle\sum_{n=-\infty}^{+\infty} a_n(f)q^n$.

例　当 k 为大于 2 的偶数时，下列所谓的艾森斯坦级数

$$E_k(z) = \frac{1}{2}\sum_{(c,d)=1}\frac{1}{(cz+d)^k}$$

绝对收敛，且它是权为 k 的自守形式.

拉马努金所发现的新型 ζ 函数为

$$L(s,\Delta) = \sum_{n=1}^{\infty}\tau(n)n^{-s},$$

他并猜测(次年被莫德尔证明) τ 是可乘函数同时有欧拉积

$$L(s,\Delta) = \prod_p (1 - \tau(p)p^{-s} + p^{11-2s})^{-1}.$$

相比黎曼 ζ 函数和狄利克雷 ζ 函数的欧拉积表示，此处各项因子由 p^{-s} 的一次式提高到了二次式，拉马努金的第二个猜测是

$$|\tau(p)| < 2p^{\frac{11}{2}},$$

即上述欧拉积中二次式的判别式为负. 1929 年和 1939 年, 威尔顿(Wilton)和兰金先后证明了 $\tau(n)=O(n^6)$ 和 $\tau(n)=O(n^{29/5})$. 1974 年, 终于由比利时数学家德利涅(Deligne, 1944—) 用代数几何的方法证明了猜想. 实际上, 德里涅利用了他的导师、德国出生的法国数学奇才格罗滕迪克(Grothendieck, 1928—2014, 1966 年菲尔兹奖得主, 获奖时无国籍)对代数几何的创新, 证明了作为黎曼猜想代数几何类比的韦依猜想, 他也因此获得 1978 年的菲尔兹奖.

黎曼任无薪讲师时的旧居(作者摄)　　　　哥廷根数学研究所走廊里的黎曼像(作者摄)

通过计算, 容易求得

$$\tau(1)=1, \quad \tau(2)=-24, \quad \tau(3)=252, \quad \tau(4)=-1472, \quad \tau(5)=4830,$$
$$\tau(6)=-6048, \quad \tau(7)=-16744, \quad \tau(8)=84480, \quad \tau(9)=-113643$$
$$\tau(10)=-115920, \quad \tau(11)=534612, \quad \tau(12)=-370944.$$

拉马努金发现, 对于任何素数 p,

$$\tau(p) \equiv 1+p^{11}(\mathrm{mod}\,691),$$

其中 691 是素数. 这个同余式被他自己证实, 而且有更强的结果, 即

$$\tau(n) \equiv \sigma_{11}(n)(\mathrm{mod}\,691),$$

这里 $\sigma_k(n) = \sum_{d|n} d^k$.

　　拉马努金提出的问题和猜想, 是自守形式数论研究的开端和现代自守形式理论的基础, 尤其是 τ 函数和拉马努金 ζ 函数 $L(s,\Delta)$, 可谓 20 世纪数论研究的一个原动力. 特别地, 当定义中(1)和(3)的条件亚纯加强为全纯, 且 $+i\infty$ 是唯一的尖点, 即

$$f = \sum_{n=0}^{+\infty} a_n(f)q^n,$$

f 称为模形式(modular form), 它是一种特殊的自守形式. 模形式不仅在数论中十分有用, 在代数拓扑和弦理论中也有重要应用.

拉马努金(中)的剑桥毕业季, 右一为哈代

6.5 一类调和和同余式

新世纪之初, 客居佛罗里达的华裔数学家赵健强首先在互联网上宣布, 他给出了一个简洁有趣的同余式.

定理 6.14(赵健强) 设 p 是奇素数, 则

$$\sum_{\substack{i+j+k=p \\ i,j,k>0}} \frac{1}{ijk} \equiv -2B_{p-3}(\mathrm{mod}\, p).$$

他用的方法是用多重 zeta 函数的部分求和, 正式发表是在 2007 年[1]. 此前两年, 即 2005 年, 纪春岗[2]发表了一个初等证明, 下面给出的便是他的证明, 为此需要一个引理.

引理 6.5 设 $p>3$ 为素数, 则

$$\sum_{1\leqslant i<j\leqslant p-1} \frac{1}{ij} \equiv -\frac{p}{3}B_{p-3}(\mathrm{mod}\, p^2).$$

① 参见 J. Number Theory, 2007, 123: 18-26.

② 参见 Proc. Amer. Math. Soc., 2005, 133: 3469-3472.

证　设 m 是任意正整数, 利用定理 6.2 的推论和定理 6.1, 可得

$$\sum_{i=1}^{p-1} i^n = \frac{B_{n+1}(p) - B_{n+1}}{n+1} = \frac{1}{n+1} \sum_{r=1}^{n+1} \binom{n+1}{r} B_{n+1-r} p^r$$

$$= pB_n + \frac{p^2}{2} nB_{n-1} + \sum_{r=3}^{n+1} \binom{n}{r-1} pB_{n+1-r} \frac{p^{r-3}}{r} p^2 \pmod{p^2}.$$

由冯·施陶特-克劳森定理, 当 $r \geqslant 3$ 时, pB_{n+1-r}, p^{r-3}/r 的分母均不含有 $p(p$-integral). 故而

$$\sum_{i=1}^{p-1} i^n \equiv pB_n + \frac{p^2}{2} nB_{n-1} \pmod{p^2},$$

再用冯·施陶特-克劳森定理和欧拉定理,

$$\sum_{i=1}^{p-1} \frac{1}{i^2} \equiv \sum_{i=1}^{p-1} i^{\phi(p^2)-2} \equiv pB_{\phi(p^2)-2} \pmod{p^2}, \tag{6.32}$$

这里 ϕ 是欧拉函数. 利用库默同余式, 我们有

$$\frac{B_{\phi(p^2)-2}}{\phi(p^2)-2} \equiv \frac{B_{p-3}}{p-3} \pmod{p}.$$

因此, $B_{\phi(p^2)-2} \equiv \frac{2}{3} B_{p-3} \pmod{p}$, 代入式(6.32)即得

$$\sum_{i=1}^{p-1} \frac{1}{i^2} \equiv \frac{2p}{3} B_{p-3} \pmod{p^2}.$$

最后, 由荷斯泰荷姆定理,

$$\sum_{1 \leqslant i < j \leqslant p-1} \frac{1}{ij} = \frac{1}{2} \left(\sum_{i=1}^{p-1} \frac{1}{i} \sum_{j=1}^{p-1} \frac{1}{j} - \sum_{i=1}^{p-1} \frac{1}{i^2} \right) \equiv -\frac{p}{3} B_{p-3} \pmod{p^2}.$$

引理 6.5 得证.

定理 6.14 的证明　若 $p=3$, 则结论显然. 下设 $p>3$, 容易验证,

$$\sum_{\substack{i+j+k=p \\ i,j,k>0}} \frac{1}{ijk} = \frac{1}{p} \sum_{\substack{i+j+k=p \\ i,j,k>0}} \frac{i+j+k}{ijk} = \frac{3}{p} \sum_{\substack{i+j<p \\ i,j>0}} \frac{1}{ij}. \tag{6.33}$$

记 $l = i+j$, 则 $1 \leqslant j < l \leqslant p-1$. 注意到

$$\frac{1}{ij} = \frac{i+j}{ijl} = \frac{1}{l} \left(\frac{1}{i} + \frac{1}{j} \right).$$

故而, 由引理 6.3 可得

$$\sum_{\substack{i+j<p \\ i,j>0}} \frac{1}{ij} = 2 \sum_{1 \le j < l \le p-1} \frac{1}{jl} \equiv -\frac{2p}{3} B_{p-3} (\operatorname{mod} p^2).$$

代入式(6.33), 即证得定理 6.14.

2007 年, 2010 年, 2014 年和 2017 年, 我们[①]利用更为精细的方法, 对定理 6.14 分别作了如下改进.

定理 6.15　设 $p>3$ 是素数, $n \le p-2$ 是任意的正整数, 则

$$\sum_{\substack{l_1+l_2+\cdots+l_n=p \\ l_1,l_2,\cdots,l_n>0}} \frac{1}{l_1 l_2 \cdots l_n} \equiv \begin{cases} -(n-1)! B_{p-n}(\operatorname{mod} p), & n \text{为奇数,} \\ -\dfrac{n}{2(n+1)} n! B_{p-n-1} p(\operatorname{mod} p^2), & n \text{为偶数.} \end{cases}$$

定理 6.16　设 $p>5$ 是素数, 则

$$\sum_{\substack{i+j+k=p \\ i,j,k>0}} \frac{1}{ijk} \equiv \frac{12 B_{p-3}}{p-3} - \frac{3 B_{2p-4}}{p-2} (\operatorname{mod} p^2).$$

定理 6.17　设 p 是任意奇素数, r 是正整数, 则

$$\sum_{\substack{i+j+k=p^r \\ i,j,k \in P_p}} \frac{1}{ijk} \equiv -2 p^{r-1} B_{p-3} (\operatorname{mod} p^r),$$

这里 P_p 表示所有与 p 互素的正整数的集合.

定理 6.18　设 p 和 q 是不同的奇素数, α 和 β 是任意正整数, 则

$$\sum_{\substack{i+j+k=p^\alpha q^\beta \\ i,j,k \in P_{pq}}} \frac{1}{ijk} \equiv 2(2-q)\left(1 - \frac{1}{q^3}\right) p^{\alpha-1} q^{\beta-1} B_{p-3} (\operatorname{mod} p^\alpha),$$

对一般的正整数 $n>1$, 我们提出了以下猜想: 设 p 是奇素数, $p^\alpha \| n$, 则

$$\sum_{\substack{i+j+k=n \\ i,j,k \in P_n}} \frac{1}{ijk} \equiv \prod_{\substack{q|n \\ q \ne p}} \left(1 - \frac{2}{q}\right)\left(1 - \frac{1}{q^3}\right)\left(-\frac{2n}{p}\right) B_{p-3} (\operatorname{mod} p^\alpha).$$

由库默尔定理即知, 定理 6.14 是定理 6.16 的一个推论, 而定理 6.17 和定理

① 参见周侠, 蔡天新, Proc. Amer. Math. Soc., 2007, 135: 1329-1333; 夏彬洎, 蔡天新, Inter. J. of Number Theory, 2010, 6: 849-855; 王六权, 蔡天新, J. Number Theory, 2014, 144: 15-24; 蔡天新, 沈忠燕, 贾丽蕊, Inter. J. of Number Theory, 2017, 13: 1085-1094.

6.18 均为上述猜想的推论.

值得一提的是, 赵健强还得了荷斯泰荷姆定理的一个推广, 即对任何正整数 n 和 α, $n\alpha \leqslant p-3$, 均有

$$
\sum_{1 \leqslant l_1 < l_2 < \cdots < l_n \leqslant p-1} \frac{1}{l_1^\alpha l_2^\alpha \cdots l_n^\alpha} \equiv \begin{cases} 0(\bmod p^2), & 2 \nmid n\alpha, \\ 0(\bmod p), & 2 \mid n\alpha. \end{cases}
$$

我们将此结果改进为

$$
\sum_{1 \leqslant l_1 < l_2 < \cdots < l_n \leqslant p-1} \frac{1}{l_1^\alpha l_2^\alpha \cdots l_n^\alpha} \equiv \begin{cases} (-1)^n \dfrac{\alpha(n\alpha+1)}{2(n\alpha+2)} B_{p-n\alpha-2} p^2 (\bmod p^3), & 2 \nmid n\alpha, \\[3mm] (-1)^{n-1} \dfrac{\alpha}{n\alpha+1} B_{p-n\alpha-1} p (\bmod p^2), & 2 \mid n\alpha. \end{cases}
$$

特别地, 当取 $n = \alpha = 1$ 时, 上式即为: 对任意素数 $p > 3$,

$$
\sum_{r=1}^{p-1} \frac{1}{r} \equiv -\frac{p^2}{3} B_{p-3} (\bmod p^3).
$$

这个结果首先为孙智宏所得[①].

最后, 我们要指出, 早在 1852 年, 意大利数学家杰诺基(Genocchi, 1817—1889)即证明了, 对任意的奇素数 p,

$$
\sum_{r=1}^{(p-1)/2} \frac{1}{r^3} \equiv -2B_{p-3} (\bmod p).
$$

在 2000 年的那篇文章中, 孙智宏对上述结果也做了改进. 他证明了, 对任意素数 $p > 3$,

$$
\sum_{r=1}^{(p-1)/2} \frac{1}{r^3} \equiv \frac{12B_{p-3}}{p-3} - \frac{3B_{2p-4}}{p-2} (\bmod p^2).
$$

这个同余式与定理 6.16 有着惊人的一致, 也就是说, 对任意素数 $p > 5$,

$$
\sum_{\substack{i+j+k=p \\ i,j,k>0}} \frac{1}{ijk} \equiv \sum_{r=1}^{(p-1)/2} \frac{1}{r^3} (\bmod p^2).
$$

这里左边的未知数个数与右边求和项的指数均为 3. 比较夏彬彧, 蔡天新(2010)与孙智宏(2000)的结果, 我们可得, 当上述指数是大于 3 的奇数, 素数 $p > k+2$ 时,

---

① 参见 Discrete Applied Mathematics, 2000, 105: 193-223.

$$\sum_{\substack{i_1+\cdots+i_k=p \\ i_1,\cdots,i_k>0}} \frac{1}{i_1\cdots i_k} \equiv \frac{k!}{2^k-2}\sum_{r=1}^{\frac{p-1}{2}}\frac{1}{r^k} - \frac{k!\,p}{2^k-2}\sum_{\substack{2\leqslant i<k-3 \\ i\equiv 0(\mathrm{mod}\,2)}} \frac{B_{p-i-2}B_{p-n+i}}{(i+1)(n-i)}(\mathrm{mod}\,p^2).$$

例如, 取 $k=5$, 则当 $p>7$ 时,

$$\sum_{\substack{i_1+\cdots+i_5=p \\ i_1,\cdots,i_k>0}} \frac{1}{i_1\cdots i_5} \equiv 4\sum_{r=1}^{\frac{p-1}{2}}\frac{1}{r^5} + \frac{20}{3}B_{p-3}^2 p(\mathrm{mod}\,p^2).$$

📖 多项式系数非幂

设 $s\geqslant 2, n\geqslant k_1+\cdots+k_s, k_1\geqslant 1,\cdots,k_s\geqslant 1$, 定义多项式系数

$$\binom{n}{k_1,\cdots,k_s} = \frac{n!}{k_1!\cdots k_s!(n-k_1-\cdots-k_s)!},$$

特别地, 若 $n=a, k_1=\cdots=k_s=b$, 记

$$\binom{a}{b}_s = \binom{a}{\underbrace{b,\cdots,b}_s}.$$

不难证得下列定理 A、定理 B 及其有关推论, 它们分别是定理 6.9、定理 6.12 及其相关推论在多项式系数上的呈现. 为节省篇幅, 我们略去了证明.

定理 A 设 n 是正的奇数, $k\geqslant 1$, 则

$$(-1)^{k\phi(n)/2}\prod_{d|n}\left\{\frac{1}{d^{k-1}}\binom{kd-1}{(d-1)/2}_{2k}\right\}^{\mu(n/d)} \equiv \begin{cases} 4^{k\phi(n)}(\mathrm{mod}\,n^3), & 3\nmid n, \\ 4^{k\phi(n)}(\mathrm{mod}\,n^3/3), & 3|n. \end{cases}$$

推论 设 $p\geqslant 5$ 是素数, $k\geqslant 1$, 则

$$\frac{(-1)^{k(p-1)/2}}{p^{k-1}}\binom{kp-1}{(p-1)/2}_{2k} \equiv 4^{k(p-1)}(\mathrm{mod}\,p^3).$$

定理 B 设 $n,r,k_1,\cdots,k_r$ 是正整数, $k_1+\cdots+k_r<k$, 则

$$\prod_{d\mid n}\binom{kd}{k_1 d,\cdots,k_r d}^{\mu(n/d)} \equiv \begin{cases} 1(\bmod\, n^3), & 3\nmid n, n\neq 2^a, \\ 1(\bmod\, n^3/3), & 3\mid n, \\ 1(\bmod\, n^3/2), & n=2^a, a\geqslant 2, \\ 1(\bmod\, n^3/4), & n=2. \end{cases}$$

推论 (1) 若 $p\geqslant 5$ 是素数, $r,k_1,\cdots,k_r$ 是正整数, $k_1+\cdots+k_r<k$, 则

$$\binom{kp}{k_1 p,\cdots,k_r p}\Bigg/\binom{k}{k_1,\cdots,k_r} \equiv 1(\bmod\, p^3).$$

(2) 若 $p,q\geqslant 5$ 是不同的素数, 则

$$\binom{kpq-1}{(pq-1)/2}_{2k} \equiv (k-1)!\,4^{k\phi(pq)}\binom{kp-1}{(p-1)/2}_{2k}\binom{kq-1}{(q-1)/2}_{2k}\ (\bmod\, p^3 q^3).$$

特别地, 我们有

$$\binom{kpq-1}{(pq-1)/2}_{2k} \equiv (k-1)!\binom{kp-1}{(p-1)/2}_{2k}\binom{kq-1}{(q-1)/2}_{2k}\ (\bmod\, pq).$$

不过, 我们有一个未解决的问题. 对任意给定的 $e>2$, $n>1$ 且 n 的每个素因子都模 e 同余于 1, 则下列乘积:

$$\prod_{d\mid n}\binom{d-1}{(d-1)/e}_e^{\mu(n/d)}$$

是否存在类似于定理 6.9 的同余式?

下面的问题来自《数学天书中的证明》[①], 英文版原著作者是奥地利数学家 Aigner 和德国数学家 Ziegler.

考虑与二项式系数有关的一个丢番图方程

$$\binom{n}{k}=x^l, \tag{A}$$

这里 $n\geqslant k\geqslant 2, x,l\geqslant 2$. 当 $k=l=2$ 时, 存在无穷多组解. 事实上, 若 $\binom{n}{2}$ 是平方数, 则 $\binom{(2n-1)^2}{2}$

《数学天书中的证明》第 4 版封面

① 冯荣权, 宋春明, 宗传明, 译, 高等教育出版社, 2009.

也是平方数, 这是因为, 设 $\dbinom{n}{2} = m^2$, 则有

$$(2n-1)^2((2n-1)^2-1) = (2n-1)^2 4n(n-1) = 2(2m(2n-1))^2.$$

于是, 从 $\dbinom{9}{2} = 6^2$ 开始有无限多个解, 其中的下一个是 $\dbinom{289}{2} = 204^2$; 但它们并非全

部解, 事实上, 从 $\dbinom{50}{2} = 35^2$, 或者从 $\dbinom{1682}{2} = 1189^2$ 开始也都有无限多个解.

当 $k=3, l=2$ 时, 已证只有 3 个解(前两个可谓平凡解), 即

$$\binom{3}{3} = 1^2, \quad \binom{4}{3} = 2^2, \quad \binom{50}{3} = 140^2.$$

对其余情形, 包括 $k=2, 3, l>2$, 或 $k \geqslant 4$, 1939 年, 爱多士曾猜想(A)无解. 经过他本人和其他人的努力, 到 1998 年, 这个猜想已被证明.

爱多士与 10 岁的陶哲轩

2012 年, 作者和杨鹏[①]考虑了多项式系数的情形, 证明了

定理 C　对于任何 $n \geqslant 3$, $s \geqslant 3, l \geqslant 2$, $k_1 + \cdots + k_s = n_s, k_1 \geqslant \cdots \geqslant k_s \geqslant 1$, 则下列丢番图方程无解:

$$\binom{n}{k_1, \cdots, k_s} = x^l. \tag{B}$$

为证明定理 C, 我们需要几个引理.

引理 A(Saradha, Gyory)　设 b 是任意正整数, 令 $P(b)$ 表示 b 的最大素因子, k,

---

① 参见 Acta Arith., 2012, 151: 7-9.

b, l 不全为 2. 考虑方程

$$n(n+1)\cdots(n+k-1) = bx^l,$$

$k \geqslant 2, l \geqslant 2, P(b) \leqslant k$，$b$ 无 l 次方的正整数解. 则当 $P(x) > k$ 时仅有一个解

$$(n, k, b, x, l) = (48, 3, 6, 140, 2).$$

引理 B 如果 $n/2 \geqslant k_1 \geqslant \cdots \geqslant k_s \geqslant 1$，则存在素数 $p > k_1$，使得 $p \left\| \begin{pmatrix} n \\ k_1 \cdots k_s \end{pmatrix} \right.$.

证 首先, 我们要证明, 对于任何大于 1 的整数 n, 一定存在素数 $p \leqslant n$, 使得 $n = p + r, 0 \leqslant r < p$. 当 $n=2$ 时显然成立, 设 $n>2$, 令 p_1 是不超过 n 的最大素数, 记 $n = t_1 p_1 + r_1, 0 \leqslant r_1 < p_1$, 则必有 $t_1 = 1$. 否则的话, 由切比雪夫不等式, 存在素数 p_2 满足 $p_1 < p_2 < 2p_1 \leqslant n$, 矛盾.

设 $n = p + r, 0 \leqslant r < p$, 则 $k_1 \leqslant n/2 < p \leqslant n < 2p$. 因为

$$\begin{pmatrix} n \\ k_1, \cdots, k_s \end{pmatrix} = \frac{n(n-1)\cdots(k_1+1)}{k_2! \cdots k_s!},$$

且 $P(k_2 \cdots k_s) < k_1$, 故而 $v_p \left(\begin{pmatrix} n \\ k_1, \cdots, k_s \end{pmatrix} \right) = 1$, 此处 $v_p(n)$ 表示 n 的因子分解式里 p 的幂次. 引理 B 得证.

定理 C 的证明 由引理 B, 我们只需考虑 $k_1 > n/2 \geqslant k_2 \geqslant \cdots \geqslant k_s \geqslant 1$ 的情形. 反设式 (B) 有解, 记为

$$n(n-1)\cdots(n-k_2-\cdots-k_s+1) = k_2! \cdots k_s! x^l = bt^l x^l, \tag{C}$$

其中 $k_2! \cdots k_s! = bt^l$, b 无 l 次的幂因子. 由假设, 我们有 $P(b) \leqslant P(k_2! \cdots k_s!) \leqslant k_2$. 设 $k = k_2 + \cdots + k_s, n' = k_1 + 1$, 则式 (C) 可写成

$$n'(n'+1)\cdots(n'+k-1) = b(tx)^l.$$

注意到 $k = n - k_1 < n/2$, 由西尔维斯特假设 (1.5 节) 知, 存在素数 $p > k$, 使得 $p \left\| \begin{pmatrix} n \\ k \end{pmatrix} \right.$. 再 由 $\begin{pmatrix} n \\ k_1, \cdots, k_s \end{pmatrix} = \begin{pmatrix} n \\ k \end{pmatrix} \begin{pmatrix} k \\ k_2, \cdots, k_s \end{pmatrix}$, 即 得 $p \left\| \begin{pmatrix} k \\ k_2, \cdots, k_s \end{pmatrix} \right.$, 因而 $p | x$, 故 $P(tx) \geqslant P(x) \geqslant p > k$. 当 $k>3$ 时, 此结果与引理 A 矛盾. 故而, 我们只需考虑 $k=2$ 或 3 的情形.

若 $k=2$，式(B)成为 $\begin{pmatrix} n \\ n-2,1,1 \end{pmatrix} = n(n-1) = x^2$，易知方程无解. 若 $k=3$，式(B)或

为 $\begin{pmatrix} n \\ n-3,2,1 \end{pmatrix} = n(n-1)(n-2)/2 = x^2$，或为 $\begin{pmatrix} n \\ n-3,1,1,1 \end{pmatrix} = n(n-1)(n-2) = x^2$. 由引

理 A 知其无解. 定理 C 得证.

至此，爱多士的问题获得了圆满的解答.

第 7 章

加 乘 数 论

加法数论和乘法数论是数论的两个重要组成部分，其中加法数论也被华罗庚(1910—1985)称作"堆垒素数论"，他还有一部同名著作问世. 作为数论研究的两个分支，加法数论和乘法数论相互之间却少有交集. 作者最早受 *abc* 猜想的形式启发，尝试在华林问题上把加法和乘法结合起来，产生了一类全新的丢番图方程，取得了意想不到的效果. 后来，我们又逐渐把这一思想扩展开来，涉及了许多经典的数论问题. 现从中选取 6 个问题进行探究，其中 5 个与经典数论问题有关，最后一个 *abcd* 方程属于原汁原味的创造. 2014 年，哥廷根的数学家米哈伊内斯库在一篇关于 *abc* 猜想的综述文章[①]中提到了其中的两个，并把此类加法和乘法相结合的方程称为阴阳方程(yin-yang equations).

7.1 新华林问题

1770 年，法国数学家拉格朗日证明了(见 4.2 节)，任何正整数都能表成 4 个非负整数的平方和. 从丢番图的《算术》所举的例子来看，他很可能已经知道这个结论了. 而这个猜测的正式提出者是法国数学家、诗人巴切特(Bachet, 1581—1638)，他也是《算术》拉丁文版(1621)的译者.

在费尔马的页边评注里，声称对此命题(就像对费尔马大定理一样)已有证明，却没有人找到. 在拉格朗日给出证明的同一年，英国数学家华林断言，任给正整数 *k*，存在正整数 *s*=*s*(*k*)，使得每一个正整

英国数学家华林像

① 参见 Newsletter of European Math. Soc., 2014, 93(3): 29-35.

数 n 均可表示成 s 个非负整数的 k 方和, 即

$$n = x_1^k + x_2^k + \cdots + x_s^k.$$

在随后的 139 年里, 对某些特殊的情形有所进展, 比如 $k = 3, 4, 5, 6, 7, 8, 10$. 直到 1909 年, 希尔伯特证明了对任意的 k 成立, 因此也称希尔伯特-华林定理. 在 $s(k)$ 的存在性问题解决以后, 人们开始关注它的大小, 设 $g(k)$ 表示最小的正整数, 使得每一个正整数均可表示成 $g(k)$ 个非负整数的 k 方和. 因为 $7 = 2^2 + 3 \times 1^2$ 不能表成 3 个整数的平方和, 由拉格朗日定理即知 $g(2)=4$. 另外, $g(3)=9$(1909, 维夫瑞奇等), $g(4)=19$(1986, 巴拉苏布拉年等), $g(5)=37$(1964, 陈景润), $g(6)=73$ (1964, 皮拉).

值得一提的是两位印度数学家, 巴拉苏布拉年(Balasubramanian)的工作是利用陈景润的方法并加以改进的, 比他早一辈的皮拉(Pillai,1901—1950)则被认为是拉马努金之后最重要的印度数学家之一. 皮拉猜想是卡塔兰猜想的拓广, 说的是: 对任意正整数 k, 至多存在有限多对正整数幂 (x^p, y^q), 满足 $x^p - y^q = k$. 1946 年, 时任西南联大教授的华罗庚从昆明出访苏联途中曾经停留在加尔各答, 与皮拉做了交流. 四年以后, 皮拉应邀赴美国普林斯顿高等研究院访学一年, 他计划先去哈佛大学参加国际数学家大会, 不幸途中在开罗转机时因为飞机失事身亡.

1772 年, 欧拉的儿子 J. A. 欧拉猜测

$$g(k) = 2^k + \left[\left(\frac{3}{2} \right)^k \right] - 2,$$

此猜想迄今尚未被证明, 但已验证对于 $k \leqslant 471600000$ 成立, 并被证明至多有有限多个例外. 这个检验是由狄更森(Dickson)等完成的, 马勒(Mahler)证明至多有有限多个例外的 k.

另一方面, 由哈代和李特伍德的工作可知, 比 $g(k)$ 更本质的函数是 $G(k)$. 这里 $G(k)$ 表示最小的正整数, 使对充分大的正整数均可表示成 $G(k)$ 个非负整数的 k 方和. 显而易见, $G(k) \leqslant g(k)$. 这个问题更为复杂, 也更有意义. 利用同余性质, 易知对模 8 余 7 的整数, 无法表示成 3 个整数的平方和, 因此 $G(2)=4$. 1939 年, 英国数学家达文波特证明了 $G(4)=16$. 除此以外, 我们只能确定 $G(k)$ 的范围, 比如 $4 \leqslant G(3) \leqslant 7$. 不过, 有人猜测 $G(3)=4$. 迄今为止, 已发现不能表示为 4 个正整数之和的最大的整数是 7, 373, 170, 279, 850. 对于 $k>4$, 人们所知甚少, 例如 $6 \leqslant G(5) \leqslant 17, 9 \leqslant G(6) \leqslant 24$.

哈代和李特伍德曾猜测, 对于 $k \neq 2^a, a > 1$, $G(k) \leqslant 2k+1$, $G(3)$ 的上界估计是迄今唯一的证据. 作为数论的中心问题之一, 华林问题未被希尔伯特列入 23 个数学问题, 只能说是一种遗憾. 或许在 1900 年的时候, 希尔伯特尚未接触到这个问

题. 而一旦有了希尔伯特-华林定理之后, 便开始吸引越来越多的数论学者. 可惜在漫长的时间里, 华林问题的进展甚为缓慢.

2011 年 4 月, 作者提出了华林问题的一类变形. 设 k 和 s 为正整数, 考虑丢番图方程

$$n = x_1 + x_2 + \cdots + x_s,$$

其中 $x_1 x_2 \cdots x_s = x^k$.

由希尔伯特-华林定理知, 存在 $s = s'(k) \leqslant s(k)$, 使对任意的正整数 n, 均可表示成不超过 s 个正整数之和, 其乘积是 k 次方. 用 $g'(k)(G'(k))$ 表示最小的正整数 s, 使对任意(充分大的)正整数 n, 均可表示成不超过 $g'(k)(G'(k))$ 个正整数之和, 其乘积是 k 次方. 对此问题作者和陈德溢做了研究[①], 依次证明了以下定理.

希尔伯特之墓(作者摄于哥廷根)

定理 7.1 对于任意正整数 k, $g'(k) = 2k - 1$.

证 当 $k = 1$ 时显然, 设 $k > 1$, $n \equiv i \pmod{k}, 0 \leqslant i \leqslant k - 1$, 则有

$$n = \underbrace{1 + \cdots + 1}_{i} + \underbrace{\frac{n-i}{k} + \cdots + \frac{n-i}{k}}_{k},$$

故 $g'(k) \leqslant 2k - 1$.

另一方面, $2k-1$ 却无法表示成少于 $2k-1$ 个正整数之和, 使其乘积是一个 k 次方. 否则的话, 这些正整数必有大于 1 的, 令其所含的最小素数为 q, 则 $2k - 1 \geqslant q^{\beta_1} + \cdots + q^{\beta_r}$, 其中 $\beta_1 \geqslant 1, \cdots, \beta_r \geqslant 1, \beta_1 + \cdots + \beta_r$ 是 k 的倍数. 从而

$$2k - 1 \geqslant \underbrace{q + \cdots + q}_{k} = qk \geqslant 2k,$$

矛盾, 故 $g'(k) \geqslant 2k - 1$. 定理 7.1 得证.

对于 $G'(k)$, 我们得到一些下界估计.

定理 7.2 对于任意素数 p, $G'(p) \leqslant p + 1$.

证 设 $n \equiv i \pmod{p}, 0 \leqslant i \leqslant p - 1$. 若 $i = 0$, 设 $n = mp$, 当 $n > p^p$ 时, 我们有

$$n = m - p^{p-1} + \cdots + m - p^{p-1} + p^p.$$

下设 $0 < i \leqslant p - 1$, 由费马小定理, $n \equiv i \equiv i^p \pmod{p}$. 当 $n > p^p$ 时, 我们有

---

① 参见 A new variant of the Hilbert-Waring problem, Mathematics of Computations, 2013, 82(2): 2333-2341.

$$n = i^p + \underbrace{\frac{n-i^p}{p} + \cdots + \frac{n-i^p}{p}}_{p}.$$

定理 7.2 得证.

备注 2017 年春天, 在"数论导引"课期间, 金融学专业大三的胡俊炜同学推广了这一结果. 他证明了: 若 m 是循环数(cyclic number), 即满足 $(m, \phi(m))=1$ 的数 m, 则 $G'(m) \leqslant m+1$. 显而易见, 循环数包含了全体素数, 它是无平方因子的.

设 $n=km+r$, $0 \leqslant r < m$, 令 $d = (r, m)$. 因 m 无平方因子, 故而 $\left(r, \dfrac{m}{d}\right)=1$, 由欧拉定理, $r^{\phi\left(\frac{m}{d}\right)} \equiv 1 \left(\bmod \dfrac{m}{d}\right)$. 任给整数 B, 恒有 $r^{\phi\left(\frac{m}{d}\right)B} \equiv 1 \left(\bmod \dfrac{m}{d}\right)$. 由于 d 是 r 的因子, 所以

$$r^{\phi\left(\frac{m}{d}\right)B+1} \equiv r (\bmod m), \tag{7.1}$$

又由 $(m, \phi(m))=1$ 知, $\left(m, \phi\left(\dfrac{m}{d}\right)\right)=1$, 故而存在正整数 A_r, B_r 满足

$$\phi\left(\frac{m}{d}\right)B_r + 1 = A_r m,$$

将式(7.1)应用于上式, 即得 $r \equiv r^{A_r m}(\bmod m)$. 取 $C_r = \dfrac{r^{A_r m}-r}{m}$, 则 C_r 为正整数, 令 $C = \max\limits_{0 \leqslant r < m} C_r$, 则当 $n > m(C+1)$ 时, $k = \left[\dfrac{n}{m}\right] \geqslant [C+1] = C+1 > C \geqslant C_r$,

$$n = k - C_r + \cdots + k - C_r + mC_r + r$$
$$= k - C_r + \cdots + k - C_r + r^{A_r m},$$

而各项的乘积为 $(k-C_r)^m (r^{A_r})^m$. 因此, $G'(m) \leqslant m+1$, 结论成立.

特别地, 我们要指出, 3.5 节定义的卡迈克尔数是循环数. 这是因为, 按照 Korselt 准则, 卡迈克尔数 n 必为无平方因子数, 且对任意素数 $p|n$, 必有 $(p-1)|(n-1)$. 对 n 的任意两个素因子 p 和 q, 易知 $(n-1, q)=1$, 故 $(p-1, q)=1$, 从而有 $(n, \phi(n))=1$.

定理 7.3 对于任意正整数 k, $G'(k) \leqslant k+2$.

证 对于任意正整数 n, 设 $n = km+r$, 其中 $0 \leqslant r \leqslant k-1$. 若 $r=0$, 则当 $n > 2k^{2k}$ 时, 我们有 $m = \dfrac{n}{k} > 2k^{2k-1}$, 故而

$$n = km = \underbrace{(m - 2k^{2k-1}) + \cdots + (m - 2k^{2k-1})}_{k} + k^{2k} + k^{2k}.$$

若 $0 < r \leqslant k - 1$，则当 $n > k^{2k-1} + k$ 时，我们有 $m = \dfrac{n-r}{k} > \dfrac{k^{2k-1}}{k} > k^{k-1}r^{k-1}$，故而

$$n = km + r = \underbrace{(m - k^{k-1}r^{k-1}) + \cdots + (m - k^{k-1}r^{k-1})}_{k} + k^{k}r^{k-1} + r.$$

定理 7.3 得证.

注意到当 $k > 1$ 时，模 4 余 3 的素数不能表成两个整数的 k 次幂之和. 由定理 7.1 和定理 7.2 知，$G'(2) = 3, 3 \leqslant G'(3) \leqslant 4, 3 \leqslant G'(5) \leqslant 6$；由定理 7.1 和定理 7.3 知，$3 \leqslant G'(4) \leqslant 6$. 为了更好地估计 $G'(3)$，我们令

$$S = \{n \mid n = x + y + z, xyz = m^3, x, y, z \in \mathbf{Z}_+\}.$$

显然，只要 n 属于 S，则 n 的倍数一定也属于 S，因此我们只需考虑 n 是素数的情形. 我们有以下结果.

定理 7.4　假如 p 是素数，$p \equiv 1 (\mathrm{mod}\, 3)$ 或 $p \equiv \pm 1 (\mathrm{mod}\, 8)$，则 $p \in S$.

定理 7.5　假如 p 是素数，$p \equiv 5 (\mathrm{mod}\, 24)$，且存在正整数对 (x, y)，满足

$$p = 6x^2 - y^2, \tag{7.2}$$

其中

$$\frac{x}{y} \in \left(\frac{7}{17}, \frac{19}{46}\right) \cup \left(\frac{11}{26}, \frac{3}{7}\right) \cup \left(\frac{9}{19}, \frac{7}{13}\right) \cup \left(1, \frac{3}{2}\right), \tag{7.3}$$

则 $p \in S$.

为证明定理 7.4 和定理 7.5，我们需要以下引理.

引理 7.1　设 p 是素数，$p \equiv \pm 1 (\mathrm{mod}\, 8)$，则存在正整数对 (x, y)，满足

$$x^2 - 2y^2 = p, \tag{7.4}$$

且 $x > 2y$.

引理 7.2　设 p 是素数，$p \equiv 5 (\mathrm{mod}\, 24)$，则存在正整数对 (x, z) 和整数对 (y, m)，且 $(x, y, z) = 1$，使得 $p = x + y + z$，且 $xyz = m^3$.

为证明引理 7.1 和引理 7.2，我们需要利用二次型的一些基本性质，即对任何素数 p，若 $p \equiv \pm 1 (\mathrm{mod}\, 8)$，则可表为 $p = x^2 - 2y^2$；又若 $p \equiv 5 (\mathrm{mod}\, 24)$，则有 $p = 6x^2 - y^2$.

引理 7.1 的证明　易知 $(u,v)=(3,2)$ 是不定方程 $x^2-2y^2=1$ 的基本解，记 $x+y\sqrt{2}$ 为式(7.4)的基本解，由二次型的性质[①]

$$0 \leqslant y \leqslant \frac{v\sqrt{p}}{\sqrt{2(u+1)}} = \sqrt{\frac{p}{2}}. \tag{7.5}$$

结合式(7.4)和式(7.5)，我们有

$$\left(\frac{x}{y}\right)^2 = 2 + \frac{p}{y^2} \geqslant 2 + \frac{p}{\left(\sqrt{\frac{p}{2}}\right)^2} = 4,$$

故而

$$\frac{x}{y} \geqslant 2.$$

但是 $x \neq 2y$，不等式应是严格的. 引理 7.1 得证.

引理 7.2 的证明　作以下变换

$$\begin{cases} x = 3a+b, \\ y = 2a+b, \end{cases} \quad \begin{cases} x = 7a+b, \\ y = 13a+2b, \end{cases} \quad \begin{cases} x = a+9b, \\ y = 2a+19b, \end{cases}$$
$$\begin{cases} x = 3a+11b, \\ y = 7a+26b, \end{cases} \quad \begin{cases} x = 19a+7b, \\ y = 46a+17b. \end{cases} \tag{7.6}$$

代入式(7.2)，依次可得

$$p = 50a^2 + 32ab + 5b^2, \, p = 125a^2 + 32ab + 2b^2, \, p = 2a^2 + 32ab + 125b^2,$$
$$p = 5a^2 + 32ab + 50b^2, \, p = 50a^2 + 32ab + 5b^2.$$

其逆变换分别为

$$\begin{cases} a = x-y, \\ b = 3y-2x, \end{cases} \quad \begin{cases} a = 2x-y, \\ b = 7y-13x, \end{cases} \quad \begin{cases} a = 19x-9y, \\ b = y-2x, \end{cases}$$
$$\begin{cases} a = 26x-11y, \\ b = 3y-7x, \end{cases} \quad \begin{cases} a = 17x-7y, \\ b = 19y-46x. \end{cases} \tag{7.7}$$

而互素的性质是显然的. 引理 7.2 得证.

　　备注　引理 7.2 的证明只需要式(7.6)中一个变换，之所以给出 5 个是为了证明定理 7.5.

　　定理 7.4 的证明　若 $p \equiv 1 \pmod 3$，则存在两个正整数 $x, y, (x,y)=1$，使得

---

① 参见 T. Nagell, Introduction to Number Theory, Theorem 108, Wiley, New York, 1951.

$$p = x^2 + xy + y^2.$$

又若 $p \equiv \pm 1 (\mathrm{mod}\, 8)$，则由引理 7.1，存在两个正整数 $x, y, x > 2y, (x, y)=1$，使得

$$p = x^2 - 2y^2.$$

作变换

$$\begin{cases} x = 2a + b, \\ y = a, \end{cases}$$

即得

$$p = (2a+b)^2 - 2a^2 = 2a^2 + 4ab + b^2, \quad p \in S.$$

定理 7.4 得证.

定理 7.5 的证明　在引理 7.2 的证明中，假如逆变换式(7.7)满足下列一个条件：

$$\begin{cases} x - y > 0, \\ 3y - 2x > 0, \end{cases} \quad \begin{cases} 2x - y > 0, \\ 7y - 13x > 0, \end{cases} \quad \begin{cases} 19x - 9y > 0, \\ y - 2x > 0, \end{cases} \quad \begin{cases} 26x - 11y > 0, \\ 3y - 7x > 0, \end{cases} \quad \begin{cases} 17x - 7y > 0, \\ 19y - 46x > 0, \end{cases}$$

则有 $a > 0, b > 0$，$p \in S$. 而上述条件等价于式(7.3)，定理 7.5 得证.

经过计算机检验，在 10000 以内的素数中，只有 $2, 5, 11 \notin S$. 注意到

$$2^6 = 7 + 8 + 49, \quad 7 \times 8 \times 49 = 14^3, \quad 5^2 = 3 + 4 + 18,$$

$$3 \times 4 \times 18 = 6^3, \quad 11^2 = 1 + 45 + 75, \quad 1 \times 45 \times 75 = 15^3.$$

由此可知，只有有限多个形如 $2^\alpha 5^\beta 11^\gamma$ 的整数不属于 S. 在以上计算的基础上(对 $k \geq 4$ 可作类似的运算)，我们提出下列猜想.

猜想 7.1　除了 1, 2, 4, 5, 8, 11, 16, 22, 32, 44, 88, 176 以外，每个正整数均可表示成 3 个正整数的和，且其乘积为整数的立方数. 特别地，$G'(3) = 3$.

猜想 7.2　除了 1, 2, 3, 5, 6, 7, 11, 13, 14, 15, 17, 22, 23 以外，每个正整数均可表示成 4 个正整数的和，且其乘积为整数的四次方. 特别地，$G'(4) = 4$.

例 7.1　$3 = 1+1+1, 6 = 2+2+2, 7 = 1+2+4, 9 = 3+3+3, 10 = 1+1+8, 12 = 4+4+4, 13 = 1+3+9, \cdots$.

例 7.2　$4 = 1+1+1+1, 8 = 2+2+2+2, 9 = 1+2+2+4, 10 = 1+1+4+4, 12 = 3+3+3+3, \cdots$.

备注　当允许其中一个或两个正整数为一般整数时，我们证明了上述两个猜想. 然而，新华林问题却留下了许多悬案. 一般地，对于任意正整数 $m \geq 3$，我们猜测 $G'(m) = m$.

7.2　新费尔马定理

1995 年, 怀尔斯最终证明了费尔马大定理, 即费尔马方程

$$x^n + y^n = z^n, n \geqslant 3$$

无正整数解.

法国邮票上的费尔马大定理

　　这是一项划时代的成就, 被誉为 20 世纪数论领域最重要的进展. 有关费尔马大定理, 已有若干推广, 比如 abc 猜想一节里提到的费尔马-卡塔兰猜想, 还有所谓的比尔猜想. 比尔(Beal, 1952—　)是美国的一位商人和银行家, 痴迷于数论, 他于 1993 年率先猜测, 当 a, b, c 均为大于或等于 3 的整数时, 方程

$$x^a + y^b = z^c, \quad (x, y, z) = 1$$

无正整数解.

　　上式的互素条件是必要的, 否则有很多反例, 如 $3^3 + 6^3 = 3^5$, $7^6 + 7^7 = 98^3$. 此外, 还有一般的公式

$$[a(a^m + b^m)]^m + [b(a^m + b^m)]^m = (a^m + b^m)^{m+1},$$

其中 a, b 是任意正整数, $m \geqslant 3$. 特别地, 取 $a=b=1$, 则有 $2^m + 2^m = 2^{m+1}$.

　　2013 年, 比尔本人设立了 100 万美元的奖金给第一个证明者或否定者.

　　显然, 比尔方程是费尔马-卡塔兰方程的特殊情形. 因此, 假如 abc 猜想成立, 则可以推出, 比尔猜想的反例至多有有限个.

　　2011 年 10 月, 受新华林问题的启发, 作者提出了新费尔马问题, 即考虑方程

$$\begin{cases} A + B = C, \\ ABC = x^n \end{cases} \tag{7.8}$$

的正整数解. 设 $d = (A, B, C)$, 当 $d = 1$ 时, 方程(7.8)等同于费尔马大定理. 也就是说,

式(7.8)无正整数解.

设 $\omega(n)$ 表示 n 的不同素因子的个数, $d=1$ 时 $\omega(d)=0$. 我们考虑 $\omega(d)=1$, 不妨考虑 $n>3$ 为素数 p 的情形, 数据表明, $d=q^{\alpha}$, 其中 α 满足 $3\alpha+1\equiv 0(\bmod p)$. 以 $p=5$ 为例, 研究 q 的形式. 令 a 是正整数, b 是整数, $(a,b)=1$, $a+b=m^5$, $\dfrac{a^5+b^5}{a+b}=q$ 是素数. 注意到

$$q=(a^3-b^3)(a-b)+a^2b^2 \geqslant \max\{a^2,b^2\},$$

故 $(q,a)=(q,b)=1$, 令

$A=q^3a^5$, $B=q^3b^5$, $C=q^4(a+b)$.

则 $\{A,B,C\}$ 满足式(7.8), 且 $d=(A,B,C)=q^3$.

例如, 取 $a=n+1, b=-n$, 则 $q=(n+1)^5-n^5, q=31, 211, 4651, 61051, 371281, \cdots$. 另一方面, 令 $a_1+b_1=c_1^{5r}$, 例如 $r=1$, $c_1=2$, 则有解

$$\{a_1,b_1,q,c_1\}=\{11,21,132661,2\}, \quad \{9,23,202981,2\}.$$

31 和 132661 分别是最小的广义梅森素数和非广义梅森素数, 使得式(7.8)有解, 且 $d=31^{\alpha}, 132661^{\alpha}$, 其中 $3\alpha+1\equiv 0(\bmod 5)$.

对上述新费尔马问题, 作者和陈德溢、张勇做了一番研究[①].

定理 7.6 设 $n\geqslant 3$, 若 $n\equiv 0(\bmod 3)$, 则式(7.8)无正整数解; 若 $n\not\equiv 0(\bmod 3)$, 则式(7.8)有无穷多个正整数解.

证 若 $n\not\equiv 0(\bmod 3)$, 则存在正整数 k, 使得 $3k+2\equiv 0(\bmod n)$. 由毕达哥拉斯三数组的性质知, 存在无穷多组正整数 (a, b, c) 满足 $a^2+b^2=c^2$. 令

$$\begin{cases} A=a^{k+2}b^kc^k, \\ B=a^kb^{k+2}c^k, \\ C=a^kb^kc^{k+2}. \end{cases}$$

则 (A, B, C) 满足式(7.8), 其中 $D=(abc)^{\frac{3k+2}{n}}$.

又若 $n\equiv 0(\bmod 3)$, 设有 (A,B,C) 满足式(7.8)的一组解. 令 $d=\gcd(A,B,C)$, 则 $\left(\dfrac{A}{d},\dfrac{B}{d},\dfrac{C}{d}\right)=1, d^3\mid D^n$. 可是 $3\mid n$, 故而 $d\mid D^{\frac{n}{3}}$, 且

[①] 参见 A new generalization of Fermat's Last Theorem, Journal of Number Theory, 2015 ,149(4): 33-45. 此文被列入英文版维基百科"费马大定理"条目的参考文献.

$$\begin{cases} \dfrac{A}{d} + \dfrac{B}{d} = \dfrac{C}{d}, \\[3mm] \dfrac{A}{d} \cdot \dfrac{B}{d} \cdot \dfrac{C}{d} = \left(\dfrac{D^{n/3}}{d} \right)^3. \end{cases}$$

从而有 $\dfrac{A}{d} = x^3, \dfrac{B}{d} = y^3, \dfrac{C}{d} = z^3$, $x^3 + y^3 = z^3$, 与费尔马大定理矛盾. 定理 7.6 得证.

1670 年版的带有费尔马评注的丢番图《算术》一页, 中间四行
Observatio Domini Petri de Fermat 即是他写下的 "费尔马大定理"

定理 7.7 设 $(A, B, C) = p^k$, $k \geqslant 1$. 当 $n = 4$ 时, 若 p 是奇素数, $p \equiv 3 \pmod 8$, 则式(7.8)无正整数解; 当 $n = 5$ 时, 若 $p \not\equiv \pmod{10}$, 则式(7.8)无正整数解.

备注 $p = 2$ 或 $p \equiv 1, 5, 7 \pmod 8$ 时, 式(7.8)可能有满足 $(A, B, C) = p$ 的正整数解. 例如,

$$\begin{cases} 2 + 2 = 4, \\ 2 \times 2 \times 4 = 2^4, \end{cases} \quad \begin{cases} 17 + 272 = 289, \\ 17 \times 272 \times 289 = 34^4, \end{cases} \quad \begin{cases} 5 + 400 = 405, \\ 5 \times 400 \times 405 = 30^4, \end{cases}$$

$$\begin{cases} 47927607119 + 1631432881 = 49559040000, \\ 47927607119 \times 1631432881 \times 49559040000 = 44367960^4. \end{cases}$$

为证明定理 7.7, 我们需要两个引理.

引理 7.3 设 p 是素数，$n \geqslant 2$ 为整数，若 $(A, B, C) = p^k, k \geqslant 1$，且 $k \equiv 0 (\bmod n)$，则式(7.8)无非零整数解.

证 设 $A_1 = \dfrac{A}{p^k}, B_1 = \dfrac{B}{p^k}, C_1 = \dfrac{C}{p^k}$，则式(7.8)变成

$$\begin{cases} A_1 + B_1 = C_1, \\ p^{3k} A_1 B_1 C_1 = D^n. \end{cases}$$

可是 $k \equiv 0 (\bmod n)$，A_1, B_1, C_1 两两互素，故而 $A_1 = x^n, B_1 = y^n, C_1 = z^n$，$x^n + y^n = z^n$. 由费尔马大定理，必有 $xyz = 0$，故而 $ABC = 0$. 矛盾. 引理 7.3 得证.

引理 7.4 若 $A > 2$ 为整数，且 A 没有形如 $10k+1$ 的素因子，则

$$\begin{cases} x^5 + y^5 = Az^5, \\ \gcd(x, y) = 1 \end{cases}$$

无非零整数解. 若 $A=2$，则上述方程的解为 $(x, y, z) = \pm(1, 1, 1)$.

引理 7.4 由法国数学家 V. A. 勒贝格(比实分析的奠基人 H-L 勒贝格要早，H-L. Lebesgue, 1875—1941)于 1843 年作为猜想提出. 直到 2004 年，才由 Halberstadt 和 Kraus 证明[①].

定理 7.7 的证明 先证前半部分. 由引理 7.3，我们只需讨论 $k \not\equiv 0 (\bmod 4)$ 的情形. 设奇素数 $p \equiv 3 (\bmod 8)$，式(7.8)有解 (A, B, C). 考虑到 $(A, B, C) = p^k$，式(7.8)可变成

$$\begin{cases} A_1 + B_1 = C_1, \\ p^{3k} A_1 B_1 C_1 = D^4, \end{cases} \tag{7.9}$$

其中 $A_1 = \dfrac{A}{p^k}, B_1 = \dfrac{B}{p^k}, C_1 = \dfrac{C}{p^k}$ 两两互素. 由于 $k \not\equiv 0 (\bmod 4)$，故而 A_1, B_1 和 C_1 中有且仅有一个被 p 整除. 设 $3k \equiv r (\bmod 4), 1 \leqslant r \leqslant 3$，由式(7.9)，我们有(如有必要，$A_1$ 和 B_1 可交换)

$$\begin{cases} A_1 = x^4, \\ B_1 = y^4, \\ C_1 = p^{4-r} z^4, \end{cases} \tag{7.10}$$

或

---

① 参见 J. London Math. Soc., 2004, 69(2): 291-302.

$$\begin{cases} A_1 = p^{4-r}z^4, \\ B_1 = y^4, \\ C_1 = x^4, \end{cases} \tag{7.11}$$

其中 x, y 和 pz 两两互素.

假如 A_1, B_1 和 C_1 满足式(7.10), 则

$$x^4 + y^4 = p^{4-r}z^4. \tag{7.12}$$

由于 $(y, p)=1$, 故而存在 $s \not\equiv 0(\mathrm{mod}\, p)$, 使得 $sy \equiv 1(\mathrm{mod}\, p)$. 由式(7.12), 我们即得 $(xs)^4 \equiv -1(\mathrm{mod}\, p)$. 这就意味着 -1 是模 p 的二次剩余, 故必 $p=2$ 或 $p \equiv 1(\mathrm{mod}\, 4)$. 矛盾.

假如 A_1, B_1 和 C_1 满足式(7.11), 则

$$x^4 - y^4 = p^{4-r}z^4. \tag{7.13}$$

若 $r=2$, 则有 $x^4 - y^4 = (pz^2)^2$. 另一方面, 早已知方程 $X^4 - Y^4 = Z^2$ 无非零整数解. 故 $r=1$ 或 3, 式(7.13)可依次变成 $x^4 - y^4 = p(pz^2)^2$ 或 $x^4 - y^4 = p(z^2)^2$.

最后, 我们要用到同余数的两个性质, 其定义参见第 7.5 节. 其一, 当素数 $p \equiv 3(\mathrm{mod}\, 8)$ 时, p 不是同余数. 其二, 若方程 $x^4 - y^4 = cz^2$ 有有理解且 $xyz \neq 0$, 则 $|c|$ 必为同余数.

现在, 我们来证明定理的后半部分. 由引理 7.3, 我们只需讨论 $k \not\equiv 0(\mathrm{mod}\, 5)$ 的情形. 注意到 $(A, B, C) = p^k$, 式(7.8)可变换成

$$\begin{cases} A_1 + B_1 = C_1, \\ p^{3k}A_1B_1C_1 = D^5, \end{cases} \tag{7.14}$$

其中 $A_1 = \dfrac{A}{p^k}, B_1 = \dfrac{B}{p^k}, C_1 = \dfrac{C}{p^k}$ 两两互素. 由于 $k \not\equiv 0(\mathrm{mod}\, 5)$, 故而 A_1, B_1 和 C_1 中有且仅有一个被 p 整除. 设 $3k \equiv r(\mathrm{mod}\, 5), 1 \leqslant r \leqslant 4$, 由式(7.14), 我们有(如有必要, A_1, B_1 和 C_1 可交换)

$$\begin{cases} A_1 = x^5, \\ B_1 = y^5, \\ C_1 = p^{5-r}z^5, \end{cases} \tag{7.15}$$

其中 x, y 和 pz 两两互素. 由式(7.14)和式(7.15)可得

$$x^5 + y^5 = p^{5-r}z^5. \tag{7.16}$$

可是, 奇素数 $p \not\equiv 1(\mathrm{mod}\, 10)$, 由引理 7.3, 式(7.16)无正整数解. 定理 7.7 得证.

此外, 我们也提出了下列猜想, 设 p 为奇素数,

猜想 7.3 若 $(A,B,C)=p$, n 是奇素数, 则方程(7.8)无非负整数解.

猜想 7.4 设 $(A,B,C)=p^k$, $k \geqslant 1$, n 是奇素数, 则当 $p \not\equiv 1 \pmod{2n}$ 时, 式(7.8) 无非负整解.

若 $n=3$, 由定理 7.6 可以确认猜想 7.3 是对的.

备注 假如 abc 猜想成立, 则猜想 7.3 对固定的 p 和充分大的 n 是真的, 此处 n 无需是素数.

证 因为 $(A,B,C)=p$, 故式(7.8)变成了

$$\begin{cases} \dfrac{A}{p} + \dfrac{B}{p} = \dfrac{C}{p}, \\ ABC = D^n. \end{cases}$$

从而

$$\mathrm{rad}\left(\frac{ABC}{p^3}\right) = \mathrm{rad}\left(\frac{D^n}{p^3}\right) = \mathrm{rad}\left(\left(\frac{D}{p}\right)^3 D^{n-3}\right) \leqslant \mathrm{rad}(D), \quad C > D^{n/3}.$$

对于任意的 $n \geqslant 7, 0 < \varepsilon < \dfrac{1}{3}$, 我们有

$$p \leqslant D = D^{\frac{7}{3}-1-\frac{1}{3}} \leqslant D^{\frac{7}{3}-1-\varepsilon}.$$

因此

$$q\left(-\frac{A}{p}, -\frac{B}{p}, \frac{C}{p}\right) \frac{\lg\left(\dfrac{C}{p}\right)}{\lg\left(\mathrm{rad}\left(\dfrac{ABC}{p^3}\right)\right)}$$

$$\geqslant \frac{\dfrac{n}{3}\lg D - \left(\dfrac{3}{7}-1-\varepsilon\right)\lg D}{\lg D}$$

$$\geqslant 1+\varepsilon.$$

由 abc 猜想的第三种形式, 只存在有限多的三数组 $\left(-\dfrac{A}{p}, -\dfrac{B}{p}, \dfrac{C}{p}\right)$. 令 $A_1 = \dfrac{A}{p}, B_1 = \dfrac{B}{p}, C_1 = \dfrac{C}{p}$, 则 $(A_1, B_1, C_1)=1, p^3 A_1 B_1 C_1 = D^n$. 设 M 是最大的整数 m, 存在素数 q 使得 $q^m \mid A_1 B_1 C_1$. 因此, 若 $n > M+3$, 则 $p^3 A_1 B_1 C_1 = D^n$ 无解. 故当

$(A,B,C)=p$ 时, 对充分大的正整数 n, 式(7.8)无解.

　　既然费尔马方程在有理数域上没有非零解, 因此人们开始寻找它在其他数域上的解, 结论最丰富的是它在二次域上的解的研究. 早在 1915 年, W. Burnside 就求出费尔马方程($n=3$)在二次域上的解为

$$
\begin{cases}
x = -3 + \sqrt{-3(1+4k^3)}, \\
y = -3 - \sqrt{-3(1+4k^3)}, \\
z = 6k,
\end{cases}
$$

其中 k 为不等于 0 和 -1 的有理数. 当 $k=0$ 时, 费尔马方程在二次域 $\mathbf{Q}(\sqrt{-3})$ 上没有非零解. 之后也有很多研究, 大约一个世纪以后, 2013 年, M. Jones 和 J. Rouse 在 BSD 猜想的假设下给出了费尔马方程在二次域 $\mathbf{Q}(\sqrt{t})$ 上有非零解的充分必要条件, 其中 t 为无平方因子的整数.

　　我们考虑 $n=3$ 时, 方程(7.8)在二次域 $\mathbf{Q}(\sqrt{t})$ 上的非零解, 得到了以下结论.

　　命题　若 t 为不等于 0 和 -1 的无平方因子整数, 且使得椭圆曲线

$$tu^2 = 1 + 4k^3$$

有非零有理数解 (u,k), 则当 $n=3$ 时, 式(7.8)在二次域 $\mathbf{Q}(\sqrt{t})$ 上有无穷多组非零解 (A,B,C,x).

　　证　令 $A=a+b\sqrt{t}, B=c+d\sqrt{t}, x=e+f\sqrt{t}$. 当 $n=3$ 时, 由式(7.8) 可得

$$
\begin{aligned}
& a^2c + ac^2 + 2adtb + ad^2t + b^2tc + 2btcd \\
& + (2acb + 2acd + a^2d + bc^2 + tb^2d + tbd^2)\sqrt{t} \\
& = e^3 + 3ef^2t + f(3e^2 + f^2t)\sqrt{t},
\end{aligned}
$$

故而

$$
\begin{cases}
a^2c + ac^2 + 2adtb + ad^2t + b^2tc + 2btcd = e^3 + 3ef^2t, \\
2acb + 2acd + a^2d + bc^2 + tb^2d + tbd^2 = f(3e^2 + f^2t).
\end{cases}
$$

解上述两方程可得

$$
\begin{aligned}
t &= -\frac{a^2c + ac^2 - e^3}{ad^2 + b^2c + 2bcd + 2adb - 3ef^2} \\
&= -\frac{2acb + 2acd + a^2d + bc^2 - 3fe^2}{b^2d + bd^2 - f^3}.
\end{aligned}
$$

取 $e = kc, f = kd$, 由 t 的表达式可得方程

$$(ad + 2ab + cb - 2ck^3d)(d^2a^2 + c^2b^2 + 2cbda + 2c^2db + 2cd^2a - 4c^2d^2k^3) = 0.$$

考虑 $ad + 2ab + cb - 2ck^3d = 0$, 解得

$$d = -\frac{b(c + 2a)}{a - 2ck^3}.$$

因此,

$$t = \frac{(a - 2ck^3)^2}{(1 + 4k^3)b^2}.$$

令 $a - 2ck^3 = (1 + 4k^3)b$, 则有

$$t = 1 + 4k^3.$$

如此, 得解

$$\begin{cases} A = (1 + 4k^3)a + (a - 2k^3c)\sqrt{1 + 4k^3}, \\ B = (1 + 4k^3)c - (2a + c)\sqrt{1 + 4k^3}, \\ C = (1 + 4k^3)(a + c) - (a + (2k^3 + 1)c)\sqrt{1 + 4k^3}, \\ x = (1 + 4k^3)kc - k(2a + c)\sqrt{1 + 4k^3}, \end{cases}$$

其中 $a, c, k \in \mathbf{Q} - \{0\}$.

令 $tu^2 = 1 + 4k^3$, 其中 t 为不等于 0 和 -1 的无平方因子的整数, 则当 $n = 3$ 时, 式(7.8)在二次域 $\mathbf{Q}(\sqrt{t})$ 上有非零解

$$\begin{cases} A = uta + (a - 2k^3c)\sqrt{t}, \\ B = utc - (2a + c)\sqrt{t}, \\ C = ut(a + c) - (a + (2k^3 + 1)c)\sqrt{t}, \\ x = utkc - k(2a + c)\sqrt{t}. \end{cases}$$

例 7.3 当 $k = -1$ 时, $t = -3$, 故当 $n = 3$ 时, 式 (7.8)在二次域 $\mathbf{Q}(\sqrt{-3})$ 上有非零解

$$\begin{cases} A = -3ua + (a + 2c)\sqrt{-3}, \\ B = -3uc - (2a + c)\sqrt{-3}, \\ C = -3u(a + c) - (a - c)\sqrt{-3}, \\ x = 3uc + (2a + c)\sqrt{-3}. \end{cases}$$

问题 7.1 除了 $t = -3$ 时, 是否存在其他 t 使

怀尔斯在费尔马故乡的纪念碑前

当 $n=3$ 时, 式(7.8)在二次域 $\mathbf{Q}(\sqrt{t})$ 上有非零解?

7.3 欧拉猜想

1769 年, 从柏林返回彼得堡的欧拉提出了一个猜想, 试图把费尔马大定理推广到多元.

猜想 7.5(欧拉) 对于任意整数 $s \geqslant 3$, 方程

$$a_1^s + a_2^s + \cdots + a_{s-1}^s = a_s^s \tag{7.17}$$

无正整数解.

民主德国发行的欧拉纪念邮票

当 $s=3$ 时, 此即费尔马大定理的特殊情形, 故而猜想自然成立. 当 $s>3$ 时, 情况却并非如此.

1911 年, 诺利(Norrie), 发现, 方程

$$a^4 + b^4 + c^4 + d^4 = e^4 \tag{7.18}$$

有解 $(a, b, c, d, e)=(30, 120, 272, 315, 353)$, 但这并非欧拉猜想的反例.

1966 年, 兰德(Lander)和帕金(Parkin)对 $s=5$ 的情形给出了欧拉猜想的第一个反例:

$$27^5 + 84^5 + 110^5 + 133^5 = 144^5 .$$

1988 年, 美国数学家埃尔金斯(Elkies, 1966—   )利用椭圆曲线方法, 给出了 $s=4$ 时欧拉猜想的无穷多个反例, 其中之一是:

$$2682440^4 + 15365639^4 + 18796760^4 = 20615673^4 .$$

同年, Roger Frye 找到一个更小的反例:

$$95800^4 + 217519^4 + 414560^4 = 422481^4 .$$

2004 年, Jim Frye 又找到 $s=5$ 的一个反例:

$$55^5 + 3183^5 + 28969^5 + 85282^5 = 85359^5 .$$

值得一提的是, 这两个 Frye 与以在费尔马大定理的证明中起到关键作用的弗

赖曲线闻名的德国数学家 Gerhard Frey (1944—　　)均非同一个人.

对于 $s \geqslant 6$，欧拉猜想尚未有反例或证明.

欧拉时代的哥尼斯堡七桥地图

2008 年，美国物理学家 Jacobi 和数学家 Madden 研究了方程

$$a^4 + b^4 + c^4 + d^4 = (a+b+c+d)^4 \tag{7.19}$$

的非零整数解，将其转换为等价的毕达哥拉斯数组

$$(a^2 + ab + b^2)^2 + (c^2 + cd + d^2)^2 = ((a+b)^2 + (a+b)(c+d) + (c+d)^2)^2 .$$

再利用 1964 年前后布鲁德诺(Brudno)和弗罗布莱夫斯基先后发现的两个解 $(a,b,c,d) = (955, -2634, 1770, 5400)$, $(7590, -31764, 27385, 48150)$ 以及椭圆曲线方法，证明了式(7.19)有无穷多组非零整数解，从而式(7.18)也有无穷多组非零整数解.

2012 年 4 月，作者受新华林问题的启发，提出了下列丢番图方程：

$$\begin{cases} n = a_1 + a_2 + \cdots + a_{s-1}, \\ a_1 a_2 \cdots a_{s-1}(a_1 + a_2 + \cdots + a_{s-1}) = b^s \end{cases} \tag{7.20}$$

的求解问题，其中 $s \geqslant 3$, n, a_i, b 均为正整数.

显而易见，式(7.17)的解必定是式(7.20)的解(取 $n = a_s^s, a_1 = a_1^s, \cdots, a_{s-1} = a_{s-1}^s$).我们试图借式(7.20)找出 $s=6$ 时欧拉猜想的一个反例，虽然没有成功，不过利用椭圆曲线理论，作者和张勇得到了几个漂亮的结果[①].

定理 7.8　对于 $s=3$, 式(7.20)无正整数解.

证　当 $s=3$ 时，式(7.20)变成了

$$\begin{cases} n = a_1 + a_2, \\ a_1 a_2(a_1 + a_2) = b^3. \end{cases} \tag{7.21}$$

---

① 参见 A variety of Euler's conjecture, to appear in Czeehoslovak Mathematical Journal.

由第二个式子可得

$$\frac{a_1}{b}\frac{a_2}{b}\left(\frac{a_1}{b}+\frac{a_2}{b}\right)=1.$$

令 $b_i=\dfrac{a_i}{b}(1\leqslant i\leqslant 2)$，则有

$$b_1 b_2(b_1+b_2)=1.$$

因此

$$\left(\frac{b_1}{b_2}\right)^2+\frac{b_1}{b_2}=\frac{1}{b_2^3}.$$

再令 $u=\dfrac{b_1}{b_2},v=\dfrac{1}{b_2}$，我们有

$$u^2+u=v^3,$$

取 $y=16u+8,x=4v$，即得

$$y^2=x^3+64,$$

利用 Magma 程序包，我们所能得到的有理点仅有 $(x,\pm y)=(8,24),(0,8),(-4,0)$.依次代入，未见到式(7.21)有整数解. 定理 7.8 得证.

定理 7.9　对于 $s=4$，式(7.20)有无穷多组正整数解.

证　当 $s=4$ 时，式(7.20)变成了

$$\begin{cases} n=a_1+a_2+a_3, \\ a_1 a_2 a_3(a_1+a_2+a_3)=b^4. \end{cases} \tag{7.22}$$

从第二个式子可得

$$\frac{a_1}{b}\frac{a_2}{b}\frac{a_3}{b}\left(\frac{a_1}{b}+\frac{a_2}{b}+\frac{a_3}{b}\right)=1.$$

取 $b_i=\dfrac{a_i}{b}(1\leqslant i\leqslant 3)$，则有

$$b_1 b_2 b_3(b_1+b_2+b_3)=1.$$

易知 $(a_1,a_2,a_3)=(1,2,24)$ 满足式(7.22)，进而

$$(b_1,b_2,b_3)=\left(\frac{1}{6},\frac{1}{3},4\right).$$

因此

$$\begin{cases} b_1 b_2 b_3 = \dfrac{2}{9}, \\ b_1 + b_2 + b_3 = \dfrac{9}{2}. \end{cases} \tag{7.23}$$

现在, 我们把 b_i 看作是未知数. 消去式(7.23)中的 b_3, 即得

$$18b_1^2 b_2 + 18b_1 b_2^2 - 81 b_1 b_2 + 4 = 0,$$

取 $u = \dfrac{b_1}{b_2}, v = \dfrac{1}{b_1}$, 我们有

$$18u^2 + 18u - 81u + 4v^3 = 0.$$

令

$$y = 384u - 864v + 192, \quad x = -32v + 243,$$

我们得到一条椭圆曲线

$$E : y^2 = x^3 - 166779x + 26215254.$$

由 Nagell-Lutz 定理(见 6.2 节)可知, 要证明 E 上有无穷多个有理点, 只需找到 E 上一个有理点, 其 x 轴坐标非整数. 利用 Magma 程序包, 我们找到了 E 上一个有理点 $\left(\dfrac{30507}{121}, -\dfrac{584592}{1331} \right)$, 其 x 轴坐标非整数.

从以上变换中可得,

$$\begin{cases} b_1 = \dfrac{32}{243 - x}, \\ b_2 = \dfrac{y - 27x + 6369}{12(243 - x)}, \\ b_3 = \dfrac{-y - 27x + 6369}{12(243 - x)}. \end{cases}$$

故而

$$\begin{cases} a_1 = \dfrac{32}{243 - x} b, \\ a_2 = \dfrac{y - 27x + 6369}{12(243 - x)} b, \\ a_3 = \dfrac{-y - 27x + 6369}{12(243 - x)} b \end{cases}$$

是式(7.22)的一个解.

为了使得诸 $b_i > 0$, 须得满足

$$x < 243, \quad |y| < 27x - 6369.$$

由庞加莱-赫尔维茨定理(见 6.2 节), 椭圆曲线的每一个有理点邻域里存在着无穷多个有理点. 我们需要找到一个点满足上述条件, 易见点 $P = (235, 8)$ 满足, 于是存在无穷多个有理点(x, y)满足上述条件.

因此, 我们能够找到无穷多个有理数 $b_i > 0 (1 \leqslant i \leqslant 3)$ 满足式(7.23), 将它们乘以诸 b_i 分母的最小公倍数, 即得整数点 $a_i > 0$. 这就证明了, 对于 $s=4$, 式(7.20)存在无穷多个正整数解. 定理 7.9 得证.

例 7.4　$s=4$, 有理点

$$(x, y) = (235, 8), \quad \left(\frac{60266587}{257049}, \frac{3852230624}{130323843} \right)$$

在椭圆曲线 E 上, 这导出了式(7.23)的解

$$(a_1, a_2, a_3) = (1, 2, 24), \quad (781943058, 138991832, 18609625).$$

定理 7.10　对于 $s \geqslant 5$, 式(7.20)有无穷多组正整数解.

定理 7.10 的证明方法与定理 7.8 和定理 7.9 类似, 但却要复杂得多, 在此省略了.

例 7.5　$s=5$, 式(7.20)有正整数解$(2,28,49,49)$($b=28$), $(5,81,90,324)$ ($b=90$).

下面, 我们介绍另一种形式的丢番图方程.

2005 年, Murty 提出了以下的猜想[①].

猜想 7.6　任给$n>3$, 存在正整数 a 和 b 满足

$$\begin{cases} n = a + b, \\ ab - 1 = p, \end{cases}$$

其中 p 是素数. 任给$n>1$, 当 $n \neq 6, 30, 54$ 时, 存在正整数 a 和 b 满足

$$\begin{cases} n = a + b, \\ ab + 1 = p, \end{cases}$$

其中 p 是素数.

2012 年, 作者提出了下列猜想:

猜想 7.7　任给$n>14$, 存在正整数 a, b 和 c, 使得

---

① 来源于网址: http://oeis.org/A109909.

$$\begin{cases} n = a + b + c, \\ abc + 1 = p^2. \end{cases}$$

猜想 7.8　任给 $n>8$, 存在正整数 a, b, c 和 d, 使得

$$\begin{cases} n = a + b + c + d, \\ abcd = p^3 - p. \end{cases}$$

备注　关于猜想 7.6, 我们有以下说明: 由

$$\begin{cases} n = a + b, \\ ab \pm 1 = p \end{cases}$$

及一元二次方程的韦达定理知, a 和 b 是 $x^2 - nx + p \mp 1 = 0$ 的两个解, 即

$$\frac{n \pm \sqrt{n^2 - 4(p \mp 1)}}{2}.$$

故而存在正整数 m, 使得

$$n^2 - 4(p \mp 1) = m^2.$$

假如 $n=2k$, 则 $m=2s$,

$$k^2 \pm 1 = p + s^2. \tag{7.24}$$

假如 $n=2k+1$, 则 $m=2s+1$,

$$k^2 + k \pm 1 = p + s(s+1). \tag{7.25}$$

式(7.24)是下列著名猜想的推论.

猜想 7.9(哈代-李特伍德, 1923)　每一个充分大的偶数或为平方数, 或为一个素数和一个平方数之和.

对于任意奇素数 p, 我们称 $\dfrac{p-1}{2}$ 为半素数(half-prime). 孪生素数猜想等同于存在无穷多个相邻的半素数. 而哥德巴赫猜想可表述为: 每一个大于 1 的正整数均为两个半素数之和.

式(7.25)是下列论断的推论.

每一个大于 1 的正整数是一个半素数和一个三角形数之和.

上述论断与孙智伟[①]首先提出的一个猜想是一致的: 每一个大于 3 的奇数均可表为 $p+x(x+1)$, 其中 p 是素数, x 是正整数.

---

① 参见 J. of Comb. & N. T., 2009, 1: 65-76.

7.4　F 完美数问题

本书 1.1 节我们便谈到了完美数, 即这样一个自然数, 它的真因子之和等于其本身. 偶完美数与梅森素数有一一对应关系, 因此也成了计算机领域一个引人瞩目的著名问题. 这两种数的无穷性堪称一个不朽的谜语, 可谓是数学史上历史最悠久也最难解的问题. 另一方面, 许多伟大的数论学家都试图找到完美数的推广, 他们通常考虑添加一个正整数的系数, 即

$$\sum_{d\mid n,\,d<n} d = kn,$$

此处 k 是正整数, 满足上述条件的 n 称为 k 阶完美数. 当 $k=1$ 时, 即为普通意义的完美数. 这些数学家包括斐波那契、梅森、笛卡儿和费尔马, 以及拉赫曼、卡迈克尔等. 他们有的没找到, 有的找到若干个解, 不过都是些零散的结果, 无法归结为类似梅森素数那样的无穷性.

笛卡儿《沉思录》, 他业余喜欢钻研数论问题

笛卡儿故居(作者摄于乌特勒支)

第一个找到 k 阶完美数($k>1$)的是威尔士数学家莱科尔德(Recorde, 1512—1558), 他发现 120 是 2 阶完美数, 那是在 1557 年, 也即他发明等号 "=" 的同一年(是否同时不得而知). 接着是费尔马, 他发现 672 也是 2 阶完美数, 那是在 1637 年, 即他提出费尔马大定理的同一年. 1644 年, 费尔马又找到一个 11 位的 2 阶完美数. 在此之前, 梅森和笛卡儿也分别找到一个 9 位数和 10 位数的 2 阶完美数. 这三位法国人都还找到过其他的 k 阶完美数.

若记 $\sigma(n)=\sum_{d\mid n}d$, 则完美数问题等价于 $\sigma(n)=2n$. 1969 年, 印度数学家 Suryanarayana 提出了超完美数的概念(superperfect number), 即满足 $\sigma^2(n)=\sigma(\sigma(n))=2n$ 的自然数. 他证明了, 凡是偶数的超完美数必有形式 2^{p-1}, 其中

$2^p - 1$是素数. 之后, 又有了(m,k)超完美数, 即满足

$$\sigma^m(n) = kn$$

的自然数.

2012 年春天, 作者考虑了平方和的情形, 即方程

$$\sum_{d|n,d<n} d^2 = 3n, \tag{7.26}$$

意外地呈现出奇妙的结果. 经过研究, 作者和陈德溢、张勇得到了下面结论[①]:

定理 7.11 式(7.26)的所有解为 $n = F_{2k-1}F_{2k+1}(k \geqslant 1)$, 其中 F_{2k-1} 和 F_{2k+1} 是斐波那契孪生素数.

我们不妨称毕达哥拉斯定义的完美数为 M 完美数, 因为它与梅森素数相关, 而称满足式(7.26)的完美数为 F 完美数. 值得一提的是, 日本数学家松本耕二 (Kohji Matsumoto)在 2013 年福冈中日数论会议上建议分别称之为阴、阳完美数. 到目前为止, 人们找到的最大的斐波那契素数是 F_{81839}, 而最大可能的斐波那契素数为 $F_{1968721}$(共 411439 位), 从中有 5 对斐波那契孪生素数, 即 5 个 F 完美数 $n = F_3F_5, F_5F_7, F_{11}F_{13}, F_{431}F_{433}, F_{569}F_{571}$. 它们分别是(显而易见, F 的每对下标也必须是孪生素数)

10,

65,

20737,

7351080381692266976103362666421235332619480119704052339198145857119174445190576122619635288017445230931072695163057441061367078715257112965183856285090884294459307720873196474208257,

3523220957390444959595279062040480245884253791540018496569589759612684974224639027640287843213615446328687904372189751725183659047971600027111855728553282782938238390010064604217978755993551604318057918269182928456761611403668577116737601.

其中, 10 是唯一的偶 F 完美数, 这一点显而易见, 因为只有一个偶素数 2, 其余的 F 完美数均为奇数. 下一个可能的 F 完美数至少有 822878 位, 可是, 我们既不知道是否还有第 6 个 F 完美数, 也无法否定不存在无穷多个 F 完美数.

下面我们研究更一般的情形, 对于任意正整数 a 和 b, 考虑方程

[①] 参见 Perfect numbers and Fibonacci primes(I), International J. of Number Theory, 2015, 11: 159-169.

$$\sum_{d\mid n, d<n} d^a = bn. \tag{7.27}$$

我们得到了以下结论.

定理 7.12　若 $a=2, b\neq 3$，或 $a\geqslant 3, b\geqslant 1$，则式(7.27)至多有有限多个解. 特别地，$a=2, b=1$ 或 2，则式(7.27)无解.

换句话说，除了 M 完美数和 F 完美数，再也没有其他引人入胜的完美数了.

为证明定理 7.11 和定理 7.12，我们需要以下引理.

引理 7.5　设 $d>0$ 是奇数，则方程 $x^2 - dy^2 = -4$ 有整数解当且仅当方程 $u^2 - dv^2 = -1$ 有整数解.

证　充分性是显然的，只需证必要性. 由已经条件知，x 和 y 必同奇偶，故可作变换

$$\begin{cases} u = \dfrac{x(x^2+3)}{2}, \\ v = \dfrac{(x^2+1)y}{2}, \end{cases}$$

即得

$$u^2 - dv^2 = \left(\frac{x(x^2+3)}{2}\right)^2 - d\left(\frac{(x^2+1)y}{2}\right)^2 = -1.$$

引理 7.5 得证.

引理 7.6　设 $N>0$ 是非平方数，则方程 $x^2 - Ny^2 = -1$ 有整数解当且仅当 $l(\sqrt{N})$ 是奇数，这里 $l(\sqrt{N})$ 表示 $\sqrt{N}$ 展成连分数的周期.

证明参见 P. Kaplan 和 K. S. Williams[①].

引理 7.7　不定方程 $x^2 + y^2 + 1 = 3xy(1\leqslant x < y)$ 的所有解为

$$\begin{cases} x = F_{2k-1}, \\ y = F_{2k+1}, \end{cases} \tag{7.28}$$

这里 $k\geqslant 1$，F_n 为第 n 个斐波那契数.

证　我们首先证明，式(7.28)是方程 $x^2 + y^2 + 1 = 3xy$ 的解. 由卡西尼恒等式

———————

① 参见 J. Number Theory, 1986, 23: 169-182.

$$F_n^2 - F_{n+1}F_{n-1} = (-1)^{n-1},$$

可得 $F_{2k}^2 - F_{2k+1}F_{2k-1} = -1$. 故而有

$$(F_{2k+1} - F_{2k-1})^2 - F_{2k+1}F_{2k-1} = -1,$$

即

$$1 + F_{2k-1}^2 + F_{2k+1}^2 = 3F_{2k-1}F_{2k+1}.$$

现在, 我们证明式(7.28)是所有的解. 由上式及一元二次方程系数的求解公式, 只需证明: 若 $x^2 + y^2 + 1 = 3xy (1 \leqslant x < y)$, 则 $x = F_{2k-1}$.

注意到, 上述方程等价于

$$5x^2 - 4 = (3x - 2y)^2. \tag{7.29}$$

由 I. Gessel[①], 可知 x 是斐波那契数. 若 $x = F_{2k-1}$, 已证. 若 $x = F_{2k}$, 代入式(7.29), 有 $5F_{2k}^2 - 4 = (3x - 2y)^2$. 再由 Gessel 文中的结果 $5F_{2k}^2 + 4 = L_{2k}^2$, 其中 $L_0 = 2, L_1 = 1$, $L_{n+1} = L_n + L_{n-1}$ 是 Lucas 序列, 我们有

$$8 = (5F_{2k}^2 + 4) - (5F_{2k}^2 - 4) = L_{2k}^2 - (3x - 2y)^2. \tag{7.30}$$

由式 (7.30) 易得, $|3x - 2y| = 1, L_{2k} = 3$, 故而 $x = F_{2k} = \sqrt{\dfrac{L_{2k}^2 - 4}{5}} = 1 = F_1 = F_2$, $y = 2 = F_3$. 因此, 总有 $x = F_{2k-1}$. 引理 7.7 得证.

引理 7.8　若正整数 $k \neq 3$, 则 $1 + x^2 + y^2 = kxy$ 无解.

证　由于 $kxy = x^2 + y^2 + 1 > 2xy$, 因此只需考虑 $k \geqslant 4$ 的情形. 若 $1 + x^2 + y^2 = kxy$ 有整数解, 则其判别式必为平方数, 即存在整数 z 使得

$$k^2y^2 - 4(y^2 + 1) = (k^2 - 4)y^2 - 4 = z^2,$$

或

$$z^2 - (k^2 - 4)y^2 = -4.$$

下证 k 必为奇数. 假如 k 是偶数, 则 x, y 不能全为偶数. 若 x, y 仅有一个为奇数, 则

$$1 + x^2 + y^2 = kxy \pmod 4 \Rightarrow 2 \equiv 0 \pmod 4.$$

又若 x, y 均为奇数, 则

$$1 + x^2 + y^2 = kxy \pmod 2 \Rightarrow 1 \equiv 0 \pmod 2.$$

---

① 参见 Fibonacci is a Square , The Fibonacci Quarterly ,1972, 10(4): 417-419.

故而, k 是奇数. 注意到 k^2-4 显然不是平方数, 故由引理 7.5 和引理 7.6 可知

$$z^2-(k^2-4)y^2=-4 \text{ 有解} \Leftrightarrow z^2-(k^2-4)y^2=-1 \text{有解} \Leftrightarrow l(\sqrt{k^2-4}) \text{ 是奇数}.$$

另一方面, 对于奇数 $k \geqslant 4$, 由 K. H. Rosen[①], 可得

$$\sqrt{k^2-4}=\left[k-1;\overline{1,\frac{k-3}{2},2,\frac{k-3}{2},1,2k-2}\right],$$

也就是说, $l\left(\sqrt{k^2-4}\right)=6$. 矛盾! 引理 7.8 得证.

定理 7.12 的证明 设 $n=p_1^{\alpha_1}p_2^{\alpha_2}\cdots p_k^{\alpha_k}$ 是 n 的标准因子分解式, 其中 $p_1 < p_2 < \cdots < p_k, \alpha_i \geqslant 1, (1 \leqslant i \leqslant k)$. 我们先来考虑 $a=2$ 的情形.

若 $k=1$, 式(7.20)变成 $1+p_1^2+p_1^4+\cdots+p_1^{2(\alpha_1-1)}=bp_1^{\alpha_1}$, 显然不可能成立.

若 $k \geqslant 3$, 利用算术-几何不等式, 我们有

$$\begin{aligned}
bn &= \sum_{d|n,d<n} d^2 \\
&> \frac{n^2}{p_1^2}+\frac{n^2}{p_2^2}+\cdots+\frac{n^2}{p_k^2} \\
&\geqslant k\left(\frac{n^2}{p_1^2}\cdot\frac{n^2}{p_2^2}\cdots\frac{n^2}{p_k^2}\right)^{\frac{1}{k}} \\
&= \left(kp_1^{\alpha_1-\frac{2}{k}}p_2^{\alpha_2-\frac{2}{k}}\cdots p_k^{\alpha_k-\frac{2}{k}}\right)n.
\end{aligned}$$

注意到 $\alpha_i-\dfrac{2}{k} \geqslant \dfrac{\alpha_i}{3}(1 \leqslant i \leqslant k)$, 我们有

$$b \geqslant kp_1^{\alpha_1-\frac{2}{k}}p_2^{\alpha_2-\frac{2}{k}}\cdots p_k^{\alpha_k-\frac{2}{k}} \geqslant k\prod_{i=1}^{k}p_i^{\frac{\alpha_i}{3}} \geqslant kn^{\frac{1}{3}}. \tag{7.31}$$

故 $n \leqslant \left(\dfrac{b}{k}\right)^3$. 注意到 $\displaystyle\sum_{k=1}^{\infty}\frac{1}{k^3}$ 收敛, 因而 n 只能取有限多个值.

若 $k=2$, 则由式(7.31), 我们有

$$b \geqslant 2 p_1^{\alpha_1-1}p_2^{\alpha_2-1}, \tag{7.32}$$

由上式知 α_1, α_2 是有界的. 假如 $\alpha_2 > 1$, 则由式(7.32)知 p_2 有界, 故而 n 有界. 假如 $\alpha_2=1, \alpha_1>1$, 则由式(7.32)知 p_1 有界; 又由式(7.26)知,

$$(1+p_1^2+p_1^4+\cdots+p_1^{2\alpha_1})(1+p_2^2)-p_1^{2\alpha_1}p_2^2=bp_1^{\alpha_1}p_2.$$

---

① 参见 Elementary Number Theory and Its Applications, 5th ed., Addison Wesley, 2004, 第 503 页练习 11.

故而

$$p_2 \mid \left(1 + p_1^2 + p_1^4 + \cdots + p_1^{2\alpha_1}\right).$$

从而 p_2 有界, 进而 n 有界. 假如 $\alpha_1 = \alpha_2 = 1$, 则由式(7.27)知

$$1 + p_1^2 + p_2^2 = bp_1p_2. \tag{7.33}$$

若 $b \neq 3$, 则由引理 7.8 可知式(7.33)无整数解.

综合以上, 当 $a = 2$, $b \neq 3$ 时, 式(7.27)至多有有限个解.

特别地, 由式(7.31)～式(7.33)容易推出, 当 $b=1$ 或 2 时, 式(7.27)无整数解.

下面考虑 $a \geqslant 3$ 的情形. 易知 $k \neq 1$. 当 $k \geqslant 2$ 时, 类似于前半部分的证明, 我们有

$$b \geqslant kp_1^{(a-1)\alpha_1 - \frac{a}{k}} p_2^{(a-1)\alpha_2 - \frac{a}{k}} \cdots p_k^{(a-1)\alpha_k - \frac{a}{k}} \geqslant k\prod_{i=1}^{k} p_i^{\frac{\alpha_i}{2}} \geqslant 2n^{\frac{1}{2}},$$

故 $n \leqslant \left(\dfrac{b}{k}\right)^2$. 注意到 $\displaystyle\sum_{k=1}^{\infty} \frac{1}{k^2} = \frac{\pi^2}{6}$, 因而 n 只能取有限多个值. 定理 7.12 得证.

定理 7.11 的证明 设 $n = p_1^{\alpha_1} p_2^{\alpha_2} \cdots p_k^{\alpha_k}$ 是 n 的标准因子分解式, 其中 $p_1 < p_2 < \cdots < p_k, \alpha_i \geqslant 1, (1 \leqslant i \leqslant k)$. 我们欲证, 若 n 是 F 完美数, 则 $k=2, \alpha_1 = \alpha_2 = 1$.

若 $k = 1$, 式(7.26)变成 $1 + p_1^2 + p_1^4 + \cdots + p_1^{2(\alpha_1-1)} = 3p_1^{\alpha_1}$, 显然这是不可能的;

若 $k \geqslant 3$, 则由式(7.31)知 $n = 1$, 这也不可能;

若 $k = 2$, 假如 $\alpha_1 + \alpha_2 \geqslant 3$, 注意到 $\alpha_1^2 - \alpha_1 + 2\alpha_1\alpha_2 \geqslant \alpha_1(\alpha_1 + \alpha_2)$, $\alpha_2^2 - \alpha_2 + 2\alpha_1\alpha_2 \geqslant \alpha_2(\alpha_1 + \alpha_2)$, 由算术-几何不等式, 我们有

$$3n > (1 + p_1^2 + \cdots + p_1^{2(\alpha_1-1)})p_2^{2\alpha_2} + (1 + p_1^2 + \cdots + p_1^{2(\alpha_1-1)})p_2^{2\alpha_2}$$

$$> (\alpha_1 + \alpha_2)(p_2^{\alpha_2} \times p_1^2 p_2^{2\alpha_2} \times \cdots \times p_1^{2(\alpha_1-1)} p_2^{2\alpha_2} \times p_1^{2\alpha_1} \times p_2^{2\alpha_1} p_1^{2\alpha_1} \times \cdots \times p_2^{2(\alpha_2-1)} p_1^{2\alpha_1})^{\frac{1}{\alpha_1+\alpha_2}}$$

$$\geqslant 3p_1^{\frac{\alpha_1^2 - \alpha_1 + 2\alpha_1\alpha_2}{\alpha_1+\alpha_2}} p_2^{\frac{\alpha_2^2 - \alpha_2 + 2\alpha_1\alpha_2}{\alpha_1+\alpha_2}} \geqslant 3p_1^{\alpha_1} p_2^{\alpha_2} = 3n.$$

矛盾! 故而 $k = 2, \alpha_1 = \alpha_2 = 1$. 由引理 7.7, 定理 7.11 得证.

备注 对于 $a=1, b>1$, 我们尚无法确定, 式(7.27)是否只有有限多个解.

2014 年春天, 作者提出了平方和完美数更一般的形式, 即

$$\sum_{d|n,d<n} d^2 = L_{2s}n - F_{2s}^2 + 1.$$

这里 s 为任意正整数, F_{2s} 和 L_{2s} 为斐波那契序列和卢卡斯数. 作者和王六权、张勇证明了[①], 除去有限个可计算的解以外, 上述方程的所有解为

① 参见 Perfect numbers and Fibonacci primes II, Integers, 2019, 19, #A21, 1-10.

$$n = F_{2k+1}F_{2k+2s+1} \text{ 或 } F_{2k+1}F_{2k-2s-1},$$

这里 k 为任意正整数, F_{2k+1} 和 $F_{2k+2s+1}$ (或 $F_{2k-2s-1}$)为斐波那契素数.

特别地, 若 $s=1$, 此即为式(7.26)和定理 7.11.

此外, 我们还得到了, 任给正整数 k, 方程

$$\sum_{d|n,d<n} d^2 = 2n + 4k^2 + 1$$

有无穷多个解, 当且仅当德波罗尼亚克猜想成立. 特别地, 当 $k=1$ 时, 方程

$$\sum_{d|n,d<n} d^2 = 2n + 5$$

有无穷多个解, 当且仅当孪生素数猜想成立.

我们还发现, 对任意正整数 k, 方程

$$\sum_{d|n,d<n} 2kd^2 - (2k-1)d = (4k^2+1)n + 2$$

有无穷多个解, 当且仅当存在无穷多个 p, 使得 $2kp+1$ 也为素数. 特别地, 若 $k=1$, 即索菲·热尔曼素数有无穷多个. 而若存在无穷多个素数 p, 使得 $2kp-1$ 为素数, 则当且仅当方程

$$\sum_{d|n,d<n} 2kd^2 + (2k-1)d = (4k^2+1)n + 4k$$

有无穷多个解.

最近, 我们还考虑了一般的卢卡斯序列的相应问题. 可是, 仍遗留一类问题: 是否存在二次整系数多项式 $f(n) = an^2 + bn + c$, 使得

$$\sum_{d|n,d<n} d^2 = f(n)$$

的解(除去有限个可计算的解以外)有一个与素数相关的表达式?

物理学家爱因斯坦曾在自传笔记里写到: "正确的定律不可能是线性的, 它们也不可能由线性导出." 此话虽然有些极端, 但在本节获得印证.

在定理 7.11 前面提及的论文(I)中, 我们还证明了如下结论.

定理 7.13 设 $n=pq, p$ 和 q 是不同的素数, 若 $n \mid \sigma_3(n) = \sum_{d|n,d<n} d^3$, 则 $n=6$; 设 $n = 2^\alpha p(\alpha \geqslant 1), p$ 是奇素数, 若 $n \mid \sigma_3(n)$, 则 n 是偶完美数, 反之亦然(除去 28).

此外, 我们还提出了下列猜想.

猜想 7.10 $n = p^{\alpha} q^{\beta} (\alpha \geqslant 1, \beta \geqslant 1)$，$p$ 和 q 是不同的素数，则 $n \mid \sigma_3(n)$ 成立当且仅当 n 是 28 以外的偶完美数.

2018 年, 姜兴旺[①]证明了: 当 $p = 2, q$ 是奇素数时, 猜想 7.10 成立.

7.5 新同余数问题

同余数是指这样一个自然数, 它是一个三条边的边长均为有理数的直角三角形的面积. 最简单的例子是 6, 它是边长为 $(3,4,5)$ 的直角三角形的面积. 所谓同余数问题说的是, "寻求一个简单的判别法则, 以便确定一个自然数是否是同余数." 显然, 对任意正整数 m 和 n, $m^2 n$ 是同余数当且仅当 n 是同余数. 故而, 我们只需考虑无平方因子的正整数.

据说, $10 \sim 11$ 世纪居住在巴格达的阿拉伯数学家兼工程师凯拉吉研究过同余数问题. 12 世纪的意大利人斐波那契证明了 $n = 5$ 是一个同余数, 对应直角三角形的边长为 $\left(\dfrac{3}{2}, \dfrac{20}{3}, \dfrac{41}{6} \right)$, 参见下图. 斐波那契还断言, $n = 1$ 不是同余数, 但他的证明有误. 4 个世纪以后, 费尔马给出了正确的证明. 这个结果也导致了指数 $n = 4$ 时费尔马大定理成立, 即方程 $x^4 + y^4 = z^4$ 无正整数解, 那是费尔马生前难得给出的证明. 由此也可知, 所有的平方数均不是同余数. 18 世纪, 欧拉发现了 7 是同余数.

50 以内的同余数有 5, 6, 7, 13, 14, 15, 20, 21, 22, 23, 24, 28, 29, 30, 31, 34, 37, 38, 39, 41, 45, 46, 47, 共 23 个. 有许多特殊情形的同余数, 例如三个连续的自然数乘积 $n^3 - n$ 一定是同余数. 此外还有 $4n^3 + n, n^4 - m^4, n^4 + 4m^4, 2n^4 + 2m^4$, 等等.

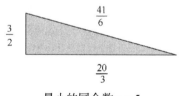

最小的同余数 $n = 5$

20 世纪后半叶, 数学家们发现, 同余数问题和费尔马大定理一样, 与椭圆曲线有密切的关联. 事实上, n 为同余数的充要条件是方程组

$$\begin{cases} a^2 + b^2 = c^2, \\ \dfrac{1}{2} ab = n \end{cases} \tag{7.34}$$

有正有理数解 (a, b, c).

---

① 参见 On even perfect numbers, Colloq. Math.,2018, 154(1): 131-136.

由第一个方程加或减第二个方程的 4 倍, 可得

$$(a \pm b)^2 = c^2 \pm 4n.$$

将所得的两个方程相乘再除以 16, 则有

$$\left(\frac{a^2 - b^2}{4}\right)^2 = \left(\frac{c}{2}\right)^4 - n^2.$$

这表明, 若 n 为同余数, 则方程 $u^4 - n^2 = v^2$ 有有理数解 $u = \frac{c}{2}, v = \frac{a^2 - b^2}{4}$. 将上式

两端同乘以 u^2, 再取 $x = u^2 = \left(\frac{c}{2}\right)^2, y = uv = \frac{(a^2 - b^2)c}{8}$, 即知有一对有理数 (x, y)

满足下列椭圆曲线方程:

$$y^2 = x^3 - n^2 x. \tag{7.35}$$

反之, 若 x 和 y 满足式(7.35), 且 $y \neq 0$, 令

$$a = \frac{x^2 - n^2}{y}, \quad b = \frac{2nx}{y}, \quad c = \frac{x^2 + n^2}{y}.$$

易知它们满足式(7.34). 这样一来, (a, b, c) 与 (x, y) 就一一对应了. 由椭圆曲线理论可以推得, 式(7.35)上的挠点(torsion point)便是使 $y=0$ 的那些点. 故而, 非零 y 有理点的存在等价于椭圆曲线的秩数为正.

利用椭圆曲线的性质可以证明以下结论:

(1) 当素数 $p \equiv 3 \pmod 8$ 时, p 不是同余数, 而 $2p$ 是同余数;

(2) 当素数 $p \equiv 5 \pmod 8$ 时, p 是同余数;

(3) 当素数 $p \equiv 7 \pmod 8$ 时, p 和 $2p$ 都是同余数.

上述结果(2)是 1952 年由德国无线电工程师黑格纳(Heegner, 1893—1965)获得的[1], 他第一个证明了: 存在无穷多个无平方因子的同余数. 2014 年, 田野[2]证明了: 任给正整数 k, 在每个剩余类 $n \equiv 5, 6, 7 \pmod 8$ 中, 存在无穷多个无平方因子的素因子个数为 k 的同余数. 对一般的整数 $n \equiv 5, 6, 7 \pmod 8$, 田野、袁新意和张寿武[3]给出了 n 是同余数的若干充要条件, 他们相信这些结果可以导致正密度. 稍后, 史密斯[4]宣布, 他证明了: 在剩余类 $n \equiv 5$ 或 $7 \pmod 8$ 中, 同余数的比例至少有 62.9%, 而在剩余类 $n \equiv 6 \pmod 8$ 中, 同余数的比例至少有 41.9%.

① 参见 Math. Z., 1952, 56: 227-253.

② 参见 Congruent numbers and Heegner points, Cambridge J. of Mathematics, 2014, 2(1): 117-161.

③ 参见 Genus periods, genus points and congruent number problem. Asian J. Math., 2017, 21(4): 721-774.

④ 参见 A. Smith, The congruent numbers have positive natural density, 2016, 3(29), arXiv:1603.08479v2.

依照戈德菲尔德(Goldfield)猜想, 同余数和非同余数各占一半. 确切地说, 几乎所有模 8 余 5, 6, 7 的数是同余数, 而几乎所有模 8 余 1, 2, 3 的数不是同余数. 在 BSD 猜想假设下, 已证明, 当 $n \equiv 5, 6, 7 \pmod 8$ 时, n 一定是同余数. 其他形式的同余数中最小的是 34, 其边长为(225/30, 272/30, 353/30); 模 8 余 1 和余 3 的最小同余数分别是 41(40/3, 123/20, 881/60) 和 219(55/4, 1752/55, 7633/220).

定理 7.14(Tunnell, 1983)　若 n 为奇同余数, 则

$$\#\{\, n = 2x^2 + y^2 + 8z^2\,\} \# = 2\#\{\, n = 2x^2 + y^2 + 32z^2\,\}\#;$$

若 n 为偶同余数, 则

$$\#\{\, n = 2x^2 + y^2 + 16z^2\,\} \# = 2\#\{\, n = 2x^2 + y^2 + 64z^2\,\}\#.$$

此处 #{ }# 表示括号内方程的整数解个数. 在 BSD 猜想成立条件下, 上述结论的逆命题也成立.

Tunnell 定理的判断是实用的, 可以利用穷竭法. 例如, $n=1$ 时前面两个方程的解数均为 2, 即(0,±1,0), 故 1 不是同余数.

值得一提的是, 2013 年, 两位美国数学家 Jones 和 Rouse 在 BSD 猜想假设下, 也将二次域上费尔马方程 $x^3 + y^3 = z^3$ 是否有非平凡解归结为两个三元二次方程的整数解个数是否相等.

近来, 秦厚荣[①]证明了以下结果: 若 n 是奇同余数, 则

$$\#\{n = x^2 + 2y^2 + 32z^2\} \# = \#\{n = 2x^2 + 4y^2 + 9z^2 - 4yz\}\#;$$

若 n 为偶同余数, 则

$$\#\left\{\frac{n}{2} = x^2 + 4y^2 + 32z^2\right\} \# = \#\left\{\frac{n}{2} = 4x^2 + 4y^2 + 9z^2 - 4yz\right\}\#.$$

在 BSD 猜想的假设条件下, 上述结论的逆命题也成立.

在确定 n 是同余数以后, 寻找以 n 为面积的有理数边长的直角三角形仍非易事. 德国出生的美国数学家扎吉尔曾计算出 $n=157$ 的三角形边长, 其中有理数的斜边长分母和分子各有 45 位和 47 位.

与其他数论问题一样, 同余数也被推广了. 例如, t 同余数和 θ 同余数. 设 n 为正整数, t 为有正有理数, 若存在正有理数组 (a, b, c), 满足

$$a^2 = b^2 + c^2 - 2bc\frac{t^2 - 1}{t^2 + 1}, \quad bc\frac{2t}{t^2 + 1} = 2n,$$

---

① 参见 Congruent numbers, quadratic forms and K_2.

则 n 被称为 t 同余数.

当 $t = 1$ 时, 此即通常意义的同余数. 不难推出, 上述条件与下列椭圆曲线一一对应:

$$E_{n,t} : y^2 = x\left(x - \frac{n}{t}\right)(x + nt).$$

又设 $0 < \theta < \pi$ 是实数, $\cos\theta = \dfrac{s}{r}$ 是既约分数, 若 $n\sqrt{r^2 - s^2}$ 是某一有理数边长、含角 θ 的三角形的面积, 则称 n 为 θ 同余数. 当 $\theta = \dfrac{\pi}{2}$ 时, 此也为通常意义的同余数.

2012 年 10 月, 作者观察到, 当一个底长度为 0 时, 直角梯形便成为了直角三角形, 于是考虑了一类新的同余数.

定义 7.1 正整数 n 被称作同余整数, 假如它是下面同余数图 1 所示的直角梯形的面积, 其中 a, b, c 是正整数, d 是非负整数, $(b, c)=1$.

定义 7.2 正整数 n 被称作 k 同余数, 假如它是下面同余数图 1 所示的直角梯形的面积, 其中 a, b, c, d 是正有理数, $k \geqslant 2$ 是整数, $a = kd$.

由定义 7.2 可知

$$n = \frac{(a+d)b}{2}, \quad (a-d)^2 + b^2 = c^2. \tag{7.36}$$

定义 7.3 正整数 n 被称作 d 同余数, 假如它是下面同余数图 2 所示的直角梯形的面积, 其中 a, b, c 是正有理数, d 是非负整数.

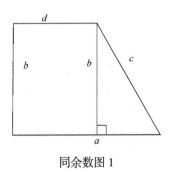 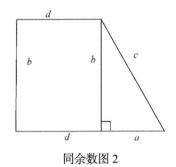

同余数图 1　　　　　　　　　　同余数图 2

由定义 7.3 可知,

$$n = (a+2d)b/2, \quad a^2 + b^2 = c^2. \tag{7.37}$$

作者和张勇对上述三类同余数逐一进行了研究[①].

由定义 7.1 可知,

$$n = (a+d)b/2, \quad (a-d)^2 + b^2 = c^2, \quad (b,c) = 1.$$

依据毕达哥拉斯三数组的性质, $(a-d, b)=1$, $a-d$ 和 b 奇偶性相异,

$$(a-d, b) = (2xy, x^2 - y^2) \text{ 或 } (x^2 - y^2, 2xy).$$

此处 $x > y, (x,y) = 1, x$ 和 y 奇偶性相异. 因此, 我们有以下结论.

正整数 n 是同余整数当且仅当 $n = pk$, p 是任意奇素数, $k \geqslant \dfrac{p^2 - 1}{4}$. 或者 $n = 2^i k, k \geqslant 2^{2i} - 1, i \geqslant 1$, 这里 k 是任意的奇数.

反之, $n>1$ 不是同余整数当且仅当 n 具有下列形式之一:

$$p, p^2(p \neq 3), \quad pq\left(5 < p < q < \frac{p^2 - 1}{4}\right), \quad 2^i(i \geqslant 0), \quad 2^i p(i \geqslant 2, 2^{1+i/2} < p < 2^{2i} - 1),$$

此处 p, q 均为素数.

利用鸽子笼原理可以证明, 几乎所有的正整数都是同余整数. 更进一步, 我们用分析方法和素数定理证明了以下结论.

定理 7.15 设 $f(x)$ 表示不超过 x 的非同余整数的个数, 则

$$f(x) \sim \frac{cx}{\ln x},$$

其中 $c = 1 + \ln 2$.

备注 对于经典的同余数, 我们也可以定义同余整数, 即这样的正整数, 它是某个边长为正整数的直角三角形的面积. 设不超过 x 的同余整数的个数为 $g(x)$, 它的近似估计反而没有, 但我们可以证明

$$\frac{\sqrt{x}}{2} + O(1) < g(x) \leqslant \frac{1}{2\sqrt[3]{4}} x^{\frac{2}{3}} + O(x^{\frac{5}{9}}).$$

下面, 我们利用椭圆曲线理论来研究 k 同余数和 d 同余数.

定理 7.16 每个正整数 n 均为 k 同余数.

证 在式(7.36)中, 取

[①] 参见 Congruent numbers on the right trapezoid, arXiv: 1605.06774.

$$b = \left| \frac{x^2 - (k^2 - 1)^2 n^2}{(k+1)y} \right|, \quad d = \left| \frac{2nx}{y} \right|,$$

可得一簇椭圆曲线

$$E_{n,k} : y^2 = x^3 - (k^2 - 1)n^2 x,$$

这里

$$a = \left| \frac{2knx}{y} \right|, \quad c = \left| \frac{x^2 + (k^2 - 1)^2 n^2}{(k+1)y} \right|.$$

当 $k \geqslant 2$ 时, $E_{n,k}$ 是一簇特殊的同余数曲线, 我们称其为 k 同余数曲线. 注意到 $n^3 - n$ 是同余数, 若设

$$p = n + 1, \quad q = n - 1,$$

则

$$4(n^3 - n) = pq(p^2 - q^2)$$

是同余数(由欧几里得公式). 由此取 $k = n$, 则 $E_{n,n}$ 的秩数为正, 故而导出 $n > 1$ 是 k 同余数.

当 $n = 1$ 时, 任取 $k = k_1^2, k_1 > 1$, 则有 $E_{1,k} : y^2 = x^3 - (k_1^4 - 1)^2 x$, 由于 $k_1^4 - 1$ 是同余数, 上述椭圆曲线有无穷多个解. 故 1 是 k 同余数, 定理 7.16 得证.

例 7.6 取 $n = 1, k = 4$, 我们有

$$(a, b, c, d) = \left(2, \frac{4}{5}, \frac{17}{10}, \frac{1}{2} \right), \left(\frac{16}{15}, \frac{3}{2}, \frac{17}{10}, \frac{4}{15} \right), \left(\frac{544}{161}, \frac{161}{340}, \frac{141121}{54740}, \frac{136}{161} \right);$$

取 $k = n = 2$, 由椭圆曲线 $E_{2,2}$, 我们有

$$(a, b, c, d) = \left(\frac{8}{3}, 1, \frac{5}{3}, \frac{4}{3} \right), \left(\frac{80}{7}, \frac{7}{30}, \frac{1201}{210}, \frac{40}{7} \right), \left(\frac{6808}{4653}, \frac{1551}{851}, \frac{7776485}{3959703}, \frac{3404}{4653} \right);$$

取 $k = n = 3$, 由椭圆曲线 $E_{3,3}$, 我们有

$$(a, b, c, d) = \left(\frac{9}{4}, 2, \frac{5}{2}, \frac{3}{4} \right), \left(\frac{21}{40}, \frac{60}{7}, \frac{1201}{140}, \frac{7}{40} \right), \left(\frac{851}{517}, \frac{4653}{1702}, \frac{7776485}{2639802}, \frac{851}{1551} \right).$$

定理 7.17 每个正整数均为 d 同余数.

证 在式(7.37)中, 取

$$\begin{cases} a = \dfrac{(3x - d^2 - 3n)(3x - d^2 + 3n)}{3(-3y + 3dx - d^3)}, \\[3mm] b = \dfrac{2n(3x - d^2)}{-3y + 3dx - d^3}, \\[3mm] c = \dfrac{(9 - 6d^2)x^2 + 9n^2 + d^4}{3(-3y + 3dx - d^3)}. \end{cases}$$

我们得到了一簇椭圆曲线

$$E_{n,d} : y^2 = x^3 - \frac{3n^2 + d^4}{3}x + \frac{(9n^2 + 2d^4)d^2}{27},$$

我们称之为 d 同余数曲线. 令 $d=3n$, 我们有

$$E_{n,3n} : y^2 = x^3 - (1 + 27n^2)n^2 x + 3n^4(1 + 18n^2).$$

$E_{n,3n}$ 的判别式是 $\Delta = (4 + 81n^2)n^6 > 0$, 这就意味着 $E_{n,3n}$ 无奇点.

我们欲证明, 对每个正整数 n, $E_{n,3n}$ 上有无穷多个有理点, 从中选择一个点, 使其引出式(7.37)的一组解 (a,b,c,d). 注意到点 $P(-6n^2, 3n^2)$ 在曲线 $E_{n,3n}$ 上, 利用椭圆曲线的群法则(group law), 我们可得

$$[2]P = \left(\frac{(27n^2 + 1)(243n^2 + 1)}{36}, -\frac{(81n^2 + 1)(6561n^4 + 324n^2 - 1)}{216} \right).$$

易知对任意 $n \geqslant 1$, 点 $[2]P$ 的 x 轴坐标均非整数, 由 Nagell-Lutz 定理(6.2 节), 当 $n \geqslant 4$ 时, 点 $[2]P$ 是无限阶的. 故而 $E_{n,3n}$ 有无穷多有理点, 更进一步, 点 $[2]P$ 恰好使 $a, b, c, d(=3n)$ 满足式(7.37), 也即

$$\begin{cases} a = \dfrac{(729n^3 - 81n^2 + 27n + 1)(9n - 1)}{6(1 + 81n^2)}, \\[3mm] b = \dfrac{12n(1 + 81n^2)}{(1 + 9n)(729n^3 + 81n^2 + 27n - 1)}, \\[3mm] c = \dfrac{43046721n^8 + 2125764n^6 + 39366n^4 + 1620n^2 + 1}{6(1 + 81n^2)(1 + 9n)(729n^3 + 81n^2 + 27n - 1)}. \end{cases}$$

定理 7.17 得证.

例 7.7　依次取 $n=1, 2, 3$, 由椭圆曲线 $E_{n,3n}$, 我们有

$$(a,b,c,d) = \left(\frac{1352}{123}, \frac{123}{1045}, \frac{1412921}{128535}, 3 \right);$$

$$(a,b,c,d)=\left(\frac{94571}{1950},\frac{7800}{117971},\frac{11156645809}{230043450},6\right),$$

$$(a,b,c,d)=\left(\frac{123734}{1095},\frac{3285}{71722},\frac{8874450677}{78535590},9\right).$$

进一步, 我们还有以下结果:

对于任意正整数 $k\geqslant 2$, 存在无穷多个正整数 n, n 是 k 同余数.

由定理 7.15 的证明知, 对于 $n=1$, 存在无穷多个正整数 k, 使得 1 是 k 同余数. 对于 $n\geqslant 2$, 一般的结果却难得到, 但我们却有如下结论:

若 n 是平方数, 则存在无穷多个正整数 k, 使得 n 是 k 同余数.

借助计算机的帮助, 我们提出了一个新猜想:

猜想 7.11　对于任意正整数 n, 存在无穷多个正整数 k, 使得 n 是 k 同余数.

对于 d 同余数, 我们也有以下结果:

任给正整数 d, 若正整数 $n\neq d^2$, 则 n 是 d 同余数. 任给正整数 n, 除非 $d^2=n$, 否则 n 是 d 同余数.

对于任意正整数 d, d^2 不是 d 同余数.

7.6　$abcd$ 方程

本节要介绍的 $abcd$ 方程是作者在 2013 年 1 月提出来的, 可能是本书最具原创性的问题, 其研究的方法既精妙又丰富, 且难度无法估量. 无论对其有解性的判断, 还是有解时解的个数和结构, 都是非常值得探讨的问题. 对此作者和陈德溢[①]做了初步的探讨.

定义 7.4　设 n 是正整数, a,b,c,d 是正有理数, 所谓 $abcd$ 方程是指

$$n=(a+b)(c+d),\qquad\qquad(7.38)$$

其中 $abcd=1$.

由算术-几何不等式, $(a+b)(c+d)\geqslant 2\sqrt{ab}\times 2\sqrt{cd}=4$, 故当 $n=1,2$ 或 3 时式 (7.38) 无解. 另一方面, $4=(1+1)(1+1),5=(1+1)\left(2+\dfrac{1}{2}\right)$.

---

① 参见 On abcd equation, preprint.

容易看出, 若式(7.38)有正有理数解, 则

$$n = x + \frac{1}{x} + y + \frac{1}{y} \tag{7.39}$$

也有正有理数解. 反之亦然, 这是因为

$$x + \frac{1}{x} + y + \frac{1}{y} = (x + y)\left(1 + \frac{1}{xy}\right).$$

不难看出, 式(7.39)的每组解对应于式(7.38)的无穷多组解 $\left(ka, kb, \dfrac{c}{k}, \dfrac{d}{k}\right)$. 特别地, 式(7.39)有唯一解 $(x, y) = (1, 1)\ (n = 4), (x, y) = (2, 2)\ (n = 5)$. 前者显然, 后者的证明需要用到椭圆曲线的理论.

定理 7.18 当 $8 \mid n$ 或 $2 \| n$ 时, $abcd$ 方程无解; 当 n 为奇数或 $4 \| n$, 且 n 含有模 4 余 3 的素因子时, $abcd$ 方程也无解.

证 若式(7.39)有解, 则存在正整数 a_1, b_1, c_1, d_1, 使得

$$n = \frac{a_1}{b_1} + \frac{b_1}{a_1} + \frac{c_1}{d_1} + \frac{d_1}{c_1}, \quad (a_1, b_1) = (c_1, d_1) = 1.$$

等式两端同乘以 $a_1 b_1$, 则有

$$a_1 b_1 n - (a_1^2 + b_1^2) = \frac{a_1 b_1}{c_1 d_1}(c_1^2 + d_1^2).$$

因为 $(c_1 d_1, c_1^2 + d_1^2) = 1$, 故必 $c_1 d_1 \mid a_1 b_1$, 否则右边不为整数. 同理可证, $a_1 b_1 \mid c_1 d_1$, 故而 $a_1 b_1 = c_1 d_1$.

另一方面, 我们有

$$a_1 b_1 n = a_1^2 + b_1^2 + c_1^2 + d_1^2 = (a_1 \pm b_1)^2 + (c_1 \mp d_1)^2. \tag{7.40}$$

按奇偶性、对称性和 $a_1 b_1 = c_1 d_1$, 可将 (a_1, b_1, c_1, d_1) 分成两种情况, 即(奇, 奇, 奇, 奇)和(奇, 偶, 奇, 偶). 由偶数的平方模 4 余 0, 奇数的平方模 8 余 1 可以推得, 当 $8 \mid n$, 或 $2 \| n$ 时, 式(7.40)无解, 从而 $abcd$ 方程无解.

当 n 为奇数或 $4 \| n$ 时, 由二次剩余理论可知, 式(7.40)左边或 n 不能含有模 4 余 3 的素因子. 不然的话, 设素数 $p \equiv 3 \pmod 4$, 若 $p \mid (c_1 + d_1)$, $p \mid (c_1 - d_1)$, 则 $p \mid (c_1, d_1)$. 矛盾! 又若 $p \nmid (c_1 \pm d_1)$, 则有 $\left(\dfrac{-(c_1 \pm d_1)^2}{p}\right) = -1$, 其中 $(\ )$ 是勒让德符号. 矛盾! 定理 7.18 得证.

下面我们考虑方程

$$n = \left(a + \frac{1}{a} \right) \left(b + \frac{1}{b} \right) \tag{7.41}$$

此处 a 和 b 均是正整数. 显然, 若式(7.41)有解, 则 $abcd$ 方程也有解. 式(7.41)有解当且仅当

$$a \mid (b^2 + 1), b \mid (a^2 + 1).$$

由 F 完美数一节知, 满足上述条件的解当且仅当 $a = F_{2k-1}, b = F_{2k+1}$. 再由斐波那契序列的卡西尼恒等式即得下面的结论:

定理 7.19 当且仅当 $n = F_{2k-3}F_{2k+3}(k \geqslant 0)$ 时, 式(7.41)有解, 且其解为

$$(a,b) = (F_{2k-1}, F_{2k+1}).$$

由定理 7.19 可知, 存在无穷多个 $n(4, 5, 13, 68, 445, 3029, 20740, \cdots)$, 使得 $abcd$ 方程有解.

不仅如此, 利用皮萨罗周期我们可以证明如下结论:

定理 7.20 若 n 为奇数, 式(7.41)有解, 则必有 $n \equiv 5 (\mathrm{mod} \, 8)$. 若 n 为偶数, 式(7.41)有解, 则必有 $n = 4m, m \equiv 1 (\mathrm{mod} \, 16)$.

证 若式(7.41)有解, 由定理 7.19, $n = F_{2k-3}F_{2k+3}$. 由 3.1 节知, 斐波那契序列对模 8 的皮萨罗循环是 $\{1,1,2,3,5,0,5,5,2,7,1,0\}$, 长度为 12, 故 n 的循环长度为 6. 当 $k=3$ 或 6 时, n 为偶数; 而当 $k=1, 2, 4$ 或 5 时, 有 $n \equiv 5 (\mathrm{mod} \, 8)$. 故而易知, n 为偶数, 式(7.41)有解时, $n = F_{6k-3}F_{6k+3}$. 又因为斐波那契数列 $F_{6s+3} \equiv 2 (\mathrm{mod} \, 32)$, 即形如 $32k+2$, 两数相乘后必有 $n \equiv 4 (\mathrm{mod} \, 64)$. 定理 7.20 得证.

现在考虑方程

$$n = \left(\frac{a}{b} + \frac{b}{a} \right) \left(\frac{c}{d} + \frac{d}{c} \right), \tag{7.42}$$

此处 a, b, c 和 d 均为正整数, 且 $(a, b) = (c, d) = 1$.

显然, 式(7.41)是式(7.42)的特殊情形. 若式(7.42)有解, 则式(7.38)和式(7.39)也有解. 反之亦然.

事实上, 若式(7.39)有解, 取 $x = \frac{a_1}{b_1}, y = \frac{c_1}{d_1}$, 注意到由定理 7.18 的证明, 有 $a_1 b_1 = c_1 d_1$. 代入式(7.39), 即得

$$n = (x+y) \left(1 + \frac{1}{xy} \right) = \left(\frac{a_1}{c_1} + \frac{c_1}{a_1} \right) \left(\frac{c_1}{b_1} + \frac{b_1}{c_1} \right),$$

皮萨罗时代北非贝贾亚的钱币

故式(7.42)有解. 我们把式(7.38), 式(7.39)和式(7.42)通称为 $abcd$ 方程.

对于式(7.42), 目前我们只获得部分结果.

例如 $b=1$ 时, 有以下新解:

- $[a,1,c,2]$, 这里 $2c\,|\,a^2+1, a\,|\,c^2+4$, 有解

$$[a,c;n]=[17,145;1237], \quad [337,41;6925],$$

其中 1237 是素数;

- $[a,1,c,d]$, 这里 a, c, d 是奇数, $cd\,|\,a^2+1, a\,|\,c^2+d^2$, 有解

$$[a,c,d;n]=[157,5,17;580], \quad [73,13,205;1156], \quad [697,5,37;5252],$$

$$[33169,17,257; 32976266756];$$

- $[a,1,c,(a^2+1)/c]$, 这里 $a\,|\,c^4+1, c\,|\,a^2+1$, 有解

$[a,c;n]=[17,2;1237], \quad [73,10;3893], \quad [697,202;8357], \quad [137,10;25717],$
$[4097,1657;25717], \quad [313,5;1226597], \quad [3778,85;7463597],$
$[13817,85;365092933];$

- $[c^2+d^2,1,c,d]$, 这里 $c\,|\,(d^4+1), d\,|\,(c^4+1)$, 有解

$[a,c;n]=[2.17;2525], \quad [41,137;74453], \quad [386,35521;116137055245],$
$[41,20626;214025054125], \quad [386,624977;632419324106333];$

- 又如 $[a,b,c,(a^2+b^2)/c]$, 这里 $c\,\big|\,(a^2+b^2), a\,\big|\,(b^4+c^4), b\,\big|\,(a^4+c^4)$, 有解

$$[a,b,c;n]=[2,641,5;5267597], \quad [17,3394,29;2734717].$$

这样一来, 我们一共找到 7 个素数使得 $abcd$ 方程有解, 除了 5 和 13, 还有 1237, 25717, 74453, 2734717, 365092933.

更有趣的是, 我们可以得到无穷多组解满足方程(7.41), 即 $abcd$ 方程. 例如, $(c, d)=$ (1,1), (41,137),(386,35521), 每一组都产生一个序列, 每个序列中任何两个相邻的数都会产生式(7.41)的一个解, 它对应的是 $n=\left\{\left(c^2+d^2\right)^2+1\right\}\big/cd$.

前三组序列是

$\cdots$, 41761, 17, 2, 1, 1, 2, 17, 41761, $\cdots$;

$\cdots$, 20626, 41, 137, 8592082, $\cdots$;

$\cdots$, 624977, 386, 35531, $\cdots$;

其中, 每个相邻的三数组 $\{a, b, c\}$ 满足 $ac=b^4+1$.

定理 7.21 设 $abcd$ 方程有解, n 为奇数或满足 $4\,\|\,n$, n 不含模 4 余 3 的素因子,

且若 $n\pm4$ 有模 4 余 3 的素因子 p，则必 $p^{2k}\|(n\pm4)$，其中 k 为正整数.

证 由定理 7.18 的证明可知，若式(7.39)有解，则存在正整数 $a,b,c,d,(a,b)=(c,d)=1,ab=cd$，使得

$$nab=(a\pm b)^2+(c\mp d)^2.$$

由二次剩余理论易知，a,b 不存在模 4 余 3 的素因子. 移项可得

$$(n\pm4)ab=(a\pm b)^2+(c\pm d)^2. \tag{7.43}$$

设有素数 $p\equiv3(\bmod4)$，满足 $p|(n+4)$，若 $p\nmid(c+d)$，由二次剩余理论知式(7.43)不可能成立；而若 $p|(c+d)$，则 $p|(a+b)$，故 $p^2|(n+4)$. 又若 $p^k|(n+4),k>2$，将式(7.43)两端除以 p^2，继续之，可证得 $p^{2k}|(n+4)$. 同理可证，若有 $p\equiv3(\bmod4)$，满足 $p|(n-4)$，则有 $p^{2k}\|(n-4)$. 定理 7.21 得证.

推论 (1) 对于任意非负整数 k，若 $n=F_{2k-3}F_{2k+3}$，则 n 必为奇数或满足 $4\|n$，n 不含模 4 余 3 的素因子；且若 $n\pm4$ 有模 4 余 3 的素因子 p，则必 $p^{2k}\|(n\pm4)$，其中 k 为正整数.

(2) 当 $n=4m$ 时，若 $abcd$ 方程有解，则必有 $m\equiv1(\bmod8)$.

证 由定理 7.18，$m\equiv1(\bmod4)$，若 $m=8k+5$，则 $n+4=8(4k+3)$，$n+4$ 必含模 4 余 3 的素因子. 由定理 7.21，$abcd$ 方程无解. 矛盾！故必 $m\equiv1(\bmod8)$.

由定理 7.18、定理 7.19 和定理 7.21，在不超过 1000 的正整数里，除了 4, 5, 13, 68, 445 和 580 有解以外，$abcd$ 方程有解的可能的 n 为 41, 85, 113, 149, 229, 265, 292, 365, 373, 401, 481, 545, 761, 769, 797, 877, 905, 932.

猜想 7.12 若正整数 $n\equiv1(\bmod8)$，则 $abcd$ 方程无解.

猜想 7.13 若 $n=4m$，$abcd$ 方程有解，则必有 $m\equiv1(\bmod16)$.

备注 在上述两个猜想成立的条件下，1000 以内有可能使 $abcd$ 方程有解的 n 尚有 85, 149, 229, 365, 373, 797, 877.

又，149 有下列两正两负解，即

$$149=\frac{14640}{91}+\frac{91}{14640}-\frac{3965}{336}-\frac{336}{3965}$$
$$=\left(\frac{14640}{91}-\frac{336}{3965}\right)\left(1-\frac{91\times3965}{14640\times336}\right).$$

问题 7.2 是否存在多个正整数 n, 使得式(7.41)无解而 $abcd$ 方程有解?

问题 7.3 是否存在无穷多个素数 n, 使得 $abcd$ 方程有解?

问题 7.4 是否存在正整数 n, 满足 $n=(a+b)(c+d)$, $abcd=1$, $ab \neq k^2$?

备注 如果定义 7.4 的其他假设不变, 而让最后一个条件 $abcd=1$ 改为 $abcd=k^2$, 则可以得到 $abcd$ 方程的推广. 上述 $abcd$ 方程有解的充分和必要条件仍部分存在, 那将是值得探讨的新问题.

下面我们讨论式(7.39)有解时解的个数. 由算术-几何不等式, 易知 $n=4$ 时, 式(7.39)有唯一解. 对于 $n>4$ 的情形, 我们需要把式(7.39)转化为椭圆曲线.

定理 7.22 设 $n>4$,

$$E_n : Y^2 = X^3 + (n^2 - 8)X^2 + 16X$$

是一簇椭圆曲线, 则式(7.39)有解当且仅当 E_n 上有满足 $X<0$ 的有理点.

证 设 $x \geqslant 1, y \geqslant 1, x+y > 2$, 考虑变换

$$
\begin{cases}
x = \dfrac{s+nt}{2(t+t^2)}, \\
y = \dfrac{s+nt}{2(1+t)},
\end{cases}
\quad s,t > 0, \tag{7.44}
$$

其逆变换为

$$
\begin{cases}
t = \dfrac{y}{x}, \\
s = \dfrac{2y^2 + (2x-n)y}{x}.
\end{cases}
$$

故式(7.43)为一一对应变换. 将其代入式(7.39), 可得

$$n = \frac{(s+nt)^2 + 4t(1+t^2)^2}{2t(s+nt)}.$$

经化简, 并令

$$
\begin{cases}
X = -4t, \\
Y = 4s,
\end{cases}
$$

即得 E_n. 定理 7.22 得证.

这里

$$\begin{cases} x = \dfrac{2Y - 2nX}{X^2 - 4X}, \\ y = \dfrac{Y - nX}{2(4 - X)}. \end{cases} \tag{7.45}$$

例 7.8 方程 $5 = x + \dfrac{1}{x} + y + \dfrac{1}{y}$ 有唯一的正有理数解 $x = y = 2$.

解 由定理 7.22 可知, 只需求下列椭圆曲线的解:

$$E_5 : Y^2 = X^3 + 17X^2 + 16X, \quad X < 0.$$

利用 Magma 程序包, 可求得 E_5 的秩 rank $E_5 = 0$. 再由莫德尔定理,

$$E_5(\mathbf{Q}) \cong T \oplus Z^{\text{rank}(E_5)}$$

此处 T 为 E_5 的挠部, 经计算求得 E_5 的全部有理点为

$$E_5(\mathbf{Q})_{\text{Torsion}} = \{(-16,0), (-4,-12), (-4,12), (-1,0), (0,1), (4,-20), (4,20), \infty\},$$

最后一个为无穷远点. 依次代入式(7.45), 仅有一个是解 $x = y = 2$.

下面考虑一般的 n, 在有正有理数解时解为无穷多组的情形. 为此我们需要下列 Nagell-Lutz 定理的变种[①].

引理 7.9 设有非奇异的魏尔斯特拉斯(Weierstrass)型的椭圆曲线

$$y^2 = x^3 + ax^2 + bx,$$

其中 a 和 b 是整数. 若 (x, y) 是其上阶为有限的点, $y \neq 0$, 则 $x \mid b$, 且 $x + a + \dfrac{b}{x}$ 是完全平方.

定理 7.23 当 $n \geqslant 6$ 时, $E_n : Y^2 = X^3 + (n^2 - 8)X^2 + 16X$ 的挠点(torsion point)为

$$(0,0), \quad (4,-4n), \quad (4,4n), \quad \infty.$$

证 容易验算, $(0,0), (4,-4n), (4,4n), \infty$ 均为 E_n 的挠点. 下证它们是 E_n 的所有挠点. 当 $Y = 0$ 时, 注意到 $n \geqslant 6$, 故 $X^3 + (n^2 - 8)X^2 + 16X = 0$ 有唯一的有理数解 $X = 0$. 当 $Y \neq 0$ 时, 设 (X,Y) 是 E_n 的挠点. 由引理 7.9 可得, $X \mid 16$ 且 $X + n^2 - 8 + \dfrac{16}{X}$ 是平方数.

由 $X \mid 16$ 可得, $X \in \{1, 2, 4, 8, 16\}$. 若 $X = 4$, 则 $X + n^2 - 8 + \dfrac{16}{X} = n^2$ 是平方数.

---

① 参见 Silverman J. Tate J. Rational points on elliptic curves, Springer, 2004, P. 104, Ex. 3.7.

若 $X \in \{1,2,8,16\}$ ，则 $X + n^2 - 8 + \dfrac{16}{X} = n^2 + 2$ 或 $n^2 + 9$ ，可 $n^2 + 2$ 不是平方数，

$n^2 + 9$ 是平方数当且仅当 $n = 0, 4$. 因此，当 $Y \neq 0$ 时，若 (X,Y) 是 E_n 的挠点，则 $X = 4$ ，由此可得 $Y = \pm 4n$. 定理 7.23 得证.

定理 7.24 当 $n \geqslant 6$ 时，若 $abcd$ 方程有正有理数解，则必有无穷多组有理数解.

证 只需证明当 $n \geqslant 6$ 时，若 $E_n : Y^2 = X^3 + (n^2 - 8)X^2 + 16X$ 有一个有理点 $P_0(X_0, Y_0)$ 满足 $X_0 < 0$ ，则有无穷多个有理点满足 $X < 0$. 事实上，由定理 7.23，$P_0(X_0, Y_0)$ 不是挠点，故 $[n]P_0$ 互不相同. 只需证明 $[3]P_0$ 满足 $X < 0$ ，即可递推得到 $[2k+1]P_0$ 满足 $X < 0$. 下证 $[3]P_0$ 满足 $X < 0$.

首先，若直线 $Y = kX + b$ ，$b \neq 0$ 与 $Y^2 = X^3 + (n^2 - 8)X^2 + 16X$ 有交点，代入可得

$$X^3 + (n^2 - 8 - k^2)X^2 + (16 - 2kb)X - b^2 = 0.$$

故方程所有根的乘积是正数. 因此，E_n 过 P_0 的切线与 E_n 的交点满足 $X > 0$（因为有两重根 $X_0 < 0$），由对称性即得 $[2]P_0$ 满足 $X > 0$. 再者，连接 P_0 和 $[2]P_0$ 的直线与 E_n 的交点满足 $X < 0$（因为 $X_0 < 0$ ，$[2]P_0$ 满足 $X > 0$）. 故而，由对称性即得 $[3]P_0$ 满足 $X < 0$. 定理 7.24 得证.

例 7.9 方程 $13 = x + \dfrac{1}{x} + y + \dfrac{1}{y}$ 有无穷多个正有理数解.

由定理 7.22 知，只需求下列椭圆曲线的解：

$$E_{13} : Y^2 = X^3 + 161X^2 + 16X, \ X < 0.$$

利用 Magma 程序包，可求得 E_{13} 的秩为 1. 再由莫德尔定理，可求得 E_{13} 的生成元为 $P(X,Y) = (-100, 780)$. 利用群法则可知，E_{13} 满足 $X < 0$ 的所有有理点为 $[2k+1]P$. 此处 k 为任意非负整数. 将其代入式 (7.44)，依次可得

$$[1]P = (-100, 780)(k = 0), (x, y) = \left(\frac{2}{5}, 10 \right);$$

$$[3]P = \left(-\frac{6604900}{776161}, \frac{71411669940}{683797841} \right)(k = 1), \quad (x, y) = \left(\frac{924169}{228730}, \frac{1347965}{156818} \right);$$

$$[5]P = \left(-\frac{31274879093702500}{57589364171021281}, \frac{85900073394621020231661900}{13820171278324441779434321} \right)(k = 2),$$

$$(x, y) = \left(\frac{33896240819350898}{3149745790659725}, \frac{12489591059767450}{8548281631402489} \right).$$

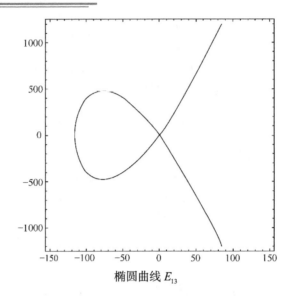

椭圆曲线 E_{13}

备注　田野告知, 通过检验椭圆曲线 E_n 的 ε 因子, 由 BSD 猜想可以推出: 若正奇数 n 的不同素因子个数与 n^2-16 的模 4 余 1 的不同素因子个数同奇偶, 则一定存在有理数组 (a,b,c,d) 满足方程(7.38)(遗憾不是正的). 潘锦钊求出了 $n=11,15$ 和 19 时的一组解, 分别是

$$\left(-\frac{64}{9},1,-\frac{15}{8},\frac{3}{40}\right),\ \left(-64,1,-\frac{7}{24},\frac{3}{56}\right),\ \left(-\frac{14161}{576},1,-\frac{1320}{1547},\frac{312}{6545}\right).$$

最后, 作为本章也是本书的结束, 我们再给出加乘数论的一个例子. 考虑 5.1 节的埃及分数问题, 注意到 $5=4+\frac{1}{2}+\frac{1}{2},4\times\frac{1}{2}\times\frac{1}{2}=1$. 故对任意正整数 n, 下列席宾斯基型加乘方程

$$\begin{cases}\dfrac{5}{n}=x+y+z,\\[2mm]xyz=\dfrac{1}{A}\end{cases}$$

恒有解. 这里 x,y,z 是正有理数, 而 A 是正整数. 然而, 我们却找不到下列方程的正有理数解,

$$\begin{cases}4=x+y+z,\\[2mm]xyz=\dfrac{1}{A},\end{cases}$$

也无法断定这样的解不存在. 到目前为止, 我们只求得一般的有理解, 例如, $(x, y,$

$$z) = \left(-\frac{1}{6}, -\frac{1}{3}, \frac{9}{2} \right).$$

因此, 我们无法对一般的正整数 n, 判断下列爱多士-斯特劳斯加乘方程的可解性(A 为正整数),

$$\begin{cases} \dfrac{4}{n} = x + y + z, \\ xyz = \dfrac{1}{A}. \end{cases}$$

上述方程的可解性可谓是弱爱多士-斯特劳斯猜想. 由此也可以推测, 爱多士-斯特劳斯猜想的难度可能超过席宾斯基猜想.

另一方面, 对任意正整数 n, 设 $A(n)$ 是最小的正整数 A, 使得下列加乘方程有正有理数解(A 为正整数):

$$\begin{cases} n = x + y + z, \\ xyz = \dfrac{1}{A}. \end{cases} \tag{7.46}$$

因为 $1 = \dfrac{1}{3} + \dfrac{1}{3} + \dfrac{1}{3}$, $2 = 1 + \dfrac{1}{2} + \dfrac{1}{2}$, 再由算术-几何不等式可得 $A(1) = 27$, $A(2) = 4$. 又因为

$$3 = 1 + 1 + 1, \quad 5 = 4 + \frac{1}{2} + \frac{1}{2}, \quad 6 = \frac{9}{2} + \frac{4}{3} + \frac{1}{6},$$

$$9 = \frac{49}{6} + \frac{9}{14} + \frac{4}{21}, \quad 10 = \frac{324}{35} + \frac{25}{126} + \frac{49}{90},$$

可以求得 $A(3) = A(5) = A(6) = A(9) = A(10) = 1$. 事实上, 当 $A = 1$ 时, 式(7.46) 等价于

$$x^3 + y^3 + z^3 = nxyz,$$

或

$$n = \frac{x}{y} + \frac{y}{z} + \frac{z}{x},$$

这里 x, y, z 为正整数. 依据已有的计算结果[①], 在不超过 100 的数中间, 上述方程有解的 n 是 3, 5, 6, 9, 10, 13, 14, 17, 18, 19, 21, 26, 29, 30, 38, 41, 51, 53, 54, 57, 66, 67, 69, 73, 74, 77, 83, 86, 94.

对其余的 n, 如果不是 4 或 4 的倍数, 我们可以用 Magma 程序包和椭圆曲线理论. 例如, $A(7) = 6$, 它的一个解是 $\left(\dfrac{4232}{825}, \dfrac{1875}{1012}, \dfrac{121}{6900} \right)$. 可是, 对于 $n = 4$ 或 4 的倍

---

① 参见 http://oeis.org/A072716.

数, 我们却难以确定 $A(n)$.

综观以上 6 类问题, 仍有许多引人入胜的工作要做. 这应是本书最有价值的部分, 我们期待它们能绽放艳丽的花朵, 结出丰硕的果实. 自从 1995 年费尔马大定理被攻克以来, 数论领域捷报频传, 先是卡塔兰猜想(2002)获得证明, 然后是 abc 猜想(2012, 2020)和奇数哥德巴赫问题(2013)被宣布解决(前者仍有待检验), 孪生素数猜想(2013)也取得了重大突破. 另一方面, 这也是一把双刃剑, 给数论界敲响了警钟: 会下金蛋的鸡越来越少了. 但愿, 本书的出版会是一缕清醒的空气、一股新鲜的血液, 能够催生出一两只雏鸡.

参 考 文 献

艾格纳, 齐格勒, 2011. 数学天书中的证明. 冯荣权, 宋春伟, 宗传明, 译. 4 版. 北京: 高等教育出版社.

蔡天新, 2016. 数学传奇——那些难以企及的人物. 北京: 商务印书馆.

蔡天新, 2017. 数学简史. 北京: 中信出版社.

蔡天新, 2018. 数学的故事. 北京: 中信出版社.

陈景润, 1978. 初等数论 I、II. 北京: 科学出版社.

冯克勤, 2000. 代数数论. 北京: 科学出版社.

赫克, 2005. 代数数理论讲义. 王元, 译. 北京: 科学出版社.

黑川信重, 栗原将人, 斎藤毅, 2009. 数论 II: 岩泽理论和自守形式. 印林生, 胥鸣伟, 译. 北京: 高等教育出版社.

华罗庚, 1979. 数论导引. 北京: 科学出版社.

霍尔, 1977. 高斯: 伟大数学家的一生. 田光复, 朱建正, 等译. 台北: 台湾凡异出版社.

加藤和也, 黑川信重, 斎藤毅, 2009. 数论 I: 费尔马的梦想和类域论, 胥鸣伟, 印林生, 译. 北京: 高等教育出版社.

柯召, 孙琦, 2005. 数论讲义(上、下册). 2 版. 北京: 高等教育出版社.

闵嗣鹤, 严士健, 2005. 初等数论. 3 版. 北京: 高等教育出版社.

潘承洞, 潘承彪, 1991a. 初等代数数论. 济南: 山东大学出版社.

潘承洞, 潘承彪, 1991b. 解析数论基础. 北京: 科学出版社.

潘承洞, 潘承彪, 1992. 初等数论. 北京: 北京大学出版社.

维诺格拉陀夫, 1956. 数论基础. 裴光明, 译. 北京: 高等教育出版社.

Apostol T M, 1984. Introduction to analytic number theory. Berlin: Springer-Verlag.

Baker A, 1986. A concise introduction to the theory of numbers. Cambridge: Cambridge University Press.

Cox A, 2013. Primes of the form x^2+ny^2. 2nd ed. Cambridge: Cambridge University Press.

Davenport H, 1982. The higher arithmetic. 5th ed. Cambridge: Cambridge University Press.

Diamond F, Shurman J, 2004. A first course in modular forms. Berlin: Springer-Verlag.

Dickson L E, 1999. History of the theory of numbers I-III. New York: AMS Chelsea Publishing.

Erickson M, Vazzana A, 2008. Introduction to number theory. Boca Raton: Chapman & Hall.

Flath D E, 1989. Introduction to number theory. Hoboken: John Wiley & Sons.

Gauss C F, 1986. Disquisitiones Arithmeticae. Berlin: Springer-Verlag.

Guy R, 2007. Unsolved problems in number theory. 3rd ed. Berlin: Springer-Verlag.

Halberstam H, Richert H E, 1976. Sieve methods. Pittsburgh Academic Press.

Hardy G H, Wright E M, 1979. An introduction to the theory of numbers. 5th ed. Oxford: Oxford University Press.

Ireland K, Rosen M, 1982. A classic introduction to number theory. Berlin: Springer-Verlag.

Le Veque W J, 1990. Elementary theory of numbers. Mineola: Dover Publications.

Murty M R, 2002. Introduction to p-adic analytic number theory. Boston: International Press.

Ore O, 1948. Number theory and its history. New York: Dover Publications.

Ribenboim P, 1979. 13 lectures on Fermat's last theorem. Berlin: Springer-Verlag.

Scharlau W, Opolka H, 1985. From Fermat to Minkowski. Berlin: Springer-Verlag.

Schroeder M R, 1984. Number theory in science and communication. Berlin: Springer-Verlag.

附录 10000 以内素数表

2	131	307	491	691	911
3	137	311	499	701	919
5	139	313	503	709	929
7	149	317	509	719	937
11	151	331	521	727	941
13	157	337	523	733	947
17	163	347	541	739	953
19	167	349	547	743	967
23	173	353	557	751	971
29	179	359	563	757	977
31	181	367	569	761	983
37	191	373	571	769	991
41	193	379	577	773	997
43	197	383	587	787	1009
47	199	389	593	797	1013
53	211	397	599	809	1019
59	223	401	601	811	1021
61	227	409	607	821	1031
67	229	419	613	823	1033
71	233	421	617	827	1039
73	239	431	619	829	1049
79	241	433	631	839	1051
83	251	439	641	853	1061
89	257	443	643	857	1063
97	263	449	647	859	1069
101	269	457	653	863	1087
103	271	461	659	877	1091
107	277	463	661	881	1093
109	281	467	673	883	1097
113	283	479	677	887	1103
127	293	487	683	907	1109

1117	1399	1621	1907	2179	2441
1123	1409	1627	1913	2203	2447
1129	1423	1637	1931	2207	2459
1151	1427	1657	1933	2213	2467
1153	1429	1663	1949	2221	2473
1163	1433	1667	1951	2237	2477
1171	1439	1669	1973	2239	2503
1181	1447	1693	1979	2243	2521
1187	1451	1697	1987	2251	2531
1193	1453	1699	1993	2267	2539
1201	1459	1709	1997	2269	2543
1213	1471	1721	1999	2273	2549
1217	1481	1723	2003	2281	2551
1223	1483	1733	2011	2287	2557
1229	1487	1741	2017	2293	2579
1231	1489	1747	2027	2297	2591
1237	1493	1753	2029	2309	2593
1249	1499	1759	2039	2311	2609
1259	1511	1777	2053	2333	2617
1277	1523	1783	2063	2339	2621
1279	1531	1787	2069	2341	2633
1283	1543	1789	2081	2347	2647
1289	1549	1801	2083	2351	2657
1291	1553	1811	2087	2357	2659
1297	1559	1823	2089	2371	2663
1301	1567	1831	2099	2377	2671
1303	1571	1847	2111	2381	2677
1307	1579	1861	2113	2383	2683
1319	1583	1867	2129	2389	2687
1321	1597	1871	2131	2393	2689
1327	1601	1873	2137	2399	2693
1361	1607	1877	2141	2411	2699
1367	1609	1879	2143	2417	2707
1373	1613	1889	2153	2423	2711
1381	1619	1901	2161	2437	2713

2719	3011	3319	3583	3877	4157
2729	3019	3323	3593	3881	4159
2731	3023	3329	3607	3889	4177
2741	3037	3331	3613	3907	4201
2749	3041	3343	3617	3911	4211
2753	3049	3347	3623	3917	4217
2767	3061	3359	3631	3919	4219
2777	3067	3361	3637	3923	4229
2789	3079	3371	3643	3929	4231
2791	3083	3373	3659	3931	4241
2797	3089	3389	3671	3943	4243
2801	3109	3391	3673	3947	4253
2803	3119	3407	3677	3967	4259
2819	3121	3413	3691	3989	4261
2833	3137	3433	3697	4001	4271
2837	3163	3449	3701	4003	4273
2843	3167	3457	3709	4007	4283
2851	3169	3461	3719	4013	4289
2857	3181	3463	3727	4019	4297
2861	3187	3467	3733	4021	4327
2879	3191	3469	3739	4027	4337
2887	3203	3491	3761	4049	4339
2897	3209	3499	3767	4051	4349
2903	3217	3511	3769	4057	4357
2909	3221	3517	3779	4073	4363
2917	3229	3527	3793	4079	4373
2927	3251	3529	3797	4091	4391
2939	3253	3533	3803	4093	4397
2953	3257	3539	3821	4099	4409
2957	3259	3541	3823	4111	4421
2963	3271	3547	3833	4127	4423
2969	3299	3557	3847	4129	4441
2971	3301	3559	3851	4133	4447
2999	3307	3571	3853	4139	4451
3001	3313	3581	3863	4153	4457

4463	4783	5059	5399	5669	5981
4481	4787	5077	5407	5683	5987
4483	4789	5081	5413	5689	6007
4493	4793	5087	5417	5693	6011
4507	4799	5099	5419	5701	6029
4513	4801	5101	5431	5711	6037
4517	4813	5107	5437	5717	6043
4519	4817	5113	5441	5737	6047
4523	4831	5119	5443	5741	6053
4547	4861	5147	5449	5743	6067
4549	4871	5153	5471	5749	6073
4561	4877	5167	5477	5779	6079
4567	4889	5171	5479	5783	6089
4583	4903	5179	5483	5791	6091
4591	4909	5189	5501	5801	6101
4597	4919	5197	5503	5807	6113
4603	4931	5209	5507	5813	6121
4621	4933	5227	5519	5821	6131
4637	4937	5231	5521	5827	6133
4639	4943	5233	5527	5839	6143
4643	4951	5237	5531	5843	6151
4649	4957	5261	5557	5849	6163
4651	4967	5273	5563	5851	6173
4657	4969	5279	5569	5857	6197
4663	4973	5281	5573	5861	6199
4673	4987	5297	5581	5867	6203
4679	4993	5303	5591	5869	6211
4691	4999	5309	5623	5879	6217
4703	5003	5323	5639	5881	6221
4721	5009	5333	5641	5897	6229
4723	5011	5347	5647	5903	6247
4729	5021	5351	5651	5923	6257
4733	5023	5381	5653	5927	6263
4751	5039	5387	5657	5939	6269
4759	5051	5393	5659	5953	6271

6277	6581	6899	7213	7547	7853
6287	6599	6907	7219	7549	7867
6299	6607	6911	7229	7559	7873
6301	6619	6917	7237	7561	7877
6311	6637	6947	7243	7573	7879
6317	6653	6949	7247	7577	7883
6323	6659	6959	7253	7583	7901
6329	6661	6961	7283	7589	7907
6337	6673	6967	7297	7591	7919
6343	6679	6971	7307	7603	7927
6353	6689	6977	7309	7607	7933
6359	6691	6983	7321	7621	7937
6361	6701	6991	7331	7639	7949
6367	6703	6997	7333	7643	7951
6373	6709	7001	7349	7649	7963
6379	6719	7013	7351	7669	7993
6389	6733	7019	7369	7673	8009
6397	6737	7027	7393	7681	8011
6421	6761	7039	7411	7687	8017
6427	6763	7043	7417	7691	8039
6449	6779	7057	7433	7699	8053
6451	6781	7069	7451	7703	8059
6469	6791	7079	7457	7717	8069
6473	6793	7103	7459	7723	8081
6481	6803	7109	7477	7727	8087
6491	6823	7121	7481	7741	8089
6521	6827	7127	7487	7753	8093
6529	6829	7129	7489	7757	8101
6547	6833	7151	7499	7759	8111
6551	6841	7159	7507	7789	8117
6553	6857	7177	7517	7793	8123
6563	6863	7187	7523	7817	8147
6569	6869	7193	7529	7823	8161
6571	6871	7207	7537	7829	8167
6577	6883	7211	7541	7841	8171

8179	8513	8783	9103	9403	9697
8191	8521	8803	9109	9413	9719
8209	8527	8807	9127	9419	9721
8219	8537	8819	9133	9421	9733
8221	8539	8821	9137	9431	9739
8231	8543	8831	9151	9433	9743
8233	8563	8837	9157	9437	9749
8237	8573	8839	9161	9439	9767
8243	8581	8849	9173	9461	9769
8263	8597	8861	9181	9463	9781
8269	8599	8863	9187	9467	9787
8273	8609	8867	9199	9473	9791
8287	8623	8887	9203	9479	9803
8291	8627	8893	9209	9491	9811
8293	8629	8923	9221	9497	9817
8297	8641	8929	9227	9511	9829
8311	8647	8933	9239	9521	9833
8317	8663	8941	9241	9533	9839
8329	8669	8951	9257	9539	9851
8353	8677	8963	9277	9547	9857
8363	8681	8969	9281	9551	9859
8369	8689	8971	9283	9587	9871
8377	8693	8999	9293	9601	9883
8387	8699	9001	9311	9613	9887
8389	8707	9007	9319	9619	9901
8419	8713	9011	9323	9623	9907
8423	8719	9013	9337	9629	9923
8429	8731	9029	9341	9631	9929
8431	8737	9041	9343	9643	9931
8443	8741	9043	9349	9649	9941
8447	8747	9049	9371	9661	9949
8461	8753	9059	9377	9677	9967
8467	8761	9067	9391	9679	9973
8501	8779	9091	9397	9689	